矿山流体机械

主　编　格日乐　卜桂玲

副主编　宋青龙　栗井旺

参　编　吴　晗　李　刚

主　审　任瑞云

北京理工大学出版社

BEIJING INSTITUTE OF TECHNOLOGY PRESS

内 容 提 要

全书共九章。前五章为流体力学基础知识部分，主要介绍流体的定义与物理性质、流体静力学、流体动力学、流动阻力与能量损失、管路水力计算等内容；第六至八章为矿山流体机械部分，主要介绍矿山排水设备、矿井通风设备、矿山压气设备的工作原理、结构、性能测定、使用维护、设备检测及选型设计计算方法等内容；第九章为常用流体机械电气控制部分，主要介绍电控基本原理、主回路等基本知识。

本书可作为高等院校矿山机电等矿业类相关专业教材和参考书，也可作为矿山企业工程技术人员的参考用书。

图书在版编目（CIP）数据

矿山流体机械 / 格日乐，卜桂玲主编. —北京：北京理工大学出版社，2019.3
ISBN 978-7-5682-6824-0

Ⅰ. ①矿… Ⅱ. ①格… ②卜… Ⅲ. ①矿山机械–流体机械 Ⅳ. ①TD44

中国版本图书馆 CIP 数据核字（2019）第 040328 号

出版发行 / 北京理工大学出版社有限责任公司
社　　址 / 北京市海淀区中关村南大街 5 号
邮　　编 / 100081
电　　话 / （010）68914775（总编室）
　　　　　（010）82562903（教材售后服务热线）
　　　　　（010）68948351（其他图书服务热线）
网　　址 / http://www.bitpress.com.cn
经　　销 / 全国各地新华书店
印　　刷 / 北京国马印刷厂
开　　本 / 787 毫米×1092 毫米　1/16
印　　张 / 16.25　　　　　　　　　　　　　　　责任编辑 / 多海鹏
字　　数 / 378 千字　　　　　　　　　　　　　文案编辑 / 多海鹏
版　　次 / 2019 年 3 月第 1 版　2019 年 3 月第 1 次印刷　　责任校对 / 周瑞红
定　　价 / 66.00 元　　　　　　　　　　　　　责任印制 / 李　洋

前　言

　　全书共九章，内容有：流体的定义与物理性质、流体静力学、流体动力学、流动阻力与能量损失、管路水力计算等流体力学的基本知识，矿山排水设备、矿井通风设备、矿山压气设备等流体机械内容的详细讲解，最后介绍常用流体机械的电气控制相关知识。其中前五章主要介绍流体的基本概念及相关力学计算与损失计算。矿山流体机械部分主要介绍矿山排水设备、矿井通风设备、矿山压气设备的工作原理、结构、性能测定、工况调节、使用维护、设备检测与维修、常见故障与处理方法、选型计算方法，电气控制部分主要介绍常用流体机械电控知识等。除此之外，还对本领域中新技术、新成果、新产品及其发展动向做了相应介绍。为便于组织教学，每章附有相应的思考题与习题。

　　本书注重基本概念、基本原理、基本结构的分析，在精选内容的基础上，力求贴近矿山生产实际，使教材内容适应矿山生产的现状和发展的需要，并加强教材的科学性、启发性和技术上的先进性、实践性，突出实践与理论紧密结合的特色，以适应应用型人才的培养需要。本书由格日乐、卜桂玲担任主编。本书编写的具体分工为：格日乐编写第一～五章，吴晗、宋青龙编写第六章，栗井旺编写所有章节的检测、维修部分，卜桂玲、任瑞云编写第七章和第八章，李刚编写第九章。全书由格日乐和任瑞云负责统稿，宋青龙、栗井旺担任副主编，承蒙任瑞云、栗井旺对全部书稿进行了仔细审阅，并提出了许多十分中肯的修改意见，对保证和提高本书的编写质量起到了关键性作用。

　　本书的编写得到了华能扎赉诺尔煤业有限责任公司、神华大雁煤业有限责任公司等单位领导和同事的大力支持，在此表示衷心的感谢。

　　在编写过程中，我们参考了许多文献、资料，在此对这些文献、资料的编著者表示衷心的感谢。

　　由于编者水平有限，书中存在诸多疏漏和不妥之处，敬请使用本书的广大师生和读者批评指正。

编　者

目　　录

第一章　流体的定义与物理性质

第一节　流体的定义

任何物质都是由原子和分子组成的。在不同的外界条件下，组成物质的原子和分子间的距离及其相互作用会发生变化，因而在自然界和工程技术领域中，物质的一般存在状态有气态、液态和固态三种。

凡具有一定体积和形态的物体均称为固体，它是物质存在的基本状态之一。组成固体的分子之间的距离很小，分子之间的作用力很大，绝大多数分子只能在平衡位置附近做无规则振动，所以固体能保持一定的体积和形状。在受到不太大的外力作用时，其体积和形状改变很小。当撤去外力的作用后，能恢复原状的物体称为弹性体，不能完全恢复的物体称为塑性体。

气体分子间的距离很大，分子间的相互作用力很小，彼此之间不能约束，所以气体分子的运动速度较快，其体积和形状都随着容器而改变。气体分子都在做无规则的热运动，在它们之间没有发生碰撞（或碰撞器壁）之前，气体分子做匀速直线运动，只有在彼此之间发生碰撞时，才改变运动的方向和运动速度的大小。由于气体分子与器壁碰撞和自身相互碰撞会产生压力，因此温度越高，分子运动越剧烈，压力就越大。又因为气体分子间的距离远远大于分子本身的体积，所以气体的密度较小，且很容易被压缩。因此，对一定量的气体而言，它既没有一定的体积，也没有一定的形状，且总是充满盛放它的容器。

液体的分子结构介于固体与气体之间，有一定的体积，却没有一定的形状。液体的形状取决于盛放它的容器的形状。在外力作用下，液体的压缩性小，不易改变其体积，但流动性较大。从微观结构来看，液体分子之间的距离要比气体分子之间的距离小得多，所以液体分子彼此之间是受分子力约束的，在一般情况下液体分子不容易逃逸。液体分子一般只在平衡位置附近做无规则振动，在振动过程中各分子的能量将发生变化。当某些分子的能量大到一定程度时，将做相对的移动并改变它的平衡位置，所以液体具有流动性。

根据以上分析可见，气体和液体都是在自然条件下没有固定形状的物质，我们将其统称为流体，即能够流动的物质，流动性是流体的主要特征。从力学的角度，流体的定义如下。

流体是一种受任何微小剪切力作用都能产生连续变形的物质。

流体不能承受切应力，在切应力作用下能够发生无限制的变形即流动，如空气、水等。固体则能承受一定的切应力，其切应力与变形成一定的比例关系。

流体与固体之间并没有明显的界限，同一物质在不同的条件下可以呈现不同的力学特性，既可能呈现流体的特性，也可能呈现固体的特性。还有些物质介于固体和液体之间，如泥浆、沥青、牙膏等，其必须受到大于某种程度的切应力才会开始流动，因而不能算是严格的流体。

自然界中观察到的流体运动通常都是非常混乱的，然而流体的运动仍然必须符合力学的一般原理，因此力学的基本概念成为研究流体运动不可或缺的工具。

第二节　连续介质假说

　　流体由大量的分子组成。从微观上看,流体分子间存在大量间隙,每个分子都在不停地、不规则地运动着,互相碰撞,交换动量、能量,因此流体的微观结构和运动无论在时间或空间都充满着不均匀性、离散性、随机性。从宏观上看,人们用仪器测量到的或肉眼观察到的流体的宏观结构和运动却又明显地呈现出均匀性、连续性、确定性。微观运动的不均匀性、离散性、随机性和宏观运动的均匀性、连续性、确定性如此不同却又和谐地统一在流体中,形成了流体运动的两个重要方面。

　　在关于流体运动的一般工程和科学问题中,将描述流体运动的空间尺度精确到 0.01 mm,也即空间尺度 10^{-6} mm³, 就可以满足精度要求。在这样小的体积内, 所包含的分子数量仍然满足其统计的平均物理量与个别分子的运动无关。而流体力学研究的是流体的宏观机械运动,它研究的是流体的宏观特性,即大量分子的平均统计特性。因此,在研究流体的宏观机械运动时,我们可以取宏观上足够小的一个流体微团,其尺度与所研究问题的特征尺寸相比足够小,完全可以满足精度要求;同时又包含足够数量的分子,使个别分子的随机性不影响其物理性质,呈现大量分子的平均特性,即微观上足够大。我们将这种宏观上足够小而微观上足够大的流体微团称为流体质点。

　　根据以上分析,提出流体的连续介质假说如下。

　　虽然流体是由大量分子组成的非连续介质,但流体力学研究的是流体的宏观机械运动,可以取流体质点作为基本研究对象,从而将流体看成是由空间上连续分布的流体质点所组成的连续介质。

　　根据流体的连续介质模型,任意时刻流动空间的任一点都被相应的流体质点所占据,表征流体性质和运动特性的物理量一般为时间与空间的连续函数,可以应用数学分析中连续函数这一有力的工具来分析和解决流体力学问题。这就是必须引入流体的连续介质假说的原因。

　　但是在一些特殊的场合,例如研究高空稀薄气体中飞行的物体,研究问题的特征尺寸与分子平均自由行程达到了同一数量级,就不能用这一假说了。

第三节　流体的物理性质

一、流体的密度

　　物质维持原有运动状态的特性称为惯性,它是物质本身固有的属性,运动状态的任何变化都必须克服惯性的作用。衡量惯性大小的物理量是质量,也可以用单位体积的质量即密度表示。

　　流体的密度是指单位体积流体的质量,即

$$\rho = \frac{dm}{dV} \qquad (1-1)$$

　　表 1-1 列出了在标准大气压下常见流体的密度,表 1-2 列出了在标准大气压下不同温度时水、空气的密度。

表 1-1　标准大气压下常见流体的密度

流体名称	蒸馏水	汽油	酒精	水银	润滑油	空气	海水	氧气	氮气
密度/（kg·m^{-3}）	1 000	725	800	13 600	900	1.293	1 025	1.492	1.251

表 1-2　标准大气压下不同温度时水、空气的密度

流体密度/ (kg·m^{-3})	温度/℃						
	0	10	20	40	60	80	100
水	999.87	999.72	998.23	992.24	983.24	971.83	958.38
空气	1.293	1.247	1.205	1.128	1.060	1.000	0.946 5

流体的比容是指单位质量流体的体积，即

$$V = \frac{1}{\rho} \tag{1-2}$$

混合气体的密度可按各组分气体所占体积百分数计算，即

$$\rho = \sum_{i=1}^{n} \rho_i a_i \tag{1-3}$$

流体的重度是指单位体积流体的重力，即

$$\gamma = \frac{G}{V}$$

式中　γ——流体的重度，N/m^3；

G——流体的重力，N。

因 $G = mg$，因此流体的重度与密度的关系为

$$\gamma = \rho g$$

式中　g——当地重力加速度，一般取 $g = 9.18$ m/s^2。

二、流体的压缩性和膨胀性

流体的体积随压力变化的特性称为流体的压缩性。压缩性的大小用压缩系数来度量，温度不变时，单位压力的变化所引起的体积的相对变化量称为压缩系数，即

$$k = -\frac{dV/V}{dp} = -\frac{1}{V}\frac{dV}{dp} \tag{1-4}$$

或

$$k = \frac{1}{\rho}\frac{d\rho}{dp} \tag{1-5}$$

式（1-4）中，负号表示体积与压力的变化相反，即压力增大时，体积减小，以使压缩系数总为正。压缩系数越大，表示越容易压缩。

压缩系数的倒数称为体积模量（或弹性系数），即

$$K = \frac{1}{k} = -\frac{Vdp}{dV} = \rho\frac{dp}{d\rho} \tag{1-6}$$

体积模量的物理意义是压缩单位体积的流体所需要做的功，它表示了流体反抗压缩的能力。K 值越大，说明流体越难压缩。

不同温度下水的体积模量列于表1-3。由表1-3可以看出，水的K值很大，故它的压缩系数很小，其他液体也是如此。所以，工程实际中常将液体看作不可压缩流体。

表1-3 水的体积模量

温度/℃	压力/MPa				
	0.49	0.981	1.961	3.923	7.845
0	1.85	1.86	1.88	1.91	1.94
5	1.89	1.91	1.93	1.97	2.03
10	1.91	1.93	1.97	2.01	2.08
15	1.93	1.96	1.99	2.05	2.13
20	1.94	1.98	2.02	2.08	2.17

流体的体积随温度变化的特性称为膨胀性。膨胀性的大小用体膨胀系数来度量。压力不变时，单位温度的变化所引起的体积的相对变化量称为体膨胀系数，即

$$\alpha_v = \frac{\mathrm{d}V/V}{\mathrm{d}T} = \frac{1}{V}\frac{\mathrm{d}V}{\mathrm{d}T} \tag{1-7}$$

与压缩性一样，液体的膨胀性也很小。除温度变化很大的场合外，在一般工程问题中不考虑液体的膨胀性。

通常情况下，气体的密度随压力和温度的变化很明显。对实际气体，当压力不大于10 MPa时，它们之间的关系遵守理想气体（完全气体）状态方程

$$pV = RT \tag{1-8}$$

由上述可知，流体的压缩性是流体的基本属性，任何流体都是可以压缩的，只是可压缩的程度不同而已。例如，液体的压缩性一般比较小，而气体的压缩性比较大。

在工程实际问题中，通常把液体视为不可压缩流体，即忽略体积的微小变化，而把液体的密度视为常量。这样处理问题，可使工程计算大为简化。只有当液体的温度和压力变化很大，如研究水中爆炸和高压液压系统时，才需要考虑液体的可压缩性。

根据流体的压缩性，可将流体分成可压缩流体和不可压缩流体。

三、流体的黏性

流体在受到外部剪切力作用时会发生变形，其内部相应会产生对变形的抵抗，并以内摩擦力的形式表现出来。

流体的黏性是指流体内部存在内摩擦力的特性，或者说是流体抵抗变形的特性。流体的黏性是流体的固有属性。流体在平衡时不能承受剪切力，即在很小的剪切力作用下流体就会发生连续的变形，但不同的流体在相同的剪切力作用下其变形的速度是不同的，也就是不同的流体抵抗剪切力的能力不同。例如，液体能够沿微小倾斜的平板任意流动，但不同的液体流动速度是不一样的。

设有两块相距很近且足够大的平行平板，平板之间充满流体，如图1-1所示。下平板固定不动，上平板在牵引力F的作用下以匀速u做惯性运动，与平板接触的流体附着于平板的

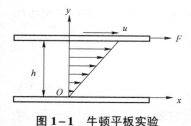

图1-1 牛顿平板实验

表面，与下平板接触的流体速度为 0，与上平板接触的流体速度为 u。运动平板相当于在流体表面作用了一个剪切力，带动两平板之间的流体运动。在 h 和 u 不大的情况下，两平板之间流体的速度呈线性分布。由于流体内部各流层的运动速度不同，存在相对运动，使得流体内部流层间出现了内摩擦力。内摩擦力总是成对出现的，流体所受的内摩擦力总与相对运动速度相反。内摩擦力方向应根据流体运动的方向进行判别。分析上平板的受力可知，它在数值上与 F 相等。

实验证明：F 与平板面积 A 和速度 u 成正比，而与平板间的距离 h 成反比，即

$$F = \propto A\frac{u}{h} \qquad (1-9)$$

引入比例系数 μ，则式（1-9）可写成

$$F = \mu A\frac{u}{h} \qquad (1-10)$$

于是，单位面积上的摩擦力，即切应力为

$$\tau = \frac{F}{A} = \mu \frac{u}{h} \qquad (1-11)$$

式中　μ——流体的动力黏度，简称黏度，单位为 Pa·s。

黏度是与流体的种类、温度和压力有关的比例系数。u/h 表示在垂直于流速的方向上单位长度的速度增量，即流速在其法线方向上的变化率，称为速度梯度。

一般情况下，流体的流动速度并不是线性分布的，即方程（1-11）必须改写成更一般的形式

$$\tau = \mu \frac{\mathrm{d}u}{\mathrm{d}y} \qquad (1-12)$$

式（1-12）称为牛顿内摩擦定律。该式表明，流体同摩擦力与动力黏度和速度梯度成正比。

速度梯度和流体的变形密切相关，可以证明，速度梯度和角变形速度在数值上是相等的。

动力黏度 μ 表征了流体抵抗变形的能力，即流体黏性的大小。工程中还常用动力黏度 μ 和流体密度 ρ 的比值来表示黏度，称为流体的运动黏度，单位是 m²/s。

$$\nu = \frac{\mu}{\rho} \qquad (1-13)$$

表 1-4 和表 1-5 给出了不同温度下的水与空气的动力黏度和运动黏度。

表 1-4　水的动力黏度与温度的关系

温度/℃	$\mu/(\times10^{-3}\,\mathrm{Pa\cdot s})$	$\nu/(\times10^{-6}\,\mathrm{m^2\cdot s^{-1}})$	温度/℃	$\mu/(\times10^{-3}\,\mathrm{Pa\cdot s})$	$\nu/(\times10^{-6}\,\mathrm{m^2\cdot s^{-1}})$
0	1.792	1.792	40	0.658	0.661
5	1.519	1.519	45	0.599	0.605
10	1.308	1.308	50	0.549	0.556
15	1.140	1.141	60	0.469	0.477
20	1.005	1.007	70	0.406	0.415
25	0.894	0.897	80	0.357	0.367
30	0.801	0.804	90	0.317	0.328
35	0.723	0.727	100	0.284	0.296

表 1-5 空气的运动黏度与温度的关系

温度/℃	$\mu/(\times10^{-6}\text{ Pa}\cdot\text{s})$	$\nu/(\times10^{-6}\text{ m}^2\cdot\text{s}^{-1})$	温度/℃	$\mu/(\times10^{-6}\text{ Pa}\cdot\text{s})$	$\nu/(\times10^{-6}\text{ m}^2\cdot\text{s}^{-1})$
0	17.09	13.20	260	28.06	42.40
20	18.08	15.00	280	28.77	45.10
40	19.04	16.90	300	29.46	48.10
60	19.97	18.80	320	30.14	50.70
80	20.88	20.90	340	30.80	53.50
100	21.75	23.00	360	31.46	56.50
120	22.60	25.20	380	32.12	59.50
140	23.44	27.40	400	32.77	62.50
160	24.25	29.80	420	33.40	65.60
180	25.05	32.20	440	34.02	68.80
200	25.82	34.60	460	34.63	72.00
220	26.58	37.10	480	35.23	75.20
240	27.33	39.70	500	35.83	78.50

黏度是流体黏性的度量，受流体温度和压力的影响。但压力的影响很小，通常只需考虑温度的影响。

温度对液体和气体黏性的影响规律截然不同。温度升高时，液体的黏性降低。这是因为液体的黏性主要是由液体分子之间的内聚力引起的，温度升高，内聚力减弱，故黏性降低。温度升高时，气体的黏性增加。因为造成气体黏性的主要原因在于气体分子的热运动，温度越高，热运动越强烈，所以黏性就越大。

流体的黏度一般无法直接测量，往往是先测量与其有关的物理量，再通过相关方程进行计算得到。人们对黏度的测量早已开始，并且发展了许多相当成熟的方法，如传统的毛细管法、管流法、落球法、旋转法及振动法等。

但是，并不是所有的流体都遵守牛顿内摩擦定律。将遵守牛顿内摩擦定律的流体称为牛顿流体，反之称为非牛顿流体。常见的牛顿流体有水、空气等，非牛顿流体有血液、泥浆、纸浆、油漆、油墨等。本书只讨论牛顿流体。

实际流体都具有黏性，称为黏性流体。当分析比较复杂的流动时，如果考虑黏性，必将给分析研究带来很大的困难，有时甚至无法进行。为此引入一个所谓的理想流体模型，将复杂的流动问题简化。理想流体就是忽略黏性的流体。

思考题与习题

1. 什么是流体？流体的重度和密度有什么关系？
2. 什么是流体的压缩性和膨胀性？液体与气体的压缩性和膨胀性有何不同？
3. 什么是流体的黏性？压力、温度对液体的黏性和气体的黏性有什么影响？
4. 黏性的度量方法有哪些？几种黏度之间有什么关系？
5. 什么是连续介质、理想流体和不可压缩流体？
6. 已知体积为 1.2 m³ 的某润滑油的质量为 1 032 kg，求该润滑油的密度和重度。
7. 水的重度 $\gamma = 9.792$ kN/m³，动力黏度 $\gamma = 1\,002$ Pa·s，求水的运动黏度。

8. 空气的重度 $\gamma = 11.77\,\text{N/m}^3$，运动黏度 $\nu = 0.1513\,\text{cm}^2/\text{s}$，求空气的动力黏度。

9. 如图 $1-2$ 所示，油缸内径 $D = 0.12\,\text{m}$，活塞直径 $d = 0.1196\,\text{m}$，活塞长度 $L = 0.14\,\text{m}$，活塞与油缸间隙内为 $\mu = 0.1\,\text{Pa}\cdot\text{s}$ 的油液，活塞以 $\nu = 1\,\text{m/s}$ 的速度运动，求作用于活塞上的黏滞力 F。

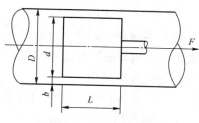

图 $1-2$　习题 9 图

第二章　流体静力学

流体静力学是基于物体平衡的基本原理，即 $\sum \vec{F} = 0$、$\sum \vec{M} = 0$，研究流体静止或平衡时的力学规律及其应用。由于流体黏性只有在流体运动且存在速度梯度时才表现出来，因此流体静力学的结论对理想流体和黏性流体均适用。

流体的平衡包括两种情况：一种是流体相对于地球没有运动，称为静止状态；另一种是容器有运动而流体相对于容器静止，称为相对平衡状态。

第一节　作用在流体上的力

根据流体和外界的相互作用方式，作用在流体上的力可分为表面力和质量力两类。

一、表面力

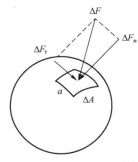

图 2-1　作用在分离体上的力

表面力是指作用在所研究流体外表面上、与表面积大小成正比的力。在流体中任取一体积为 V、表面积为 A 的分离体为研究对象，则分离体以外的流体必定通过接触面对分离体有作用力。如图 2-1 所示，在分离体表面 a 点处附近取一微元面积 ΔA，设作用在它上面的表面力为 ΔF，则 ΔF 可以分解为沿法线方向的法向力 ΔF_n 和沿切线方向的切向力 ΔF_τ。以微元面积 ΔA 求得作用于 a 点的法向应力 σ 和切向应力 τ 分别为

$$\sigma = \lim_{\Delta A \to 0} \frac{\Delta F_n}{\Delta A} \tag{2-1}$$

$$\tau = \lim_{\Delta A \to 0} \frac{\Delta F_\tau}{\Delta A} \tag{2-2}$$

习惯上，把流体的内法向应力称为流体压强，用 p 表示，其单位为 Pa。显然，流体压强表征的是作用在流体单位面积上法向力的大小。当流体处于静止或相对静止时的压强称为静压强。

因此，表面力可分成沿表面内法向的压力和沿表面切线方向的摩擦力（也就是黏性力）。

二、质量力

质量力是流体质点受某种力的作用而产生的，它的大小与流体的质量成正比。例如流体质点受地球引力的作用产生的重力，应用达朗贝尔原理虚加在流体质点上的惯性力，均属于质量力。这种与流体微团质量有关并且集中作用在流体微团质心上的力称为质量力，也称体积力。

习惯上用单位质量流体所受的质量力来表示，简称单位质量力，用 f_x、f_y、f_z 分别表

示单位质量力在直角坐标系中的分量，即

$$f = f_x\vec{i} + f_y\vec{j} + f_z\vec{k} \qquad (2-3)$$

单位质量力在数值和单位上均与所对应的加速度相同。例如，假若作用在流体上的质量力只有重力，当取 xOy 平面为水平面，z 轴垂直向上时，则单位质量力在各坐标轴上的分量为

$$f_x = 0 , \quad f_y = 0 , \quad f_z = -g$$

式中，负号表示重力加速度的方向与坐标轴 z 的方向相反。

第二节　流体静压强及特性

流体的静压强具有两个重要特性：

特性一：流体静压强的作用方向总是沿其作用面的内法线方向。

证明：从静止的流体中取一分离体，在此分离体表面上任取一点。作用在该点的应力可分解成切向和法向分力。如果切向分力不等于零，流体在其作用下势必产生连续的变形而流动起来，则流体的静止将遭到破坏。因此，切向分力只能等于零。

又由于流体分子间引力较小，不能承受拉应力。因此，法向分力的作用方向只能沿其内法线方向。

特性二：在静止流体中任意一点上的压强的大小与作用方位无关，其值均相等。

证明：在静止流体中取出一个微元四面体 $OABC$，该四面体与坐标轴的关系如图 2-2 所示。四面体的边长分别为 dx、dy、dz。

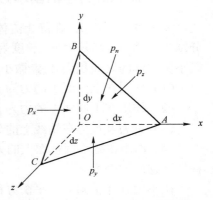

图 2-2　平衡流体微元四面体

四面体取得足够小，以致可以认为微小面上的压强是均匀分布的，记为 p_x，p_y，p_z 和 p_n，则在相应各面上作用的表面力为

$$p_x \frac{1}{2}dydz, \quad p_y \frac{1}{2}dxdz, \quad p_z \frac{1}{2}dxdy, \quad p_n A_n$$

除这些力外，微元四面体上还作用有质量力，则质量力在各坐标方向上的分力分别为

$$\frac{1}{6}\rho f_x dxdydz , \quad \frac{1}{6}\rho f_y dxdydz , \quad \frac{1}{6}\rho f_z dxdydz$$

因为是静止流体，四面体处于平衡状态，所以作用在四面体上的表面力和质量力在各坐标轴上的投影总和等于零。由 $\sum F_x = 0$，得

$$p_x \frac{1}{2}dydz - p_n A_n \cos(n,x) + \frac{1}{6}f_x dxdydz\rho = 0$$

由几何关系得 $A_n \cos(n,x) = dydz/2$，则上式变成

$$p_x - p_n + \frac{1}{6}f_x dx\rho = 0$$

当 $dx \to 0$ 时，有

$$p_x = p_n \qquad\qquad (2-4)$$

同样，$p_y = p_n$，$p_z = p_n$，因此

$$p_x = p_y = p_z = p_n \qquad\qquad (2-5)$$

由于四面体斜面的法线方向是任意选定的，而且当微元四面体的边长趋于 0 时，微元四面体成为一个点，这就证明了在静止流体中某点作用的静压强与作用方位无关，其值均相等。

需要注意的是，不同点处的静压强一般是不同的，它取决于空间点的位置。流体的静压强是空间坐标的单值函数。

第三节　流体静力学基本方程

一、流体静力学的基本方程式

如图 2-3 所示，在静止流体中任取一微小倾斜圆柱体，微小圆柱体上、下底面的压力分别为 p_0 和 p，高差为 h，长度为 L，微小圆柱体的重力为 G，重力与轴线的夹角为 α，假设微小圆柱体的底面积为 $\mathrm{d}A$，微小圆柱体的受力情况如下。

（1）作用在上底面上的力为 $p_0\mathrm{d}A$。

（2）作用在下底面上的力为 $p\mathrm{d}A$。

（3）重力及重力在轴线上的分力分别为 $\gamma L\mathrm{d}A$、$\gamma L\mathrm{d}A\cos\alpha$。

（4）作用在微小圆柱面上的力与圆柱面垂直，在轴线上的分力为零，所以不考虑微小圆柱体圆柱面的受力。

微小圆柱体轴向受力平衡方程为

$$p\mathrm{d}A - p_0\mathrm{d}A - \gamma L\mathrm{d}A\cos\alpha = 0$$

因 $L\cos\alpha = h$，所以

$$p = p_0 + \gamma h \qquad\qquad (2-6)$$

式中　p——流体内某点的静压强，Pa；

　　　p_0——液面压强，Pa；

　　　γ——流体的重度，N/m³；

　　　h——某点在液面下的深度，m。

式（2-6）为流体静力学的基本方程式，由此说明流体静压强 p 与液面压强 p_0 及深度 h 有关。

二、流体静力学基本方程第二表达式

1. 流体静力学基本方程第二表达式的推导

如图 2-4 所示，在静止流体不同高度处任取 1 点和 2 点，并任意取基准面 0-0。1、2 两点至基准面的高度分别为 z_1 和 z_2，在液面下的深度分别为 h_1、h_2，液面上的压强为 p_0，根据式（2-6）可得到 1、2 两点的静压强 p_1、p_2，即

$$p_1 = p_0 + \gamma(z_0 - z_1)$$

$$p_2 = p_0 + \gamma(z_0 - z_2)$$

由以上两式可得

$$z_1 + \frac{p_1}{\gamma} = z_2 + \frac{p_2}{\gamma} \qquad\qquad (2-7)$$

式中　　z_1，z_2——1 点和 2 点到基准面的高度，m。

因为 1 点和 2 点是任意选取的，所以式（2−7）又可写为

$$z + \frac{p}{\gamma} = C \text{（常数）} \qquad\qquad (2-7')$$

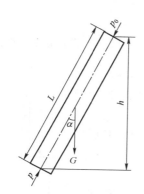 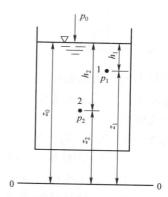

图 2−3　流体静力学基本方程式推导　　图 2−4　流体静力学基本方程第二表达式推导

2. 流体静力学基本方程第二表达式的能量意义

式（2−7′）中，z 为单位重力流体所具有的位能，称为位置水头，单位为 m。在静止流体中任取一质量为 dm 的质点，则该质点的位能为 $dmgz$，单位重力流体所具有的位能为 $\dfrac{dmgz}{dmg} = z$。

式（2−7′）中，$\dfrac{p}{\gamma}$ 为单位重力流体所具有的压力能，称为压力水头，单位为 m。它是该流体质点在压力 p 的作用下沿测压管所能上升的高度。如图 2−5 所示，流体质点 A 在该点压力 p 的作用下，沿真空管上升至 A'，上升的高度为 h。假定真空管直径很小，不计真空管内液体的体积，以 A 点所在的水平面为基准面，质点 A' 的位能为 $dmgh$，而该位能是由 A 点压力能转换而来的。根据能量守恒与转换定律，A 点压力能为 $dmgh$。由于 $h = \dfrac{p}{\gamma}$，所以压力能为 $dmg\dfrac{p}{\gamma}$，单位重力流体所具有的压力能为 $\dfrac{dmg\dfrac{p}{\gamma}}{dmg} = \dfrac{p}{\gamma}$。

式（2−7′）中，$z + \dfrac{p}{\gamma}$ 称为测压管水头，如图 2−6 所示，表示测压管水面相对于基准面的高度。

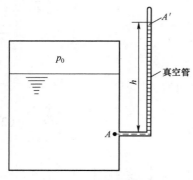

图 2-5　压力水头的意义

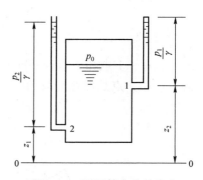

图 2-6　测压管水头的意义

流体静力学基本方程第二表达式表明，同一静止流体内，任意位置单位重力流体所具有的总水头相等，其是能量守恒与转换定律在流体静力学中的应用。

例 2-1　如图 2-7 所示，有一直径为 12 cm 的圆柱体，其质量为 5.1 kg，在其顶部加力 $F = 100$ N。当淹没深度 $h = 0.5$ m 时，圆柱体处于平衡状态。求测压管中水柱的高度 H。

解　根据帕斯卡原理，圆柱体的两端均受到大气压力的作用，因此大气压力对圆柱体的平衡没有影响。

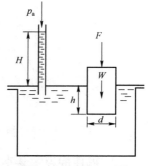

图 2-7　例 2-1 图

因为圆柱体处于平衡状态，故水作用在圆柱体底面上的压强应与圆柱体的质量及顶部的作用力之和相等，即

$$F + mg = \frac{\pi d^2}{4} p$$

解得圆柱体底面上的压强为

$$p = \frac{4(F + mg)}{\pi d^2}$$

应用静力学基本方程，得

$$H + h = \frac{p}{\gamma}$$

于是，测压管中水柱的高度为

$$H = \frac{p}{\gamma} - h = \frac{4(F + mg)}{\pi d^2 g \gamma} - h$$

$$= \frac{4 \times (100 + 5.1 \times 9.8)}{3.14 \times 0.12^2 \times 9.8 \times 1000} - 0.5 \approx 0.853\,9 \ (\text{m})$$

第四节　压强的测量

一、压强的计量标准

压强有两种计量标准：绝对压强和相对压强。

绝对压强是以完全真空为基准计量的压强。

相对压强是以大气压为基准计量的压强。工程上的测压仪表在大气压下的读数即是相对压强。因此，相对压强也称计示压强或表压强。

如果某点的绝对压强的数值比大气压低，则其相对压强将是负值，此时相对压强的绝对值称为真空度，用 p_v 表示。

绝对压强、相对压强和真空度三者的关系（图 2-8）为

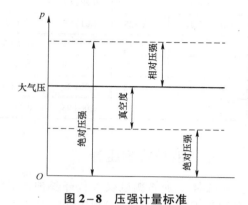

图 2-8　压强计量标准

$$绝对压强 = 大气压 + 相对压强$$
$$相对压强 = 绝对压强 - 大气压$$
$$真空度 = 大气压 - 绝对压强$$

二、压强的计量单位

压强的计量单位有三种。

1. 压强单位

压强单位用单位面积上的作用力来表示。其国际单位为 Pa（N/m²），例如标准大气压为 $1.013\,25 \times 10^5$ Pa。显然 Pa 是一个比较小的单位，因此常用 MPa 来表示压强，1 MPa $= 10^6$ Pa。

2. 液柱高度

由静力学基本方程式可知，对于确定的流体，压强与液柱高度有确定的关系，因此，可以用液柱高度来表示压强的大小。常用的单位有米水柱（mH₂O）、毫米汞柱（mmHg）等。不同液柱高度的换算关系为

$$\rho_1 g h_1 = \rho_2 g h_2$$

3. 大气压单位

标准大气压是在北纬 45° 海平面上温度为 15 ℃时测定的数值。把要计量的压强换算成标准大气压的倍数就是大气压单位。

$$1\text{ 标准大气压（atm）} = 760\text{ mmHg} = 1.013 \times 10^5\text{ Pa}$$

各种压强单位的换算关系见表 2-1。

在表 2-1 中，托（Torr）为真空压强单位。例如，一般电子显微镜必须维持在 $10^{-6} \sim 10^{-4}$ Torr 的真空压强内才能正常工作。

表2-1 压强单位及其换算关系

单位	Pa	bar	kgf/cm	atm	Torr	mmH2O	mmHg	PSI
帕	1	0.000 01	0.000 01	0.000 01	0.007 5	0.101 97	0.007 5	0.000 14
巴	100 000	1	1.019 72	0.986 9	750.062	10.197 2	750.062	14.504
工程大气压	98 066.5	0.980 67	1	0.967 8	735.6	10.000	735.6	14.22
标准大气压	101 325	1.013 25	1.033	1	760	10.332	760	14.7
托	133.3	0.001 33	0.001 36	0.001 32	1	13.6	1	0.019 34
毫米水柱	9.806 7	0.000 098	0.000 1	0.000 096 8	0.073 56	1	0.073 56	0.001 42
毫米汞柱	133.322	0.001 33	0.001 36	0.001 32	1	13.595 1	1	0.019 34
磅/寸²	6 894.76	0.068 95	0.070 31	0.068 05	51.714 9	703.07	51.714 9	1

三、液柱式测压计

流体压强的测量仪表有许多种，主要可归纳为三类：液柱式、电测式和机械式。这里仅介绍常用的几种液柱式测压计的基本原理。

1. 测压管

测压管是测量液体压强最简单的一种液柱式测压计。它由一根管子构成，管的下端与被测液体连接，管的上端与大气相通，管内的液体受容器内流体静压作用，使测压管内的液体上升至某一高度。这个液柱高就表示容器中测点处的相对压强。

为了减少毛细现象的影响，测压管的内径以不小于 5 mm 为宜。

2. U 形管测压计

在 U 形管测压计内测压用的液体（称工作液体）不能与被测流体相混合，一般可用水银、油、酒精和水。如图 2-9 所示，测量时，将 U 形管的一端与被测点相连，另一端开口通大气。

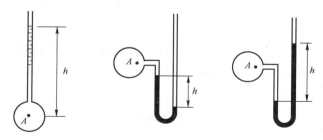

图 2-9 测压管及 U 形管

实际上，U 形管更常用于测量两点间的压强差。只要把待测的两个压力引入 U 形管的两端即可。

当被测流体是气体时，由于气体的密度比工作液体的密度小得多，因此 U 形管中气柱的高度可以忽略不计。

3. 倾斜微压计

当测量的压强与大气压接近时，为了提高测量精度，减少读数的相对误差，往往采用倾斜式微压计，如图 2-10 所示。它的测管与水平面成一微小倾角，并且该角度可调。测管及与之相连通的容器的横截面积分别为 A_1、A_2。

仪器在没有接压力源之前，液面为 $O-O$；当将待测的流体压强引入容器后，可使容器中的液面下降、测管中液面上升，达到平衡。

由于 $A_1 l + A_2 h_2$，因此被测的压强差为

$$\Delta p = p_2 - p_1 = \rho g h = \rho g (\sin \alpha + A_1 / A_2) = kl \qquad (2-8)$$

式中 k——微压计系数。

倾斜角度不同，微压计系数也不同。常见的系数有 0.2、0.3、0.4、0.6、0.8 五种，并刻在微压计的弧形支架上，使用时一目了然。

除此之外，还有各种更精密的微压计，如补偿式微压计、激光微压计等，其测量精度可达到 0.098 Pa。例 2-2 所示的微压计，其测量精度比倾斜式微压计高得多。

例 2-2 图 2-11 为一种称为双杯二液式的微压计，它由一根 U 形管连接两个直径相同的圆形杯组成，两杯中分别装入互不相混而又密度相近的两种工作液体（酒精 $\rho_1 = 870$ kg/m³ 和煤油 $\rho_2 = 830$ kg/m³）。当气体的压强差为 0 时，两种工作液体的交界面在 O 点处。已知 U 形管直径 $d = 5$ mm，杯的直径 $D = 50$ mm。试求使交界面上升到 $h = 280$ mm 处的压强差 Δp。

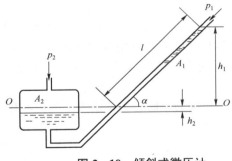
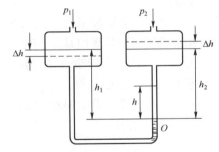

图 2-10 倾斜式微压计 　　　　图 2-11 双杯二液式微压计

解 设两杯中初始液面高度为 h_1 和 h_2。当 U 形管中液体交界面上升 h 时，左杯液面下降和右杯液面上升高度均为 Δh。

由初始平衡状态得

$$\rho_1 h_1 = \rho_2 h_2$$

U 形管与杯中升降的液体体积相等

$$\Delta h \frac{\pi}{4} D^2 = h \frac{\pi}{4} d^2$$

以变化后的 U 形管液体交界面为基准，得

$$p_1 + \rho_1 (h_1 - \Delta h - h)g = p_2 + \rho_2 (h_2 + \Delta h - h)g$$

由以上三式整理得

$$\Delta p = p_1 - p_2 = h \left[(\rho_1 - \rho_2) + (\rho_1 + \rho_2) \left(\frac{d}{D} \right)^2 \right] g$$

代入已知数据，得

$$\Delta p = 0.28 \times \left[(870 - 830) + (870 + 830) \times \frac{1}{100} \right] \times 9.8 \approx 156 \quad (\text{Pa})$$

换算成水柱为

$$h = \frac{Dp}{\rho g} \frac{156}{1\,000 \times 9.8} \approx 16 \quad (\text{mmH}_2\text{O})$$

根据计算结果可见，原来只有 16 mmH$_2$O 的压差，用双杯二液式微压计却可得到 280 mmH$_2$O 的读数，放大倍数达到 17.5 倍，说明测量精度较高。

四、金属压力计

1. 弹簧式压力计

图 2－12 所示为弹簧式压力计的结构。它的主要零件为一弯成圆形、断面为中空椭圆形的黄铜管，其一端密封并与细链固接，另一端开口，与被测对象连通。施压时，黄铜管内表面受到压力而伸展，通过细链带动扇形齿轮及传动齿轮而使指针转动。指针转动的角度（角位移）与被测压力成正比。压力值根据指针偏转角度，从表盘中直接读出。指针复位靠复位弹簧来完成。

2. 薄膜式压力计

图 2－13 所示为薄膜式压力计的结构。它由波形薄膜、传动杆、扇形齿轮、传动齿轮、指针和复位弹簧组成。薄膜式压力计可作为测量真空度的真空表，被测对象的真空度通过令波形薄膜变形带动传动机构而使指针转动。真空度根据指针偏转角度，从表盘中直接读出。

为保证仪表的安全可靠，减少读数误差，在选择压力表时，测量压力一般应在压力表测量范围的 1/3～2/3 之内。

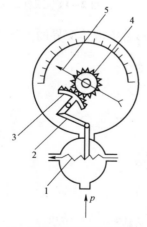

图 2－12　弹簧式压力计的结构

1—黄铜管；2—细链；3—扇形齿轮；

4—传动齿轮；5—指针

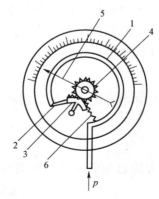

图 2－13　薄膜式压力计的结构

1—波形薄膜；2—传动杆；3—扇形齿轮；

4—传动齿轮；5—指针；6—复位弹簧

思考题与习题

1. 流体静压力有哪些特性？

2. 什么是等压面？等压面有何特性？

3. 什么是绝对压力、相对压力和真空度？它们之间有什么关系？

4. 如图 2−14 所示，容器中装有两种不同重度的液体，$\gamma_2 > \gamma_1$，试分析测压管 1、2 哪个液面高？

5. 试求潜水员在海面以下 50 m 处受到的压力。已知海面上为标准大气压，海水的重度 $\gamma = 9\,990$ N/m³。

6. 如图 2−15（a）所示，已知 U 形管内水的高差 $h = 85$ mm，忽略 U 形管内气柱高度，求风管内气流的绝对压力（大气压力取标准大气压）；图 2−15（b）中，U 形管内装有水银，$h_1 = 85$ mm，$h_2 = 50$ mm，求吸水管中的真空度。

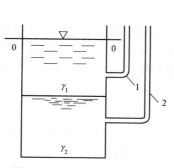

图 2−14　习题 4 图

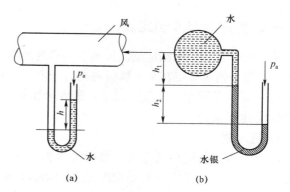

(a)　　　　　　　(b)

图 2−15　习题 6 图

7. 如图 2−16 所示，用复式测压计测量储气罐中气体的压力。已知 $h_1 = 80$ cm，$h_2 = 70$ cm，$h_3 = 100$ cm，大气压为标准大气压，$\gamma_g = 133.32$ kN/m³，不计气柱高度，求储气罐内的气体压力。

8. 如图 2−17 所示，用压差计测量 A、B 两容器的压力差，压差计中水银的高差 $h = 0.36$ m，其他液体为水，A、B 两容器中心位置高差为 1 m，试求 A、B 两容器中心处的压力差。

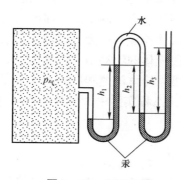

图 2−16　习题 7 图

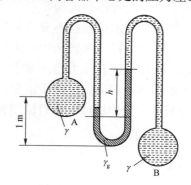

图 2−17　习题 8 图

第三章   流体动力学

流体动力学主要研究流体的运动要素（如压力、速度、密度、温度等）随时间变化的规律，以及作用力与运动的关系。由于实际流体存在黏性，使得对其运动规律的研究变得复杂，难以完全用数学方法得出结论，所以，流体动力学的研究方法是：从理想流体出发，推导基本理论，并通过实验对基本理论进行验证、补充和修正，得到符合实际的理论，用以指导实践。

第一节   流体运动的基本概念

一、恒定流与非恒定流

流体力学认为，充满运动流体的空间称为流场。流场中流体是由连续分布的质点组成的。流动中，任一流体质点在某一瞬时占据着一定的空间，并具有一定的速度 u、压力 p、密度 ρ 及温度 T 等运动要素。一般情况下，密度 ρ 和温度 T 可视为常数，所以，流体的运动要素主要是指流速和压力。

1. 恒定流

流场中各点的运动要素（主要指流速和压力）不随时间而变化的流动，称为恒定流。恒定流中，流速 u 和压力 p 只是空间坐标的函数，而与时间 t 无关，即

$$u = f(x, y, z) \qquad p = f'(x, y, z)$$

2. 非恒定流

流场中各点的运动要素（主要指流速和压力）随时间而变化的流动称为非恒定流。非恒定流中，流速 u 和压力 p 不仅是空间坐标的函数，而且是时间 t 的函数，即

$$u = f(x, y, z, t) \qquad p = f'(x, y, z, t)$$

工程实际中，流体在流动时，往往发生波动现象，恒定流是很少见的，绝大多数流动属于非恒定流。但当流体的运动要素在一段时间内的平均值基本不变时，可以近似当作恒定流来处理，如容器中水位保持不变的孔口出流、水位固定不变河道中的水流，都可以当作恒定流来处理。在矿井排水和通风中，水泵、风机启动时，流体流速和压力迅速增大；水泵、风机停车时，流体流速和压力迅速减小。显然，这两个阶段流体的流动是非恒定流，但在启动后和停车前的这段时间内，由于水泵、风机转速基本不变，流体流速和压力变化也很小，故可以认为是恒定流。这样，就可应用恒定流的规律来解决工程实际中大多数的流动问题。

二、迹线与流线

1. 迹线

迹线是流体质点的运动轨迹。迹线只与流体质点有关，对于一定的质点，其迹线形状是一定的，不同质点其迹线形状可能不同。对某一迹线来说，它是一个流体质点在一段时间内

的运动轨迹。

2. 流线

某一瞬时，在流场中作一条光滑曲线，使该瞬时所有处在这条曲线上流体质点的速度矢量都和这条曲线相切，这条曲线叫作流线。流线是用来描述流场中各点流动方向的曲线。

如图 3-1 所示，设在某一瞬时 t，流场中点 1 的运动速度为 u_1，在矢量 u_1 上距点 1 极小距离处取点 2，在同一瞬时点 2 的运动速度为 u_2。用同样的方法取 3、4…点，该瞬时各点的运动速度分别为 u_3、u_4…，由此得折线 1234…。当 12、34…线段的长度无限缩小时，该折线的极限就是一条光滑的曲线，这条光滑曲线就是在瞬时 t 通过点 1 的流线。

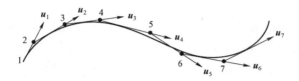

图 3-1 流线的画法

流线具有以下性质。

（1）流线上各质点的流速方向与该流线相切。

（2）流线不能相交。流线如果相交，交点的速度必定为零，流体静止，或出现两个速度，显然是不可能的。

（3）恒定流中，流线的形状和位置不随时间而变化，并与迹线重合；非恒定流中，流线的形状和位置随时间而变化。

三、流管、流束与元流

1. 流管

在流场中任作一条不与流线重合的封闭曲线，过曲线上所有点作流线，这些流线组成的管状表面称为流管，如图 3-2 所示。

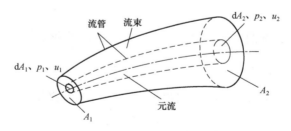

图 3-2 流管、流束与元流

2. 流束

充满流管的全部流体称为流束（图 3-2）。其主要特性有以下几个。

（1）恒定流中，流束的形状和位置不随时间而改变；非恒定流中，流束的形状和位置随时间而变化。

（2）流体质点不能穿过流束表面。

3. 元流

横断面无限小的流束称为元流，如图 3-2 所示。元流除具有流束的特性外，还具有以下特性。

（1）元流的极限是流线。

（2）元流断面上各点的运动要素可近似认为是相等的。如图 3-2 所示，元流断面 dA_1 上的压力为 p_1，流速为 u_1；断面 dA_2 上的压力为 p_2，流速为 u_2。

四、总流、过流断面、湿周与水力直径

1. 总流

流动边界内的所有运动流体，称为总流。总流是由若干流束或无限多元流组成的。因此，在分析总流流动规律时，常取一元流进行研究，在得到元流运动规律后，对总流进行积分，即可得到总流的运动规律。但从理论上得到的规律还需要通过实验进行验证、补充和修正，从而得到符合实际的运动规律，用以解决工程实际问题。

2. 过流断面

与液体或流束流动方向垂直的横断面叫作过流断面，用 A 表示，其单位为 m^2。过流断面可能是平面，也可能是曲面。

过流断面可能是全部为固体壁面所限制，也可能局部为固体壁面所限制，前者如液体充满管道流动 [图 3-3（a）]，后者如液体在渠槽、水在河流中的流动 [图 3-3（b）]。

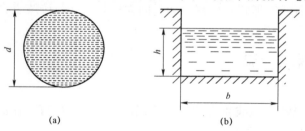

$$(a) \qquad\qquad (b)$$

图 3-3　过流断面

3. 湿周

过流断面内的流体与壁面（如管壁、渠壁、通风巷道壁等）接触线的长度叫作湿周，用 χ 表示，其单位为 m。

4. 水力直径

总流过流断面面积 A 与湿周 χ 之比叫作水力半径，用 R 表示，即

$$R = \frac{A}{\chi} \tag{3-1}$$

水力半径 R 的 4 倍称为水力直径（或当量直径），用 d_i 表示，即

$$d_i = 4R \tag{3-2}$$

五、流量与断面平均流速

1. 流量

单位时间内流过某一过流断面的流体体积称为流量，用 Q 表示，其单位为 m^3/s。

在流场中取一元流，其过流断面面积为 dA。由于 dA 无限小，其断面上各点的流速 u 可认为是相等的，则单位时间内流过元流过流断面的流量 dQ 为

$$dQ = udA \qquad (3-3)$$

设总流的过流断面面积为 A，由于总流为无限多元流的总和，所以，通过总流过流断面的流量 Q 为

$$Q = \int_{q_V} dQ = \int_A udA \qquad (3-4)$$

2. 断面平均流速

流体运动时，同一过流断面上各点流速 u 的大小一般不相等。如图 3-4 所示，同一过流断面上，流速按抛物线规律分布。

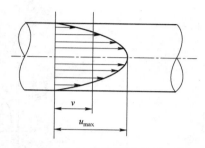

假想流体以速度 v 均匀地流过某一过流断面 A，单位时间内以 v 流过该过流断面 A 的流量与按实际流速 u 流过该断面 A 的流量相等，即 $vA = \int udA$，则流速 v 称为该断面平均流速。所以

图 3-4　断面平均流速

$$v = \frac{\int_A udA}{A} = \frac{Q}{A} \qquad (3-5)$$

式中　v——断面平均流速，m/s；

　　　A——总流过流断面面积，m²；

　　　Q——总流流量，m³/s。

由于实际流体过流断面上的流速分布很复杂，流速的分布规律难以求得。因此，用平均流速代替实际流速进行计算很方便，特别是对总流的计算。当然，在计算过程中会产生误差，产生的误差需要修正。

例 3-1　某圆管内径 $d = 200$ mm，若流量 $Q = 150$ m³/h，试求水在该管道中流动时的平均流速。

解　平均流速为

$$v = \frac{Q}{A} = \frac{Q}{\frac{\pi}{4}d^2} = \frac{\dfrac{150}{3\,600}}{\dfrac{1}{4} \times 3.14 \times 0.2^2} = 1.33 \;(\text{m/s})$$

六、缓变流与急变流

1. 缓变流

缓变流是指流线之间的夹角 β 很小，且曲率半径 r 很大，流线近似于平行直线的流动，如图 3-5 所示。在这种流段中，由于流线几乎是相互平行的直线，流体各质点所受的离心惯性力很小，可以忽略，所以，流体各质点可视为只受重力作用，它与静力学中流体所处的条件相同。因此，在这种过流断面上压力的分布符合流体静压力的分布规律，即在同一过流断面上，各点的测压管水头（位置水头与压力水头之和）相等，如图 3-6 所示，即

$$z + \frac{p}{\gamma} = C \ （常数）$$

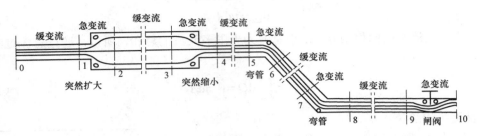

图 3-5　缓变流与急变流

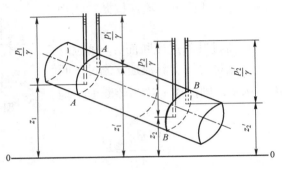

图 3-6　缓变流中的测压管水头

上式只适用于缓变流中同一过流断面上的各点，对于不同过流断面，如图 3-6 中断面 $A-A$ 和 $B-B$ 中的流体质点，其测压管水头并不相等，即

$$z_1 + \frac{p_1}{\gamma} \neq z_2 + \frac{p_2}{\gamma}$$

2. 急变流

急变流是指流线之间的夹角 β 很大，或流线的曲率半径 r 很小的流动，如图 3-5 所示。在急变流流段中，流线有明显弯曲，流体各质点除受重力作用外，还受离心力的作用，过流断面上压力的分布规律与静压力不同，即使在同一断面上，各点的测压管水头也不相等。

第二节　流体运动的连续性方程

根据连续介质假设和不可压缩流体概念，流体的流动是连续的，前一过流断面的流量与后一过流断面的流量相等。这种反映流体运动连续性的方程，称为连续性方程。

一、元流的连续性方程

如图 3-7 所示，在恒定流总流中取一元流，元流两个过流断面的面积分别为 dA_1 和 dA_2，速度分别为 u_1 和 u_2，单位时间内流过 dA_1 的流体的质量为 dm_1，流过 dA_2 的流体质量为 dm_2。根据质量守恒定律，$dm_1 = dm_2$。

由于 $dm_1 = \rho_1 u_1 dA_1$，$dm_2 = \rho_2 u_2 dA_2$，且 $\rho_1 = \rho_2$，所以元流的连续性方程为

$$u_1 dA_1 = u_2 dA_2 \qquad\qquad (3-6)$$

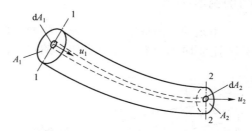

图 3-7 恒定流元流与总流连续性方程推导

或表示为

$$\frac{u_1}{u_2} = \frac{dA_2}{dA_1} \qquad\qquad (3-6')$$

二、总流的连续性方程

对（3-6）两端进行积分，得总流的连续性方程为

$$\int_{A_1} u_1 dA_1 = \int_{A_2} u_2 dA_2$$

根据平均流速的概念，总流的连续性方程可表示为

$$v_1 A_1 = v_2 A_2 \qquad\qquad (3-7)$$

或表示为

$$\frac{v_1}{v_2} = \frac{A_2}{A_1} \qquad\qquad (3-7')$$

即平均流速与过流断面面积成反比。

例 3-2 有一横断面面积沿流程变化的圆管，设第一个断面的直径 $d_1 = 200$ mm，第二个断面的直径 $d_2 = 100$ mm，第二个断面的平均流速 $v_2 = 1$ m/s，试求第一个断面的平均流速 v_1。

解 根据连续性方程，有

$$v_1 A_1 = v_2 A_2$$

而

$$A_1 = \frac{\pi}{4} d_1^2 \qquad A_2 = \frac{\pi}{4} d_2^2$$

则

$$\frac{v_1}{v_2} = \frac{A_2}{A_1} = \frac{d_2^2}{d_1^2}$$

所以

$$v_1 = v_2 \frac{d_2^2}{d_1^2} = 1 \times \frac{0.1^2}{0.2^2} = 0.25 \ (\text{m/s})$$

第三节 流体运动的伯努利方程

伯努利方程又称能量方程，它表达了流动流体质点沿流程的位置、压力和速度之间的关系，是能量守恒定律在流体力学中的特殊表现形式。

一、理想流体元流的伯努利方程

图 3-8 所示为在理想流体恒定流中所取的一元流，并取两个过流断面 1-1 和 2-2，两断面均为缓变流断面，面积分别为 dA_1 和 dA_2，并规定如下的符号：

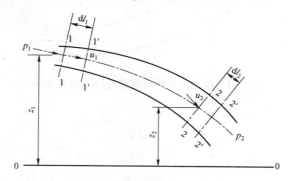

图 3-8 理想流体元流伯努利方程式推导

u_1，u_2 ——两断面的流速；

p_1，p_2 ——两断面的压力；

z_1，z_2 ——两断面形心至基准面 0-0 的距离；

dl_1，dl_2 ——两断面流体质点在 dt 时间内移动的距离。

由动能定理知，动能的变化量等于该时间内作用于该元流段上所有外力对该元流段做功的总和。用方程式表示为

$$\Delta E = \sum W$$

式中　　ΔE ——元流段 1-2 动能的变化量；

　　　　$\sum W$ ——所有外力对元流段 1-2 做功的总和。

1. 元流段动能的变化量 ΔE

如图 3-8 所示，当所取元流段在 dt 时间内由 1-2 位置运动至 $1'-2'$ 位置时，由于流段 $1'-2$ 为前后流段所共有，尽管在时间 dt 内该流段内的流体质点进行了替换，但对于不可压缩流体恒定流，$1'-2$ 内的流体质量和流速都不随时间而变化，因此，流段 $1'-2$ 的动能没有变化。所以，所取流段在 dt 时间内的动能变化量，仅决定于元流段 $2-2'$ 和 $1-1'$ 的动能差。对于不可压缩流体做连续流动时，有

$$dV_{1-1'} = dV_{2-2'} = dV$$

其质量为

$$m = \frac{G}{g} = \frac{\gamma dV}{g}$$

式中　　dV ——流段 $1-1'$ 或 $2-2'$ 的体积。

因此，动能的变化量为

$$\Delta E = \frac{mu_2^2}{2} - \frac{mu_1^2}{2} = \frac{\gamma dV}{2g}u_2^2 - \frac{\gamma dV}{2g}u_1^2$$

2. 所有外力对元流段做功的总和 $\sum W$

作用在流段 1-2 上的外力有流段 1-2 本身的重力、流段 1-2 两断面所受的压力、流动

时因黏性而产生的摩擦阻力（对于理想流体，摩擦阻力不予考虑）、流段 $1-2$ 侧面上的压力（该压力和流体运动方向垂直，不做功）。所以，只分析重力和流段 $1-2$ 两断面压力在时间 dt 内对流段 $1-2$ 所做的功。

1）重力所做的功 W_1

因为元流段在 dt 时间内由位置 $1-2$ 移至 $1'-2'$ 时，$1'-2$ 这一流段的空间形状和重力并没有改变，仅仅是质点的移动替换，因此，在计算重力所做的功时，可以设想 $1'-2$ 间的流体仍停留在原处，$1-1'$ 段流体运动到了 $2-2'$ 位置。因为重力所做的功等于重力与物体沿重力方向位移的乘积，所以，当流段的重心由高度 z_1 降至高度 z_2 时，其重力所做的功为

$$W = \gamma dV(z_1 - z_2)$$

2）两断面压力所做的功 W_2

两断面压力所做的功为

$$W_2 = p_1 dA_1 dl_1 - p_2 dA_2 dl_2$$

等式右侧第二项取负号，是因为压力 $p_2 dA_2$ 的作用方向与流段的移动方向相反。

因　　　　　　　　　　　$$dA_1 dl_1 = p_2 dA_2 dl_2 = dV$$

所以　　　　　　　　　　$$W_2 = p_1 dV - p_2 dV$$

3. 理想流体元流的伯努利方程

根据动能定理，有

$$\frac{\gamma dV}{2g} u_2^2 - \frac{\gamma dV}{2g} u_1^2 = \gamma dV(z_1 - z_2) + (p_1 dV - p_2 dV)$$

整理，得

$$z_1 + \frac{p_1}{\gamma} + \frac{u_1^2}{2g} = z_2 + \frac{p_2}{\gamma} + \frac{u_2^2}{2g} \tag{3-8}$$

因元流过流断面 $1-1$ 和 $2-2$ 是任意选取的，故可将式（3-8）推广到整个元流中的任一断面，用下式表示，即

$$z + \frac{p}{\gamma} + \frac{u^2}{2g} = C \text{（常数）} \tag{3-8'}$$

式（3-8）与式（3-8'）为理想流体元流伯努利方程的两种表达式。

二、实际流体元流的伯努利方程

由于实际流体具有黏性，流动时，流体产生的内摩擦及流体与边界的摩擦都消耗能量，所以，总比能沿流动方向是逐渐减少的。因此，根据能量守恒定律，应在方程右边加上从断面 $1-1$ 流至断面 $2-2$ 的单位重力流体能量损失 h'_w，即

$$z_1 + \frac{p_1}{\gamma} + \frac{u_1^2}{2g} = z_2 + \frac{p_2}{\gamma} = \frac{u_2^2}{2g} + h'_w \tag{3-9}$$

式（3-9）为实际流体元流的伯努利方程。该式说明，对于实际流体元流，其前一断面

上的总比能等于后一断面上的总比能与前后两断面间损失比能之和。

三、实际流体总流的伯努利方程

实际流体总流由无数实际元流组成，元流伯努利方程式左边为单位重力流体通过实际元流过流断面 dA_1 的能量，而单位时间内流过实际元流过流断面 dA_1 的流体重力为 γdQ，所以，单位时间内流过总流过流断面 A_1 的流体总能量应为 $\int_Q \left(z_1 + \dfrac{p_1}{\gamma} + \dfrac{u_1^2}{2g}\right)\gamma dQ$。同理，单位时间内流过总流过流断面 A_2 的流体总能量与能量损失之和为 $\int_Q \left(z_2 + \dfrac{p_2}{\gamma} + \dfrac{u_2^2}{2g} + h_w'\right)\gamma dQ$，两者相等，即

$$\int_Q \left(z_1 + \frac{p_1}{\gamma} + \frac{u_1^2}{2g}\right)\gamma dQ = \int_Q \left(z_2 + \frac{p_2}{\gamma} + \frac{u_2^2}{2g} + h_w'\right)\gamma dQ$$

由于过流断面 1-1 和 2-2 都选取在缓变流段上，所以 $z + \dfrac{p}{\gamma} = C$（常数），则

$$\left(z_1 + \frac{p_1}{\gamma}\right)\gamma \int_Q dQ + \gamma \int_Q \frac{u_1^2}{2g} dQ = \left(z_2 + \frac{p_2}{\gamma}\right)\gamma \int_Q dQ + \gamma \int_Q \frac{u_2^2}{2g} dQ + \gamma \int_Q h_w' dQ$$

对上式进行变换，得

$$\left(z_1 + \frac{p_1}{\gamma}\right)\gamma Q + \frac{1}{2g}\gamma \int_Q u_1^2 \, dQ = \left(z_2 + \frac{p_2}{\gamma}\right)\gamma Q + \frac{1}{2g}\gamma \int_Q u_2^2 dQ + \gamma \int_Q h_w' dQ$$

由于总流是由无数元流组成的，各元流的运动要素不同，故难以用数学方法描述总流过流断面的运动参数。在此，为研究方便，用总流过流断面 A_1 的平均流速 v_1 代替 u_1，用 A_2 的平均流速 v_2 代替 u_2。由于用平均流速代替实际流速后，所得的结果有误差，故应分别乘以修正系数 α_1 和 α_2，该系数由实验确定。所以

$$\frac{1}{2g}\gamma \int_Q u_1^2 dQ = \frac{\alpha_1}{2g}\gamma \int_Q v_1^2 dQ = \frac{\alpha_1 v_1^2}{2g}\gamma Q$$

$$\frac{1}{2g}\gamma \int_Q u_2^2 dQ = \frac{\alpha_2}{2g}\gamma \int_Q v_2^2 dQ = \frac{\alpha_2 v_2^2}{2g}\gamma Q$$

对于 $\gamma \int_Q h_w' dQ$ 项，用 h_w 表示总流过流断面 1-1 至 2-2 单位重力流体的平均机械能损失，称为总流的能量损失，则

$$\gamma \int_Q h_w' dQ = h_w \gamma Q$$

所以，又可变换为

$$\left(z_1 + \frac{p_1}{\gamma}\right)\gamma Q + \frac{\alpha_1 v_1^2}{2g}\gamma Q = \left(z_2 + \frac{p_2}{\gamma}\right)\gamma Q + \frac{\alpha_2 v_2^2}{2g}\gamma Q + h_w \qquad (3-10)$$

式中　z_1，z_2——1-1 至 2-2 断面上选定点相对于基准面的高度，m；

　　　p_1，p_2——1-1 至 2-2 断面上选定点的压力（可用绝对压力，也可用相对压力），Pa；

　　　v_1，v_2——1-1 至 2-2 断面上的平均流速，m/s；

α_1，α_2——1−1 至 2−2 断面的动能修正系数，在一般工程管道紊流中，$\alpha = 1.05 \sim 1.10$，

工程计算中 α 近似取 1；在圆管层流中 $\alpha = 2$；

h_w——总流断面 1−1 至 2−2 之间单位重力流体的平均机械能损失，m。

式（3−10）为总流的伯努利方程。在一般紊流计算中，α_1、α_2 常取 1（如无特别说明，一般都取 1）。

四、伯努利方程的能量意义

z 和 $\dfrac{p}{\gamma}$ 的能量意义在静力学基本方程第二表达式中已经讲述。$\dfrac{u^2}{2g}$ 为单位重力流体具有的速度能，称为速度水头，或称比动能，单位为 m。速度 u、质量为 dm 的流体质点的速度能（动能）为 $\dfrac{1}{2}dmu^2$，单位重力流体所具有的速度能为 $\dfrac{\frac{1}{2}dmu^2}{dmg} = \dfrac{u^2}{2g}$。

第四节　伯努利方程的应用

一、应用条件

伯努利方程的应用条件如下。

（1）流体运动必须是恒定流。因为方程的推导是以恒定流为前提，实际上不存在绝对的恒定流，但多数流动其质点流过某点时，流速和压力等运动要素在一段时间内平均值基本保持不变，可以看作恒定流，故可以用伯努利方程解决一般流体运动问题。

（2）流体均为不可压缩流体。方程的推导是以不可压缩流体为前提的，但它不仅适用于压缩性极小的液体流动，也适用于专业上所碰到的，可以认为是无压缩的大多数气体流动。

（3）所选两个过流断面必须符合缓变流的条件。因为方程的推导是将过流断面选在缓变流流段上，故在一般情况下是应遵守的，特别是在断面流速很大时，更应严格遵守。

（4）所选两个过流断面之间，应没有能量输入或输出。如果有能量输入（如中间有水泵或通风机）或输出（如中间有水轮机），则方程式应改写为以下格式：

液体有能量输入或输出时，有

$$\pm H + z_1 + \frac{p_1}{\gamma} + \frac{v_1^2}{2g} = z_2 + \frac{p_2}{\gamma} + \frac{v_2^2}{2g} + h_w \qquad (3-11)$$

气体有能量输入或输出时，有

$$\pm H + p_1 + \frac{\rho}{2}v_1^2 = p_2 + \frac{\rho}{2}v_2^2 + h_w \qquad (3-12)$$

（5）所选的两个过流断面间应没有分流或合流情况，即符合连续性方程。因为方程的推导是在两个断面间没有分流或合流的情况下推导的。

如图 3−9 所示，如果两个断面间有分流（或合流），即使分流点是急变流断面，而离分流点稍远的 1−1、2−2 和 3−3 断面都是缓变流断面，因 $Q_1 = Q_2 + Q_3$，即 Q_1 的流体一部分流向 2−2 断面，另一部分流向 3−3 断面。无论流到哪一个断面的流体，在 1−1 断面上单位重

力流体所具有的总能量都是 $z_1 + \frac{p_1}{\gamma} + \frac{v_1^2}{2g}$，只是流到 2-2 断面和 3-3 断面时，所产生的能量损失分别是 h_{w1-2} 和 h_{w1-3}。伯努利方程式是两个断面间单位能量的关系，因此，可以直接建立 1-1 断面和 2-2 断面（或 3-3 断面）的伯努利方程式，只是在计算能量损失时，应按流程分段计算。

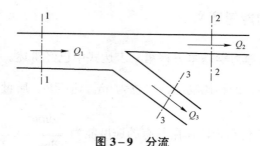

图 3-9 分流

1-1 断面和 2-2 断面的伯努利方程为

$$z_1 + \frac{p_1}{\gamma} + \frac{v_1^2}{2g} = z_2 + \frac{p_2}{\gamma} + \frac{v_2^2}{2g} + h_{w1-2}$$

1-1 断面和 3-3 断面的伯努利方程为

$$z_1 + \frac{p_1}{\gamma} + \frac{v_1^2}{2g} = z_3 + \frac{p_3}{\gamma} + \frac{v_3^2}{2g} + h_{w1-3}$$

二、应用方法和步骤

利用伯努利方程式解决具体问题的一般方法和步骤是：分析流动、选择断面、确定基准面、写出方程、解方程。

分析流动主要是分析所研究的流动是否为恒定流动。在分析流动的基础上选择过流断面，过流断面应选择在缓变流断面上，且两断面还应选在压力已知或压力差已知的缓变流断面上。同时，应使我们需要求解的未知量出现在方程中。

所选择的基准面应为水平面，作为写方程式中 z 值的依据。基准面原则上可任意选择，一般选在通过总流两个过流断面中较低断面形心的平面为好，这样就可使一个过流断面的 z 值为零，而另一个过流断面的 z 值保持正值。

列出伯努利方程式，并将各已知数值代入。如果方程式中出现两个流速未知数，则可用连续性方程式联立求解，最后解方程，求出未知量。

三、应用实例

1. 文德里流量计

图 3-10 所示的文德里流量计是根据伯努利方程设计的测量流量的仪器，常用来测量管路中的流量。它由一段喉管组成。

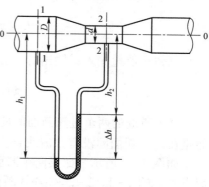

图 3-10 文德里流量计

　　测量流量时，将文德里流量计连接在主管中。1—1 断面为文德里流量计收缩前断面，2—2 断面为喉管中部断面，两断面皆为缓变流断面。1—1 和 2—2 断面分别与下部 U 形管压差计两端连接。基准面选流量计中心所在的 0—0 平面。

　　由于 1—1 和 2—2 断面的面积不同、流速不同，故压力也不同，即 U 形管压差计两侧水银的高度不同，若已知大管直径为 D、喉管直径为 d、流量计上所连接的 U 形管压差计水银的高度差为 Δh，则可求出管路中水的流量 Q。

　　以管中心 0—0 为基准面列出 1—1 与 2—2 两断面的伯努利方程，即

$$\frac{p_1}{\gamma} + \frac{v_1^2}{2g} = \frac{p_2}{\gamma} + \frac{v_2^2}{2g} + h_w$$

　　若不考虑损失，则有

$$\frac{p_1 - p_2}{\gamma} = \frac{v_2^2 - v_1^2}{2g}$$

因

$$v_2 = v_1 \frac{D^2}{d^2}$$

$$\frac{p_1 - p_2}{\gamma} = \frac{v_1^2\left(\dfrac{D^4}{d^4} - 1\right)}{2g}$$

所以

$$Q = v_1 \frac{\pi D^2}{4} = \frac{\pi D^2}{4}\sqrt{\frac{2d}{\dfrac{D^4}{d^4} - 1}}\sqrt{\frac{p_1 - p_2}{\gamma}}$$

　　由于 p_1、p_2 为未知数，因此，可通过 U 形管压差计内水银的高差求 $\dfrac{p_1 - p_2}{\gamma}$。

　　根据静力学基本方程（$p_1 + \gamma h_1 = p_2 + \gamma h_2 + \gamma_g \Delta h$）得

$$p_1 - p_2 = \gamma_g \Delta h - \gamma(h_1 - h_2) = \gamma_g \Delta h - \gamma \Delta h = \Delta h(\gamma_g - \gamma)$$

$$\frac{p_1 - p_2}{\gamma} = \Delta h\left(\frac{\gamma_g}{\gamma} - 1\right)$$

所以管中流量可写为

$$Q = \frac{\pi D^2}{4}\sqrt{\frac{2g}{\left(\dfrac{D}{d}\right)^4 - 1}}\sqrt{\Delta h\left(\frac{\gamma_g}{\gamma} - 1\right)}$$

　　若考虑损失的影响，上式乘以修正系数 μ，则

$$Q = \mu\frac{\pi D^2}{4}\sqrt{\frac{2g}{\left(\dfrac{D}{d}\right)^4 - 1}}\sqrt{\Delta h\left(\frac{\gamma_g}{\gamma} - 1\right)} \tag{3-13}$$

式中　μ——流量计的流量系数，一般为 0.95～0.98。

式（3-13）即为文德里流量计测量流量的计算公式。

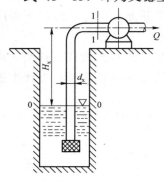

图 3-11　离心式水泵的吸水高度

2. 水泵的吸水高度计算

应用伯努利方程可以计算水泵的吸水高度。水泵的吸水高度是指泵轴中心线距吸水井水面之间的垂直高度。

例3-3　如图 3-11 所示，若水泵的排水量 $Q = 0.03\ m^3/s$，吸水管直径 $d_x = 150\ mm$，吸水管中的水头损失 $h_w = 1.0\ m$，水泵所产生的真空度（1-1 断面的真空度）$\dfrac{p_z}{\gamma} = 6.4\ m$。求离心式水泵的吸水高度 H_x。

解　以吸水井水面 0-0 为基准面，列 0-0 和 1-1 两断面的伯努利方程，即

$$0 + \frac{p_a}{\gamma} + \frac{v_0^2}{2g} = H_x + \frac{p_1}{\gamma} + \frac{v_1^2}{2g} + h_w$$

则

$$H_x = \frac{p_a - p_1}{\gamma} + \frac{v_0^2}{2g} - \frac{v_1^2}{2g} - h_w$$

由于吸水井断面流速较低，可近似认为 $v_0 = 0$。$\dfrac{p_a - p_1}{\gamma}$ 为 1-1 断面的真空度 $\dfrac{p_z}{\gamma}$，则上式可写为

$$H_x = \frac{p_z}{\gamma} - \frac{v_1^2}{2g} - h_w$$

而

$$v_1 = \frac{Q}{A_1} = \frac{4Q}{\pi d_x^2} = \frac{4 \times 0.03}{3.14 \times 0.15^2} = 1.7\ (m/s)$$

$$\frac{v_1^2}{2g} = \frac{1.7^2}{19.62} = 0.147\ (m)$$

所以

$$H_x = 6.4 - 0.147 - 1.0 = 5.25\ (m)$$

3. 水泵扬程的测定

应用伯努利方程可以测定水泵的扬程。水泵的扬程是指单位重力水通过水泵所获得的能量。

例3-4　如图 3-12 所示，水泵排水管上压力表的读数 $p_y = 196\,200\ Pa$，吸水管上真空表的读数 $p_z = 25\,000\ Pa$，两表高差 $z_1 = 0.5\ m$，排水管直径 $d_p = 100\ mm$，吸水管直径 $d_x = 150\ mm$，排水量 $Q = 0.05\ m^3/s$，不考虑损失，大气压力为 1 at，求水泵的扬程 H。

解　在吸水管真空表处取基准面 0-0，列 0-0 与 1-1 断面的伯努利方程，即

$$z_0 + \frac{p_0}{\gamma} + \frac{v_0^2}{2g} + H = z_1 + \frac{p_1}{\gamma} + \frac{v_1^2}{2g} + h_w$$

由于断面 0-0 与基准面重合，故 $z_0 = 0$，断面 1-1 距基准面的垂直高度 $z_1 = 0.5\ m$，压力表读数 $p_y = 196\,200\ Pa$，则

$$\frac{p_1}{\gamma} = \frac{p_a + p_y}{\gamma} = \frac{196\,200 + 98\,100}{98\,100} = 30\ (m)$$

而真空表读数 $p_z = 25\,000\,\text{Pa}$ ，则

$$\frac{p_0}{\gamma} = \frac{p_a - p_z}{\gamma} = \frac{98\,100 - 25\,000}{98\,100} = 7.45\,（\text{m}）$$

吸水管与排水管中水的流速分别为

$$v_0 = \frac{4Q}{\pi d_x^2} = \frac{4 \times 0.05}{3.14 \times 0.15^2} = 2.83\,（\text{m/s}）$$

$$v_1 = \frac{4Q}{\pi d_p^2} = \frac{4 \times 0.05}{3.14 \times 0.1^2} = 6.37\,（\text{m/s}）$$

将上述各数值代入前式，得

$$0 + 7.45 + \frac{2.83^2}{2g} + H = 0.5 + 30 + \frac{6.37^2}{2g} + 0$$

由此得出水泵的扬程　　　　　　　$H = 24.71\,\text{m}$

4. 风量的计算

风量的测量方法有很多，图 3-13 所示的集流器是风机实验中常用的测量风量的装置。该装置由圆弧形（或圆锥形）入口及后面的圆筒组成。圆筒上沿圆周均匀分布 4 个静压测孔，把它们连在一起接到 U 形管压差计上，测出与大气的压力差，即可计算出流量。

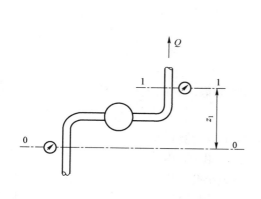

图 3-12　水泵扬程的测定

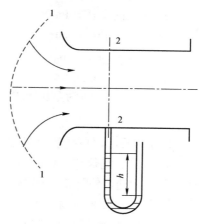

图 3-13　集流器

例 3-5　如图 3-13 所示，已知集流器的直径 $D = 200\,\text{mm}$ ，U 形管压差计内两水面的高差 $h = 250\,\text{mm}$ ，水的重度 $\gamma = 9\,810\,\text{N/m}^3$ ，求吸风量 Q 。

解　不考虑损失，列出 1-1 和 2-2 断面的伯努利方程，即

$$p_1 + \frac{\rho}{2}v_1^2 = p_2 + \frac{\rho}{2}v_2^2$$

由于 1-1 断面较大，认为 $v_1 \approx 0$ ， $p_1 = p_a$ ，而 $p_1 - p_2 = p_a - p_2 = \gamma h$ ，所以

$$v_2 = \sqrt{\frac{2(p_1 - p_2)}{\rho}} = \sqrt{\frac{2\gamma h}{\rho}} = \sqrt{\frac{2 \times 9\,810 \times 0.25}{1.20}} = 63.93\,（\text{m/s}）$$

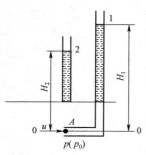

图 3-14　皮托管原理

吸风量为

$$Q = v_2 \frac{\pi}{4} D^2 = 63.93 \times \frac{3.14}{4} \times 0.2^2 = 2.01 \ (\text{m}^3/\text{s})$$

若考虑损失，上式应乘以系数 φ（φ 列为集流器系数，一般 $\varphi = 0.98 \sim 0.99$）。

5. 皮托管

如图 3-14 所示，在流动流体中放置直角弯管 1，直角弯管 1 开口正对流体流动方向，同时放置直管 2，直管 2 与流动方向垂直。直角弯管 1 可以测量 A 点的全压，直管 2 可以测量 A 点的静压，两管组合可以测量 A 点的动压（动能）。

假设放入直角弯管 1 之前 A 点的流速为 u，压力为 p。当放入直角弯管 1 后，由于直角弯管 1 端口对流动流体有滞止作用，不考虑直角弯管对 A 点的影响，设放入直角弯管后 A 点的压力为 p_0，流速应为 $u_0 = 0$。

取 $0-0$ 断面为基准面，有

$$\frac{p}{\gamma} + \frac{u^2}{2g} = \frac{p_0}{\gamma} + 0$$

整理得

$$p_0 = p + \frac{\rho}{2} u^2$$

式中　　p_0 ——A 点的全压，Pa；

　　　　p ——A 点的静压，Pa；

　　　　$\dfrac{\rho}{2} u^2$ ——A 点的动压，Pa。

在图 3-14 中，H_1 即为全压 p_0 的大小，H_2 即为静压 p 的大小，$H_1 - H_2$ 即为动压 $\dfrac{\rho}{2} u^2$ 的大小。

如图 3-15 所示，皮托管就是根据上述原理制成的测量全压、静压和动压的测量仪器。它由两根同心圆管相套组成，内管 1 和外管 2 互不相通，外管 2 前端侧壁上分布有一组小孔。皮托管和 U 形管配合，可以测量某点的全压、静压和动压（或流速）。皮托管出口 1 为全压测口，把它与 U 形管的一端连接，U 形管另一端通大气，U 形管两边液面的高差即为全压；出口 2 为静压测口，把它与 U 形管的一端连接，U 形管另一端通大气，U 形管两边液面的高差即为静压；把出口 1 和 2 分别与 U 形管两端连接，U 形管两液面的高差即为动压，根据动压大小可计算出流速。

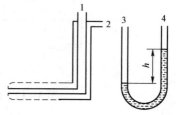

图 3-15　皮托管和 U 形管

应该注意的是，用皮托管测量压力时，应使皮托管内管测口正对流体流动方向，即弯管部分与流体流动方向平行，以免产生误差。常用皮托管测量矿井通风的全压、静压和动压。

思考题与习题

1. 什么是恒定流、过流断面、断面平均流速、水力半径与水力直径？

2. 何谓缓变流与急变流？缓变流的主要特点是什么？

3. 伯努利方程各项的能量意义是什么？

4. 如图 3−16 所示，管路流量为 Q 时，垂直玻璃管中水位为 h_z。当阀门 2 打开时，用阀门 1 调节流量，试问当流量增大或减小后，玻璃管中是否会出现水流被水平管吸上的流动现象，为什么？当阀门 2 和阀门 1 关闭时，压力表读数为 49 000 Pa（表压），当阀门 1 开启时压力表读数降至 19 600（表压），如果出水管管径 $d = 10$ cm，能量损失为 4 900 Pa，求通过该管路的水流流量 Q。

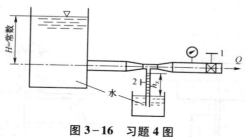

图 3−16 习题 4 图

5. 如图 3−17 所示，水管的直径 $d = 10$ cm，当阀门全部关闭时，压力表的读数为 0.5 个工程大气压。阀门开启后，保持恒定流，压力表的读数降至 0.2 个工程大气压。不计水头损失，求管中流量 Q。

6. 如图 3−18 所示，水从水箱 A 用虹吸管引到水箱 B 中。已知流量 $Q = 100$ m³/h，两水箱液面的高差 $H = 3$ m，$z = 6$ m。不考虑阻力损失，求虹吸管的管径 d 和虹吸管中的最大真空度 p_z。

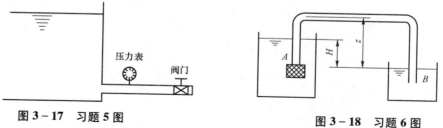

图 3−17 习题 5 图   图 3−18 习题 6 图

7. 如图 3−11 所示，若已知水泵的吸水高度 $H_x = 3$ m，吸水管内径 $d_x = 0.25$ m，从 0−0 断面至 1−1 断面总水头损失为 $h_w = \dfrac{8.5 v_1^2}{2g}$ m，断面 1−1 处真空度为 $\dfrac{p_z}{\gamma} = 4.08$ mH₂O，求吸水管流量 Q。

8. 如图 3−19 所示的供水管路，已知 $d = 15$ cm，$D = 30$ cm，$p_A = 68$ kPa，$p_B = 58$ kPa，$h = 1$ m，$v_B = 1.5$ m/s，问 v_A 为多大？水流方向是什么？水头损失为多大？

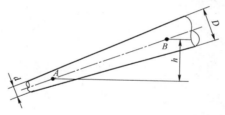

图 3−19 习题 8 图

9. 有一水平喇叭形进风管（图 3−20），管径为 200 mm，在管下部连接一根下端插入水中的玻璃管，若管中水面上升高度 $h=10$ mm，空气密度 $\rho=1.2$ kg/m³，不考虑损失，求由进风管流过的空气量为多少。

10. 某矿山通风系统如图 3−21 所示，已知风道 1−1 断面处断面面积为 10 m²，用 U 形管压差计测得该风道的负压为 250 mmH₂O，若通风机的风量 $Q=100$ m³/s，水的重度 $\gamma=9\,810$ N/m³，空气的重度 $\gamma=11.77$ N/m³，问空气流经此通风系统时的能量损失为多少？

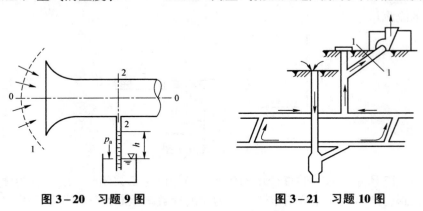

图 3−20　习题 9 图　　　　　　图 3−21　习题 10 图

第四章 流动阻力与能量损失

第一节 流动阻力与能量损失的形式

根据流动阻力及能量损失形成的原因,将其分为沿程阻力与沿程损失及局部阻力与局部损失两大类。

一、沿程阻力与沿程损失

沿程阻力是指在过流断面不变的均匀流道中或缓变流中流动所受到的阻力。沿程阻力主要是由流体的黏性力造成的。

沿程损失是指克服沿程阻力所产生的能量损失。沿程损失的大小与流体的流动状态有着密切的关系。沿程损失按达西—魏斯巴赫公式进行计算,即

$$h_f = \lambda \frac{l}{d} \frac{v^2}{2g} \qquad (4-1)$$

式中 h_f ——沿程损失,m;

     λ ——沿程阻力系数,它与流体的黏度、流速、管道的直径及管壁的粗糙度有关,其值一般由实验确定;

     l ——管道长度,m;

     d ——圆管内径(对于非圆流道,用水力直径 d_i 代替 d),m。

对于气体,沿程损失的表达式为

$$h_f = \lambda \frac{l}{d_i} \frac{\rho v^2}{2} \qquad (4-2)$$

二、局部阻力与局部损失

局部阻力是指流体流经局部装置(如阀门、弯头、流道断面突然扩大或突然缩小等)所受到的阻力。局部阻力是由于局部装置的形状、大小发生急剧变化,使流体流动状态与流速发生急剧变化,在局部范围内流体质点相互碰撞,产生旋涡而造成的阻力。

局部损失是指克服局部阻力造成的能量损失。大量的实验表明,单位重力液体的局部损失 h_j 与速度 v 的平方成正比,即

$$h_j = \xi \frac{v^2}{2g} \qquad (4-3)$$

式中 h_j ——局部损失,m;

     ξ ——局部阻力系数,它与局部管件的形式有关,一般由实验确定。

对于气体,局部损失的计算公式为

$$h_j = \xi \frac{\rho v^2}{2} \qquad (4-4)$$

应特别注意的是，式（4-3）和式（4-4）中速度 v 一般应为局部装置后面的流速。

在沿程损失和局部损失的计算中，沿程阻力系数 λ 和局部阻力系数 ξ 的确定很重要，它们除受流体本身和壁面的影响外，还与流体的流动状态密切相关，所以，要先探讨流体的流动状态，然后再确定 λ 和 ξ。

第二节 流体的两种流动状态

一、雷诺实验

图 4-1 所示为雷诺实验装置，主要由水箱 B、液杯 K 及其上阀门 L、玻璃管 C 及其上的两根细玻璃管 1、2 与阀门 D 和量杯 E 等组成。

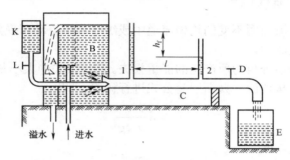

图 4-1 雷诺实验装置

实验时，流量由小到大和由大到小各进行一次。

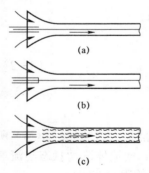

图 4-2 流体的流动状态
（a）层流；（b）过渡状态；（c）紊流

流量由小到大实验时，用溢流管保持水箱 B 中的水面稳定不变，打开液杯 K（内装色水）的阀门 L，色水经 C 管喇叭口流入 C 管，与清水一起流动。当阀门 D 开启度很小时，色水在 C 管中是一条与轴线平行的平稳细流，如图 4-2（a）所示。这说明 C 管内水的流动也是呈平稳直线流动状态，可以把水分为以管轴为中心的无数个圆筒形流层，各流层做平行流动，流体质点不相混杂，这种流动状态称为层流。当阀门 D 逐渐开大时，色水的平稳细流开始变为波浪形，一些地方出现中断，但仍然与清水不相混杂，如图 4-2（b）所示，这种流动状态称为过渡状态。过渡状态极不稳定，在工程上没有实际应用价值，一般和紊流状态合并研究。当阀门 D 继续开大时，色水细流波动加剧、破碎，与清水相互混杂，色水扩散至整个玻璃管，杂乱无规则地向前流动，如图 4-2（c）所示。这说明此时流体内部质点相互碰撞、混杂，流动杂乱、无规则——紊乱，这种流动状态称为紊流。实验时，雷诺实验装置中的两玻璃管 1 和 2 管的高差随流动状态的不同而不同，即流动状态不同，产生的能量损失也不同。

流量由大到小实验时，即把阀门 D 逐渐关小，按流量由小到大的相反顺序进行，流动状态按相反顺序变化，即紊流→过渡状态→层流。

雷诺实验表明，流体的流动具有两种流动状态——层流和紊流，两种状态可以相互转化，并产生不同的能量损失。

临界流速是指流动状态发生变化时的流速。由层流转变为紊流时的流速称为上临界流速，用 v_k' 表示；由紊流转变为层流时的流速称为下临界流速，用 v_k 表示。实践证明，$v_k' > v_k$，这也可从能量转换的观点加以理解。根据管内的平均流速可以判定流体的流动状态：$v \leqslant v_k$ 时为层流；$v \geqslant v_k'$ 时为紊流；中间为过渡状态，可能是层流，也可能是紊流，极不稳定，在工程中没有实际应用价值。

二、雷诺数

雷诺通过大量实验发现，流体流动状态不但与流速 v 有关，而且与流体的黏性 μ、密度 ρ 及管路的直径 d 有关。雷诺根据研究结果建立了上述几个因数之间的关系，提出了一个无因次系数，这个系数称为雷诺数，用 Re 表示，数学表达式为

$$Re = \frac{v\rho d}{\mu} = \frac{vd}{\nu} \tag{4-5}$$

对应于下临界流速 v_k 的雷诺数，称为下临界雷诺数，用 Re_k 表示（$Re_k = \frac{v_k d}{\nu}$）；对应于上临界流速 v_k' 的雷诺数，称为上临界雷诺数，用 Re_k' 表示（$Re_k' = \frac{v_k' d}{\nu}$）。当 $Re \leqslant Re_k$ 时为层流；当 $Re \geqslant Re_k'$ 时为紊流。

实验证明，对于圆管内的流动，下临界雷诺数是一个常数，即 $Re_k = 2\,320$。上临界雷诺数则很易受实验条件（实验装置、环境等）影响，其值很不稳定，在实际上没有使用价值。所以，常采用下临界雷诺数 $Re_k = 2\,320$ 来判别流体的流动状态。

应该指出的是，下临界雷诺数 $Re_k = 2\,320$ 是在实验室条件下得到的，考虑到流体在流动中容易受到外界干扰而变成紊流的事实，在工程实际中，常将下临界雷诺数 Re_k 取为 $2\,000$。所以，实际工程中，$Re \leqslant 2\,000$ 为层流，$Re > 2\,000$ 为紊流。

由于上述结果是在圆管有压流时得到的，所以，对于非圆流道，应用当量直径 d_i 代替式（4-3）中圆管的直径 d，则相应的雷诺数表达式为

$$Re = \frac{v\rho d_i}{\mu} = \frac{vd_i}{\mu} \tag{4-6}$$

上述流体流动状态的判别准则是在有压流的情况下得到的，适用于有压流，而对无压流动，当 $Re \leqslant 1\,200$ 时为层流，当 $Re > 1\,200$ 时为紊流。

判别流体流动状态，在工程计算中具有实际意义。因为，对于不同的流态，其流动阻力是不同的，在流动过程中的能量损失也不同，所以，在很多情况下，都需要判别流体流动状态。

例 4-1 温度 $t = 10\,℃$ 的水在直径 $d = 0.10$ m 的圆管中流动，当流量 $Q = 0.015$ m³/s 时，管中的水处于什么流动状态？

解 $10\,℃$时，由表查得水的运动黏度 $\nu = 1.306 \times 10^{-6}$ m²/s。

水的平均速度为

$$v = \frac{4Q}{\pi d^2} = \frac{4 \times 0.015}{3.14 \times 0.10^2} = 1.91 \ (\text{m/s})$$

雷诺数为

$$Re = \frac{vd}{\nu} = \frac{1.91 \times 0.10}{1.306 \times 10^{-6}} = 146\,248 > 2\,000$$

故管中的水处于紊流状态。

例 4-2 液压油在直径 $d = 30$ mm 的管中流动，平均流速 $v = 2$ m/s，试判别温度分别为 50 ℃（$\nu = 18 \times 10^{-6}$ m²/s）和 20 ℃（$\nu = 9 \times 10^{-5}$ m²/s）时油的流动状态。

解

50 ℃时
$$Re = \frac{vd}{\nu_{50}} = \frac{2 \times 0.03}{18 \times 10^{-6}} = 3\,333 > 2\,000 \qquad 紊流$$

20 ℃时
$$Re = \frac{vd}{\nu_{20}} = \frac{2 \times 0.03}{9 \times 10^{-5}} = 667 < 2\,000 \qquad 层流$$

第三节 均 匀 流

一、均匀流的特点

在恒定流中，若流线为相互平行的直线，该流动称为均匀流。如直径不变的直线管道中的水流、断面形状和尺寸及边界条件沿程不变的通风巷道的风流，均属于均匀流。均匀流只有沿程损失，而没有局部损失，因此，在均匀流计算中只需考虑沿程损失。

均匀流具有以下几个特点。

（1）均匀流过流断面为平面，且形状、尺寸与边界情况沿程不变。

（2）均匀流只有沿程损失，而无局部损失。

（3）同一流线上不同点的流速相等，不同过流断面上流速分布情况相同、断面平均流速相等。

（4）均匀流同一过流断面上各点测压管水头相等。

根据均匀流的特点，均匀流伯努利方程为

$$z_1 + \frac{p_1}{\gamma} = z_2 + \frac{p_2}{\gamma} + h_f \qquad (4-7)$$

二、均匀流切应力公式

均匀流损失为沿程损失，主要是由于流体克服摩擦阻力做功而产生的。现以圆管恒定均匀流为例导出切应力公式。

如图 4-3 所示，在圆管恒定均匀流中取相距为 l 的两过流断面 1-1 和 2-2。过流断面的面积为 A，两过流断面形心距基准面 0-0 的高度分别为 z_1 和 z_2，压力分别为 p_1 和 p_2，湿周为 χ，圆管轴线与水平面的夹角为 θ，所选流段 1-2 与圆管内壁的平均切应力为 τ_0。

作用于流段 1-2 上的外力有：

（1）过流断面 1-1 和 2-2 上的总压力分别为 $P_1 = p_1 A$ 和 $P_2 = p_2 A$。

（2）流段 1-2 圆柱面的摩擦阻力为 $T = \tau_0 \chi l$。

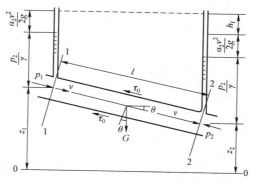

图 4-3 圆管恒定均匀流

（3）流段 1-2 的重力为 $G = \gamma Al$ 。

（4）流段 1-2 圆柱面总压力与流段流动方向垂直，在流动方向上没有分力。

由于研究对象为恒定均匀流，加速度为零，作用于流段 1-2 上的外力处于平衡状态，所以，在流动方向上力的平衡方程为 $p_1 + G\sin\theta = p_2 + T$ ，即

$$p_1 A + \gamma Al\sin\theta = p_2 A + \tau_0 \chi l$$

将 $\sin\theta = \dfrac{z_1 - z_2}{l}$ 代入上式，并同除以 γA ，整理得

$$\left(z_1 + \frac{p_1}{\gamma}\right) - \left(z_2 + \frac{p_2}{\gamma}\right) = \frac{\tau_0 \chi l}{\gamma A}$$

根据恒定均匀流伯努利方程，可得

$$h_f = \frac{\tau_0 \chi l}{\gamma A} = \frac{l}{R}\frac{\tau_0}{\gamma}$$

所以

$$\tau_0 = \gamma R \frac{h_f}{l}$$

$\dfrac{h_f}{l} = J$ 称为水力坡度，在均匀流动中，J 为常数，故上式可写为

$$\tau_0 = \gamma RJ \tag{4-8}$$

式（4-8）为恒定均匀流沿程损失与切应力的关系式，该式也适用于明渠恒定均匀流。

三、均匀流沿程损失计算公式

沿程损失与切应力之间的关系式为 $h_f = \dfrac{l}{R}\dfrac{\tau_0}{\gamma}$ ，因此，要求沿程损失 h_f ，就必须知道流动边界处的平均切应力 τ_0 。经实验研究发现，流动边界切应力 τ_0 与断面平均流速 v 、水力半径 R 、动力黏度 μ 、流体密度 ρ 及固体边界的绝对粗糙度 Δ 等因素有关，即 $\tau_0 = f(v, R, \mu, \rho, \Delta)$ 。

通过进一步分析研究表明，边界平均切应力 τ_0 与流体密度 ρ 成正比，与断面平均流速 v 的平方成正比，可表示为 $\tau_0 = \varphi \rho v^2$ ，式中 φ 为比例系数，它与雷诺数 Re 和相对粗糙度 Δ / R 有关。

因此
$$h_{\mathrm{f}} = \frac{l}{R}\frac{\phi\rho v^2}{\gamma} = \phi\frac{l}{R}\frac{v^2}{g}$$

对上式进行变换
$$h_{\mathrm{f}} = 8\phi\frac{l}{4R}\frac{v^2}{2g}$$

令 $\lambda = 8\varphi$ ，而 $d_{\mathrm{i}} = 4R$ ，则

$$h_{\mathrm{f}} = \lambda\frac{l}{d_{\mathrm{i}}}\frac{v^2}{2g}$$

上式为沿程损失计算公式，即式（4−1）。对于圆管，其当量直径 d_{i} 等于圆管直径 d ，因此，圆管沿程损失计算只要把上式中的 d_{i} 换成 d 即可。

式（4−1）是在恒定均匀流条件下导出的，适用于均匀流情况下的层流和紊流。

第四节 圆管层流与紊流

一、圆管层流

1. 圆管层流流速分布

由层流流动判定准则可知，层流发生在雷诺数较小时，即 $Re \leqslant 2\,320$（实验室条件下）或 $Re \leqslant 2\,000$（实际）。层流一般出现在流速低、黏度大和管径小的情况下，如缝隙流动、某些很细的管道流动（润滑系统、液压系统）等多为层流流动等。

如图 4−4 所示，假设水在圆管中做层流流动，流体质点沿与管轴平行的流线流动，即可以把层流分为无数个圆筒形的流层，各层都是沿与管轴平行的方向流动。但是，各层的流速是不同的，与管壁接触的外层，由于流体黏着在管壁上，流速为零。由于黏性，外层对相邻内层产生阻碍作用，流层越靠近管中心线，流速就越大，最大流速发生在管轴上。理论和实验都已经证明，过流断面上流速分布是以管轴为中心的抛物面，断面平均流速是最大流速的 1/2。

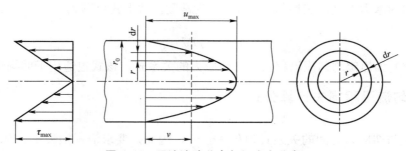

图 4−4 层流流速分布与切应力分布

设圆管半径为 r_0 ，以圆管中心线为轴，任取一半径为 r 的流层，该流层流速为 u ，并设在 dr 上流速的变化为 du ，所以速度梯度为 du/dr 。

根据牛顿内摩擦力定律，圆筒形流层表面的切应力为

$$\tau = -\mu\frac{\mathrm{d}u}{\mathrm{d}r}$$

随半径增大，速度减小，$\mathrm{d}u/\mathrm{d}r$ 为负值，为使 τ 为正值，上式加负号。

由式（4-8）知，圆筒形流层表面的切应力为

$$\tau = \gamma JR = \gamma J \frac{r}{2}$$

由于流体重度 γ、水力坡度 J 都为常数，所以，层流切应力只与 r 有关，呈线性关系，管轴处最小为零，r_0 处最大为 τ_{max}，如图 4-4 所示。

由上两式可知

$$\gamma J \frac{r}{2} = -\mu \frac{\mathrm{d}u}{\mathrm{d}r}$$

对上式进行积分得

$$u = -\frac{\gamma J}{4\mu} r^2 + C$$

式中　C——积分常数。

当 $r = r_0$ 时，$u = 0$，代入上式得

$$C = \frac{\gamma J}{4\mu} r_0^2$$

所以

$$u = \frac{\gamma J}{4\mu} (r_0^2 - r^2) \tag{4-9}$$

式（4-9）为圆管层流流速分布公式，该式表明层流流速分布是以管轴为中心的抛物面。当 $r = 0$ 时，代入式（4-9），得到最大流速 u_{max}，即

$$u_{max} = \frac{\gamma J}{4\mu} r_0^2 = \frac{\gamma J}{16\mu} d^2$$

而断面平均流速为

$$v = \frac{\int_A u \mathrm{d}A}{A} = \frac{\int_0^{r_0} u 2\pi r \mathrm{d}r}{\pi r_0^2} = \frac{\gamma J}{4\mu} \frac{\int_0^{r_0} 2\pi r \mathrm{d}r}{\pi r_0^2} = \frac{\gamma J}{8\mu} r_0^2 = \frac{\gamma J}{32\mu} d^2$$

所以，断面平均流速 v 为最大流速 u_{max} 的一半，即 $v = \frac{1}{2} u_{max}$。

2. 层流沿程损失计算

水力坡度 $J = \frac{h_f}{l}$，平均流速 $v = \frac{\gamma J}{32\mu} d^2$，把两式合并消去水力坡度 J，即得圆管层流沿程损失计算公式，即

$$h_f = \frac{32\mu v l}{\gamma d^2} \tag{4-10}$$

式（4-10）表明，圆管层流沿程损失与断面平均流速 v、动力黏度 μ 及管长 l 成正比，与流体重度 γ 及管径 d 的平方成反比，与雷诺实验的结果完全一致。

将式（4-10）进行变换，得

$$h_f = \frac{32\mu v l}{\gamma d^2} = \frac{64\mu}{\rho v d} \frac{l}{d} \frac{v^2}{2g} = \frac{64}{Re} \frac{l}{d} \frac{v^2}{2g}$$

所以
$$\lambda = \frac{64}{Re}$$
(4-11)

式（4-11）为水在圆管内作层流时沿程阻力系数计算公式，它仅与雷诺数有关。

二、圆管紊流

1. 紊流脉动与时均化

1）紊流脉动现象

图 4-5 所示为测量仪器记录下的某一空间点 A 的流速随时间变化的曲线。从图上可以看出，空间点 A 的流速是围绕某一速度（图中 AB 线）频繁跳动的，这种现象称为脉动现象。在紊流中，压力与流速一样，同样出现脉动现象。从本质上讲，紊流属于非恒定流动，因为在紊流状态下，流体质点相互碰撞、混杂，不停地进行能量交换，所以，流体质点在不同时刻通过某一空间点的流速大小、方向都随时间频繁变化，压力也随时间而频繁变化。

紊流属于非恒定流动，前面所研究的规律是在恒定流动的条件下得到的，为了能够把恒定流动的规律用于紊流，必须把紊流的要素时均化。

2）紊流的时均化

对不可压缩流体恒定流，流体的运动要素主要是指流速和压力，紊流的时均化是指流速的时均化和压力的时均化。

尽管紊流时，流速随时间作复杂变化，但从某段时间 T 内来看，它始终围绕其本身的"平均值"（图 4-5 中 AB 线）上下波动，该"平均值"称为时间平均流速，简称时均流速，用 $\bar{u}_A$ 表示。同样，压力也是围绕其本身的"平均值"上下波动的，压力的"平均值"称为时间平均压力，简称时均压力，用 $\bar{p}_A$ 表示。

假定在时间 T 内，A 点瞬时流速为 u_A，那么

$$\bar{u}_A T = \int_0^T u_A \mathrm{d}t$$

时均流速为
$$\bar{u}_A = \frac{1}{T}\int_0^T u_A \mathrm{d}t$$

同理，时均压力为
$$\bar{p}_A = \frac{1}{T}\int_0^T p_A \mathrm{d}t$$

有了时均流速和时均压力的概念，我们就可以认为紊流是与时间无关的恒定流动，这样，前面所讲述的规律（如伯努利方程）就可以用于紊流，以解决实际工程中的紊流问题。但应该注意的是，计算能量损失时，应按紊流的能量损失规律进行计算。

2. 黏性底层与紊流中心

实验证明，流体在圆管中做紊流时，流动由黏性底层、紊流中心和它们之间的过渡层组成，如图 4-6 所示。

紊流中，紧贴管壁很薄的一层流体，因受管壁的限制，脉动现象几乎完全消失，黏性力起主导作用，流动基本上属于层流，该层称为黏性底层（层流层或层流边层）。黏性底层很薄，其厚度 δ 一般只有几分之一毫米，但它对紊流的能量损失有着重要影响。

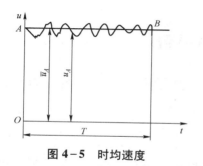

图 4-5 时均速度

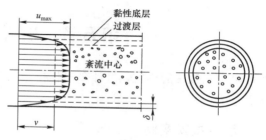

图 4-6 黏性底层与紊流中心

紊流时，绝大部分流体处于紊流状态，流体质点频繁地碰撞而产生动量交换，使得流动中心的速度分布趋于均匀，这部分流动称为紊流中心（紊流核心）。雷诺数越大，流速分布越均匀，其最大流速发生在管轴上。

在紊流中心和黏性底层之间为一层由紊流向层流过渡的过渡层，该层很薄，一般不单独考虑，而把它和紊流中心合在一起考虑，统称为紊流部分。

3. 水力光滑与水力粗糙

管壁粗糙凸起部分的平均高度 Δ 称为绝对粗糙度。当黏性底层的厚度 δ 大于管壁的绝对粗糙度 Δ 时，黏性底层完全遮盖了管壁粗糙凸起部分，粗糙度对黏性底层外的流动几乎没有影响，流体好像在光滑的管道中流动。我们把这种情况下的流动称作"水力光滑"，这种管道称为"水力光滑管"。

当黏性底层的厚度 δ 小于管壁的绝对粗糙度 Δ 时，管壁的粗糙度就会凸显在紊流区，对紊流区流体产生阻碍，并产生旋涡，造成能量损失。这种情况的流动称为"水力粗糙"，这种管道称为"水力粗糙管"。

实验证明，黏性底层的厚度 δ 与雷诺数 Re 有关，两者的关系式为 $\delta = \dfrac{32.8d}{Re\sqrt{\lambda}}$（半经验公式）。当 Re 较小时，$\delta \gg \Delta$，边界粗糙凸起部分完全淹没在层流底层内，流动边界的表面粗糙度对紊流不起作用，边界对流体的阻力主要是黏性底层的黏性力；反之，当雷诺数 Re 较大时，$\delta \ll \Delta$，流动边界粗糙凸起部分进入紊流中，对流体产生阻碍，形成旋涡，边界对流体的阻力主要是由这些小旋涡产生的，而黏性底层的黏性力只占次要地位。所以，黏性底层的厚度 δ 对流动损失有较大影响。

4. 紊流流速分布

图 4-7 所示为流体在圆管内做紊流流动时，其过流断面上流速的分布情况。在层流边层，流速按抛物线规律分布。在紊流中心，由于流体质点的脉动，质点之间相互碰撞、混杂，频繁地进行能量交换，使得紊流中心的质点流速分布趋于均匀。雷诺数越大，流速分布越均匀，其最大流速发生在管轴上。

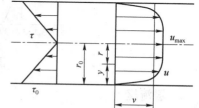

图 4-7 紊流状态下流速与切应力的分布

紊流中，过流断面的平均流速 v 与最大流速 u_{max} 的比值一般为

$$\frac{v}{u_{max}} = 0.79 \sim 0.87 \tag{4-12}$$

第五节　沿程阻力系数

沿程阻力系数 λ 的确定，是计算沿程损失应解决的主要问题。本节将讲述沿程阻力系数 λ 的确定方法。

一、尼古拉茨实验

为弄清沿程阻力系数 λ 随壁面相对粗糙度 Δd 和雷诺数 Re 的变化关系，尼古拉茨于 1932—1933 年率先进行了实验研究，并于 1933 年发表了对人工粗糙管实验的研究成果。所谓人工粗糙管，就是先在管道内壁上涂一层漆，然后用相同粒径的砂粒均匀地粘贴在管壁上，形成一定粗糙度的壁面。砂粒直径为绝对粗糙度 Δ，相对粗糙度为 Δ/d。他用人工方法在直径不同的管中制出了 6 种 $\left(\dfrac{\Delta}{d}\text{在}\dfrac{1}{30}\sim\dfrac{1}{1\,014}\text{范围}\right)$ 相对粗糙度管道，然后对它们进行阻力实验。实验时，通过调节流量改变管中的速度，并对应于每一个速度测出管段的沿程损失，然后利用达西公式计算出沿程阻力系数 λ。他以 $\lg Re$ 为横坐标，以 $\lg(100\lambda)$ 为纵坐标，以 $\dfrac{\Delta}{d}$ 为参变量，绘制了图 4-8 所示的实验结果。实验结果分为层流区、第一过渡区、水力光滑区、第二过渡区、阻力平方区 5 个区域，下面对实验结果进行分析。

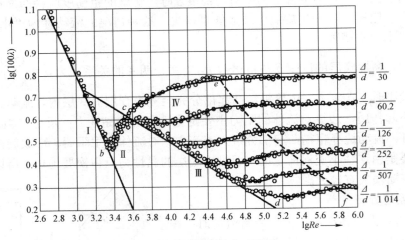

图 4-8　尼古拉茨实验曲线

1. 层流区

图 4-8 中区域 I（直线 ab），$Re\leqslant 2\,320$，该区为层流区。在该区，6 种不同粗糙度管道的实验点（λ-Re）几乎都落在直线 ab 上。这说明管壁的相对粗糙度 Δ/d 对沿程阻力系数 λ 没有影响，λ 只与 Re 有关。实验证明：$\lambda=64/Re$，与理论推导完全一致。

2. 第一过渡区

图 4-8 中区域 II（b 点到 c 点曲线带），$2\,320<Re<4\,000$，为层流向紊流过渡的不稳定区，称为第一过渡区。在该区域，实验点集中在稍宽的曲线带 bc 上。该区的流态极不稳定，

时而层流，时而紊流，实验点分散，无明显规律。该区没有总结出λ的计算公式。如果流动恰好处于这一区域，可按水力光滑区计算λ。

3. 水力光滑区

图 4—8 中Ⅲ区（直线 cd），$4\,000 \leqslant Re < 26.98 \left(\dfrac{d}{\Delta} \right)^{8/7}$，该区称为水力光滑区。在该区，各种不同相对粗糙度的管流实验点都落在直线 cd 上，这说明管壁的相对粗糙度Δ/d对沿程阻力系数λ没有影响，沿程阻力系数λ只与雷诺数 Re 有关。这是因为尽管管道中的流动都变成了紊流，但管道内的层流底层厚度δ都大于管壁粗糙度Δ，壁面粗糙度对中部的紊流已没有了影响。

当$4 \times 10^3 < Re < 10^5$时，可按布拉休斯公式计算$\lambda$，即

$$\lambda = 0.316\,4 Re^{-0.25} \qquad (4-13)$$

当$10^5 < Re < 3 \times 10^6$时，可按尼古拉茨公式计算$\lambda$，即

$$\lambda = 0.003\,2 + 0.221 Re^{-0.237} \qquad (4-14)$$

另外，水力光滑管沿程阻力系数也可按卡门—普朗特公式进行计算，即

$$\frac{1}{\lambda} = 2\lg(Re\sqrt{\lambda}) - 0.8 \qquad (4-15)$$

由于式（4—15）中λ是隐函数，所以计算较烦琐。

4. 第二过渡区

图 4—8 中Ⅳ区（直线 cd 与虚线 ef 之间），$26.98 \left(\dfrac{d}{\Delta} \right)^{8/7} \leqslant Re < 4\,160 \left(\dfrac{d}{2\Delta} \right)^{0.85}$，该区为水力光滑到水力粗糙的过渡区，称为第二过渡区。在该区，随雷诺数 Re 的增大，层流底层逐渐变薄，已不能遮盖壁面的粗糙峰，原先的水力光滑管变为水力粗糙管，壁面的相对粗糙度对中部的紊流产生了影响，使得不同粗糙度的实验点分别落在不同的曲线上。这说明λ与相对粗糙度Δ/d和雷诺数 Re 均有关，即$\lambda = f\left(Re, \dfrac{\Delta}{d} \right)$。

在该区，λ的计算公式很多，但较精确也最常用的是柯列布鲁克—怀特公式，即

$$\frac{1}{\sqrt{\lambda}} = -2\lg \left(\frac{\Delta}{3.7d} + \frac{2.51}{Re\sqrt{\lambda}} \right) \qquad (4-16)$$

应该指出，式（4—16）适用于 $Re > 4\,000$ 的流动，但因公式中的λ是以隐函数出现的，计算时比较麻烦，故一般采用下式计算，即

$$\frac{1}{\sqrt{\lambda}} = 1.14 - 2\lg \left(\frac{\Delta}{d} + \frac{21.25}{Re^{0.9}} \right) \qquad (4-17)$$

该区λ的计算也可按洛巴耶夫公式进行，即

$$\lambda = 1.42 \left[\lg \left(Re \frac{d}{\Delta} \right) \right]^{-2} \tag{4-18}$$

5. 阻力平方区

图 4-8 中 V 区（虚线 *ef* 以右区域），$Re \geqslant 4160 \left(\dfrac{d}{2\Delta} \right)^{0.85}$，称为阻力平方区，又称水力粗糙区。在该区，层流底层已变得非常薄，流动为完全紊流粗糙管区，即使雷诺数再增大，也不会再有新的凸峰对流动产生影响，流动损失主要决定于脉动运动，黏性的影响可以忽略不计。因此，沿程阻力系数 λ 与 Re 无关，只与相对粗糙度 Δ/d 有关。该区域内流动的能量损失与流速的平方成正比，所以称为阻力平方区。对同一条管道，λ 等于常数。λ 计算公式为

$$\frac{1}{\sqrt{\lambda}} = 2\lg \frac{d}{2\Delta} + 1.74 \quad \text{或} \quad \lambda = \left(1.14 + 2\lg \frac{d}{\Delta} \right)^{-2} \tag{4-19}$$

式（4-19）称为尼古拉茨粗糙管公式。

尼古拉茨实验揭示了流体在管内流动的能量损失规律，给出了沿程阻力系数 λ 随 Δ/d 和 Re 的变化曲线。该实验为这类管道的沿程阻力系数的计算提供了可靠的基础，并说明了各理论公式或经验公式的适用范围。但由于实验曲线是人工方法把均匀的砂粒粘贴在管道内壁的情况下得到的，而工业管道内壁的粗糙度是不均匀、高低不平的。所以，尼古拉茨实验曲线应用于工业管道时，必须用实验的方法确定工业管道与人工粗糙管等值的绝对粗糙度（或称为当量粗糙度）Δ。表 4-1 所示为各种常用工业管道、壁面的当量粗糙度 Δ 值。

表 4-1　各种常用工业管道、壁面的当量粗糙度

管道种类	Δ/mm	管道种类	Δ/mm
新铸铁管	0.2~0.8	橡胶软管	0.2~0.3
旧铸铁管	0.5~1.5	干净玻璃管及聚乙烯硬管	0.001~0.002
新无缝钢管	0.01~0.08	纯水泥壁面	0.25~1.25
涂油钢管	0.1~0.2	混凝土槽	0.8~9.0
普通镀锌钢管	0.3~0.4	水泥浆砖砌体	0.8~6.0
精制镀锌钢管	0.25	水泥勾缝普通块石砌体	6.0~17.0
锈蚀旧钢管	0.5~0.8	石砌渠道（干砌，中等质量）	25~45
钢板焊制管	0.35	土渠	4.0~11
拉丝铜管	0.001~`0.002	卵石河床（$d = 70 \sim 80$ mm）	30~60

二、莫迪图

前面介绍的很多沿程阻力系数 λ 的计算公式，应用时需先判别流动所处的区域，然后才能用相应的公式计算，有时还要采用试算的办法，使用时比较烦琐。为此，莫迪对各种工业管道进行了大量实验，并将实验结果绘制成图 4-9 所示曲线，称为莫迪图。莫迪图表示了沿程阻力系数 λ 与相对粗糙度 Δ/d 和雷诺数 Re 之间的关系，因此只要知道 Δ/d 和 Re，就可直接从图中查出 λ 值，方便而准确。

莫迪图与尼古拉茨实验曲线类似，但莫迪图更符合实际。

例 4-3　用直径 $d = 0.20$ m、长度 $l = 2\,000$ m 的普通镀锌钢管来输送运动黏度 $\nu = 35 \times 10^{-6}$ m^2/s 的重油。已知流量 $Q = 0.035$ m^3/s，重油的重度 $\gamma = 8\,374$ N/m^3，求沿程损失 h_f（用尼古拉茨实验求解）。

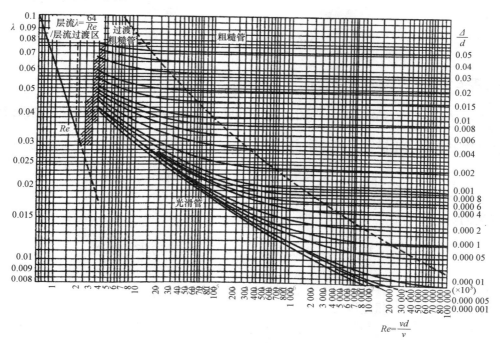

图 4-9　莫迪图

解　先求出平均流速 v 和雷诺数 Re。

平均流速为

$$v = \frac{4Q}{\pi d^2} = \frac{4 \times 0.035}{3.14 \times 0.2^2} = 1.114 \quad (\text{m/s})$$

雷诺数为

$$Re = \frac{vd}{\nu} = \frac{1.114 \times 0.2}{35 \times 10^{-6}} = 6\,366$$

由表 4-1 查得管道的当量粗糙度 $\Delta = 0.39$ mm。

由于 $26.98 \left(\dfrac{d}{\Delta} \right)^{8/7} = 26.98 \left(\dfrac{200}{0.39} \right)^{8/7} = 33\,740$，而 $4\,000 < 6\,366 < 33\,740$，所以流动处于水力光滑区。用布拉休斯公式计算 λ，即

$$\lambda = 0.316\,4 Re^{-0.25} = 0.316\,4 \times 6\,366^{-0.25} = 0.035\,4$$

沿程损失为

$$h_f = \lambda \frac{l}{d} \frac{v^2}{2g} = 0.035\,4 \times \frac{2\,000}{0.2} \times \frac{1.114^2}{2 \times 9.81} = 22.39 \quad (\text{m})$$

例 4-4　某梯形通风巷道长 $l = 300$ m，过流断面面积 $A = 6.5$ m^2，湿周 $\chi = 10.6$ m，当量粗糙度 $\Delta = 8$ mm。已知空气的流速 $v = 6$ m/s，密度和运动黏度分别为 $\rho = 1.2$ kg/m^3、$\nu = 1.57 \times 10^{-5}$ m^2/s。求空气通过该巷道的压力损失 Δp（用尼古拉茨实验和莫迪图求解）。

解 因该断面为非圆断面，所以，先求水力直径 d_i，即

$$d_i = 4\frac{A}{\chi} = 4 \times \frac{6.5}{10.6} = 2.45 \text{ (m)}$$

雷诺数为

$$Re = \frac{vd_i}{\nu} = \frac{6.5 \times 2.45}{1.57 \times 10^{-5}} = 936\,000$$

1）用尼古拉茨实验求解

由于 $4\,160\left(\dfrac{d_i}{2\Delta}\right)^{0.85} = 4\,160\left(\dfrac{2\,450}{2 \times 8}\right)^{0.85} = 299\,490$，而 $Re = 936\,000 > 299\,490$，故处于阻力平方区。用尼古拉茨粗糙管公式计算 λ，即

$$\lambda = \left(1.14 + 2\lg\frac{d}{\Delta}\right)^{-2} = \left(1.14 + 2\lg\frac{2\,450}{8}\right)^{-2} = 0.026\,8$$

压力损失为

$$\Delta p = \lambda \frac{l}{d_i} \frac{\rho v^2}{2} = 0.026\,8 \times \frac{300}{2.45} \times \frac{1.2 \times 6^2}{2} = 70.87 \text{ (Pa)}$$

2）用莫迪图求解

该通风巷道的相对粗糙度为

$$\frac{\Delta}{d_i} = \frac{8}{2\,450} = 0.003\,27$$

根据 $Re = 936\,000$ 和 $\dfrac{\Delta}{d_i} = 0.003\,27$，在莫迪图中查得 $\lambda = 0.027$。

所以，压力损失为

$$\Delta p = \lambda \frac{l}{d_i} \frac{\rho v^2}{2} = 0.027 \times \frac{300}{2.45} \times \frac{1.2 \times 6^2}{2} = 71.40 \text{ (Pa)}$$

从例 4-4 可以看出，两种计算方法得到的结果很接近，都能满足一般工程计算精度要求，但用莫迪图可以直接查出沿程阻力系数，较为方便。

例 4-5 一铆接钢管输水管道长 $l = 300$ m，内径 $d = 300$ mm，输送水温为 15 ℃、运动黏度 $\nu = 1.139 \times 10^{-6}$ m²/s 的清水。已知铆接钢管的当量粗糙度 $\Delta = 3$ mm，管道的水头损失 $h_f = 6$ m，求管道中水的流量 Q。

解 管道的相对粗糙度 $\dfrac{\Delta}{d} = 0.01$，根据莫迪图试取 $\lambda = 0.038$。

因

$$h_f = \lambda \frac{l}{d} \frac{v^2}{2g}$$

所以

$$v = \sqrt{\frac{2gdh_f}{\lambda l}} = \sqrt{\frac{2 \times 9.81 \times 0.3 \times 6}{0.038 \times 300}} = 1.76 \text{ (m/s)}$$

雷诺数为

$$Re = \frac{vd}{\nu} = \frac{1.76 \times 0.3}{1.136 \times 10^{-6}} = 4.65 \times 10^{5}$$

根据 $Re = 4.65 \times 10^{5}$ 和 $\dfrac{\Delta}{d} = 0.01$，由莫迪图查得 $\lambda = 0.038$，且流动处于阻力平方区，λ 不随 Re 而变化，所以

$$Q = \frac{\pi d^{2}}{4} v = \frac{3.14 \times 0.3^{2}}{4} \times 1.76 = 0.124\,5 \quad (\text{m}^{3}/\text{s})$$

说明：如果试取的 λ 值与后面根据 Re 和 Δ/d 在莫迪图中查出的 λ 值不相符，则应以查得的 λ 为改进值，即用计算得到的 Re 和 Δ/d 查出的 λ 值，再按上述步骤进行计算，直到与莫迪图查得的 λ 值相符合。

三、沿程阻力系数 λ 常用的计算式

下面给出一些常用来计算沿程阻力系数 λ 的计算公式。在精度要求不高的工程计算中，下列公式一般能满足要求。

1. 层流状态下 λ 的计算

水在层流状态下，λ 按式（4-11）计算。

液压系统中，考虑各种因素的影响，采用下列公式，即

金属管 $\qquad\qquad\qquad\qquad\qquad \lambda = \dfrac{75}{Re}$ $\qquad\qquad\qquad\qquad$ （4-20）

软管 $\qquad\qquad\qquad\qquad\qquad \lambda = \dfrac{75 \sim 80}{Re}$ $\qquad\qquad\qquad\qquad$ （4-21）

弯软管 $\qquad\qquad\qquad\qquad\qquad \lambda = \dfrac{108}{Re}$ $\qquad\qquad\qquad\qquad$ （4-22）

2. 紊流状态下 λ 的计算

新钢管 $\qquad\qquad\qquad\qquad\qquad \lambda = K_{1}K_{2}\dfrac{0.012\,1}{d^{0.226}}$ $\qquad\qquad$ （4-23）

新铸铁管 $\qquad\qquad\qquad\qquad\qquad \lambda = K_{1}K_{2}\dfrac{0.014\,3}{d^{0.284}}$ $\qquad\qquad$ （4-24）

旧钢管和旧铸铁管 $\qquad\qquad\qquad \lambda = \dfrac{0.021}{d^{0.3}}$ $\qquad\qquad\qquad$ （4-25）

式中　　K_{1}——实际工作条件与实验室条件下管道敷设质量差异系数，$K_{1} = 1.15$；

$\qquad\quad K_{2}$——管道接头使阻力增大的系数；焊接或套环式管接头钢管，$K_{2} = 1.18$；钟口式接头铸铁管，$K_{2} = 1$；无接头，$K_{2} = 1$。

油在铜管或铝管中做紊流运动时可采用下式计算，即

$$\lambda = \frac{0.021}{\sqrt[4]{Re}} \qquad\qquad\qquad (4-26)$$

水在钢管或铸铁管中做紊流运动时可采用下式计算，即

$$\lambda = 0.02 \sim 0.03$$

<h1 style="text-align:center">第六节　局部阻力系数</h1>

局部阻力系数 ξ 的确定，是计算局部损失应该解决的一个关键问题。本节讲述局部阻力形成的原因及局部阻力系数 ξ 的确定方法。

一、局部阻力成因

当流体经局部装置时，由于边界形状、大小急剧变化，流速大小和方向发生较大变化，流体的压力等运动要素也发生较大变化，高速质点必然要流向低速处，压力大的质点必然向压力小处运动，使主流脱离边界而产生旋涡。由于流体是不可压缩的，故必然要产生能量转换。旋涡的形成、旋转、分离，加速了流体质点的摩擦、碰撞，使流体的部分机械能转化为热能，在局部区段产生集中的能量消耗。

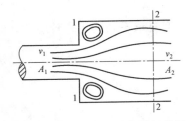

图 4－10　断面突然扩大局部装置

如图 4－10 所示，流体由断面为 A_1 的小管道流入断面为 A_2 的大管道。由于流体的惯性，流体不会突然扩大流入拐角，而是离开小管道后逐渐扩大，并在拐角处形成涡流。拐角处涡流的旋转必然要消耗能量（主要变成热能而散失）。另外，小管道内流体的流速高，必然和大管道内低流速流体产生碰撞，从而产生损失。

二、常见局部装置阻力系数

由于局部区段的边界条件各种各样，故流体的流动很复杂，目前计算局部阻力系数时还没有理论公式。实践证明，局部阻力系数只与局部装置的结构有关，而与雷诺数无关，因为一般流动的雷诺数 Re 多已大到使 ξ 不再随 Re 变化的程度。局部阻力系数 ξ 除少数管件可用理论分析的方法求得外，大部分 ξ 都由实验测定。

表 4－2 给出了常见局部装置的局部阻力系数实验值和计算公式，以便选用。

表 4－2　局部阻力系数实验值和计算公式

类型	示意图	局部阻力系数计算公式或数值										
断面突然缩小		公式	$\xi_2 = 0.5\left(1 - \dfrac{A_2}{A_1}\right)$									
		A_2/A_1	0.01	0.1	0.2	0.3	0.4	0.5	0.6	0.7	0.8	0.9	1
		ξ_2（实测）	0.5	0.47	0.45	0.38	0.34	0.3	0.25	0.2	0.15	0.09	0
圆弯管		$\xi = \left[0.131 + 0.16\left(\dfrac{d}{D}\right)^{3.5}\right]\dfrac{\theta}{90°}$										
		d/D	0.4	0.5	0.6	0.8	1.0	1.2	1.4	1.6	1.8
		ξ	0.138	0.145	0.158	0.206	0.291	0.44	0.661	0.974	1.408

续表

类型	示意图	局部阻力系数计算公式或数值				
折弯管		$\xi = 0.946\left[\sin\left(\dfrac{\theta}{2}\right)\right]^2 + 2.047\left[\sin\left(\dfrac{\theta}{2}\right)\right]^4$				

直流三通

	直流	汇合流	分流	转弯流	转弯流
流向	②→③ ②←③	②→←③ ↓ ①	②←③ ↑ ①	② ①	③ ①
ξ	0.7	3	1.5	1.5	1.5

闸阀

开启度/%	10	20	40	50	60	80	90	100
ξ	60	16	3.2	1.8	1.1	0.3	0.18	0.1

逆止阀

α	15°	20°	25°	30°	40°	45°	50°	55°	60°	70°
ξ	90	62	42	30	14	9.5	6.6	4.6	3.2	1.7

球阀

开启度/%	10	20	40	50	60	80	90	100
ξ	85	24	7.5	5.7	4.8	4.1	4.0	3.9

带滤网底阀 无底阀时 $\xi = 2\sim3$（带滤网）

d/mm	40	50	75	100	150	200	250	300
ξ	12	10	8.5	7.6	6.0	5.2	4.4	3.7

异径管 当水由大头流向小头时 $\xi = 0.1$

α	7°以下	10°~15°	20°~30°	45°~55°
ξ	0.2	0.5	0.6~0.7	0.8~0.9

分支管

分流1.0　　0.5　　3.0
汇流1.5

过滤网

$$\xi = (0.067\,5\sim1.575)\frac{A}{A_0}$$

式中　A——吸口面积；
　　　A_0——网口有效过流面积

例 4−6 某矿主排泵吸水管直径 $d = 150$ mm，其上装有带底阀滤水器 1 个，90° 弯头一个，异径管（大头流向小头）1 个，水泵的流量 $Q = 120\,\text{m}^3/\text{h}$，求该吸水管的局部损失 h_j。

解　3 个局部管件的局部阻力系数分别为

$$\xi_1 = 6.0 \qquad \xi_2 = 0.291 \qquad \xi_3 = 0.1$$

吸水管的平均流速为

$$v = \frac{4Q}{\pi d^2} = \frac{4 \times 120}{3.14 \times 0.15^2 \times 3\,600} = 1.89 \text{（m/s）}$$

局部损失为

$$h_j = \sum \xi \frac{v^2}{2g} = (6.0 + 0.291 + 0.1) \times \frac{1.89^2}{2 \times 9.81} = 1.16 \text{（m）}$$

思考题与习题

1. 什么是沿程损失？什么是局部损失？

2. 什么是雷诺数？如何判别流体的流动状态？

3. 什么是水力光滑和水力粗糙？黏性底层的厚度对流动有何影响？

4. 温度 $t = 15$ ℃的水在直径 $d = 0.15$ m 的圆管中流动。当流量 $Q = 0.03$ m³/s 时，管中的水处于什么流动状态？若要改变水的流动状态，流量应为多少？

5. 空气以平均速度 $v = 4$ m/s 在图 4−11 所示的通风巷道中流动，空气处于什么流动状态？

6. 某供水管路采用直径 $d_1 = 200$ mm、长度 $l_1 = 1.5$ km 与直径 $d_2 = 150$ mm、$l_2 = 0.5$ km 的两段管路串联，管路的流量 $Q = 280$ m³/h，求该供水管路的沿程损失。

7. 某水泵吸水管上装有无底阀滤水器 1 个，90° 弯头 1 个，从大头流向小头的异径管一个。水泵流量 $Q = 450$ m³/h，吸水管内径 $d_x = 300$ mm，求水泵吸水管的局部阻力损失。

8. 某排水设备，吸排水直径 $d = 200$ mm。管路上有 200 mm 带底阀滤水器 1 个，90° 弯头 4 个，闸阀 1 个，逆止阀 1 个，管路中的流量 $Q = 280$ m³/h，管路的总长度为 260 m。不计水泵损失，求管路的总损失。

9. 用直径 $d = 0.3$ m、长度 $l = 2\,000$ m 的精制镀锌钢管输送运动黏度 $\nu = 1.139 \times 10^{-6}$ m²/s 的生活用水。已知流量 $Q = 0.04$ m³/s，水的重度 $\gamma = 9\,810$ N/m³，求沿程损失 h_f（分别用公式和莫迪图求解，并对结果进行比较）。

10. 某拱形通风巷道，断面尺寸如图 4−12 所示，巷道长 $l = 500$ m，当量粗糙度为 10 mm。已知空气的流速 $v = 4$ m/s，密度 $\rho = 1.2$ kg/m³，运动黏度 $\nu = 1.57 \times 10^{-5}$ m²/s。求空气通过该巷道的压力损失 Δp。

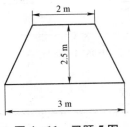

图 4−11 习题 5 图

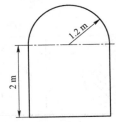

图 4−12 习题 10 图

第五章　管路水力计算

第一节　管路的分类

一、按管路布置情况分类

根据管路的布置情况，管路可分为简单管路和复杂管路两类。简单管路是指直径沿程不变、无分支、管壁粗糙度均匀的管路。复杂管路是指由两根或两根以上简单管路组成的管路。根据组合情况不同，复杂管路又分为串联管路、并联管路、分支管路和管网等。图 5-1 所示为复杂管路分类示意图。

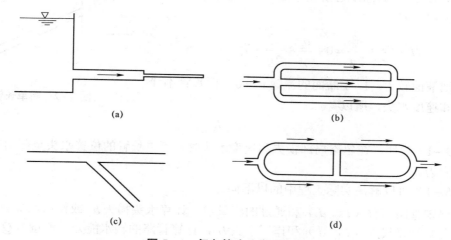

图 5-1　复杂管路分类示意图
（a）串联管路；（b）并联管路；（c）分支管路；（d）管网

二、按能量损失比分类

按管路中沿程损失 $\sum h_f$、局部损失 $\sum h_j$ 与水头损失 $\dfrac{v^2}{2g}$ 之和所占比例不同，可将管路分为长管和短管。

1. 长管

沿程损失较大，局部损失与水头损失较小，一般 $\left(\sum h_j + \dfrac{v^2}{2g}\right)\Big/\sum h_f < 10\%$ 的管路称为水力长管，简称长管。由于局部损失与水头损失之和较小，在这类管路的水力计算中，一般不予考虑，而把沿程损失近似看成管路的总损失，如城市供水管路、一些输油管路等。

2. 短管

局部损失和速度水头不能忽略的管路称为水力短管，简称短管。这类管路局部损失与水头损失之和大于沿程损失的10%，水力计算时，一般不能忽略，如水泵吸水管路、液压管路等。

应当注意：长管和短管不是指管路的几何长度，而是根据局部损失与水头损失所占的比例而划分的。这种划分并不是绝对的，实际中应根据计算精度要求不同，可以变动。

第二节　简单管路的水力计算

一、长管的水力计算

图 5-2 所示为一长度为 l、直径为 d 的简单长管，由水池 A 向 B 处输水。液面 1-1 与管路出口断面 2-2 的中心高差为 H，以 2-2 断面中心所在平面为基准面，列两断面的伯努利方程，即

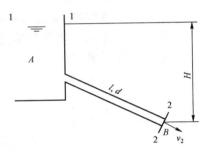

图 5-2　简单长管

$$H + \frac{p_a}{\gamma} + \frac{v_1^2}{2g} = 0 + \frac{p_a}{\gamma} + \frac{v_2^2}{2g} + h_w$$

因水池液面较大，1-1 断面的流速 $v_1 \approx 0$，而长管不计局部损失和速度水头，所以

$$H = h_f \tag{5-1}$$

式（5-1）说明，在忽略局部损失和速度水头时，简单长管的位置水头全部用来克服管路的沿程阻力。

式（5-1）可以解决实际工程中的以下问题。

（1）已知管路布置（l，d）和通过的流量 Q，计算水头损失 h_w 或作用水头 H。

（2）已知管路尺寸（l，d）和作用水头 H，计算管路的输水能力（流量）Q。

（3）在作用水头 H 和流量 Q 给定的情况下，设计管路（已知管长 l，确定管径 d；或已知管径 d，确定管长 l）。

例 5-1　如图 5-2 所示的管路系统，若已知 $H = 50$ m，管长 $l = 2\,000$ m，水温 20 ℃（$\nu = 10^{-6}$ m²/s）。为保证供水量 $Q = 0.2$ m³/s，应选多大的铸铁管（$\Delta = 0.4$ mm）。

解　这类问题属于第三类问题。因管径未知，无法求得 λ，故采用试算办法，且按长管计算。先试取 $d = 300$ mm，则

$$v = \frac{4Q}{\pi d^2} = \frac{4 \times 0.2}{3.14 \times 0.3^2} = 2.83 \text{（m/s）}$$

雷诺数 $Re = \dfrac{vd}{\nu} = \dfrac{2.83 \times 0.3}{10^{-6}} = 8.49 \times 10^5$，相对粗糙度 $\Delta/d = 0.4/300 = 0.001\,33$。根据雷诺数和相对粗糙度查莫迪图得 $\lambda = 0.022\,5$，由于 $H = h_f$，根据达西公式，可得

$$d = \sqrt[5]{\frac{8lQ^2}{\pi^2 gH}\lambda} = \sqrt[5]{\frac{8 \times 2\,000 \times 0.2^2}{3.14^2 \times 9.81 \times 50} \times \lambda} = 0.667\,2\sqrt[5]{\lambda}$$

所以
$$d = 0.667\,2\sqrt[5]{0.022\,5} = 312 \text{（mm）}$$

按 $d = 312\,\text{mm}$ 再次循环计算，得

$$Re = \frac{vd}{\nu} = \frac{4Q}{\pi d\nu} = \frac{4 \times 0.2}{3.14 \times 0.312 \times 10^{-6}} = 8.2 \times 10^5$$

$$\frac{\varDelta}{d} = \frac{0.4}{312} = 0.001\,3$$

查莫迪图得 $\lambda = 0.022\,1$，所以

$$d = 0.667\,2\sqrt[5]{0.022\,1} = 311 \text{（mm）}$$

最后两次计算结果已非常接近。所以，为保证流量 $Q = 0.2\,\text{m}^3/\text{s}$，铸铁管的内径应为 312 mm。

二、短管的水力计算

图 5-3 所示为一简单短管。由于短管不能忽略局部损失和速度水头，下面分析短管水力计算方法和步骤。

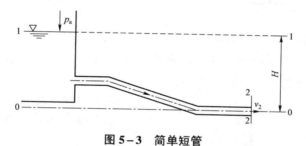

图 5-3　简单短管

以管路出口断面 2-2 中心所在平面 0-0 为基准面，列 1-1 和 2-2 两断面的伯努利方程，即

$$H + \frac{p_a}{\gamma} + \frac{v_1^2}{2g} = 0 + \frac{p_a}{\gamma} + \frac{v_2^2}{2g} + h_w$$

由于 $v_1 \approx 0$，上式可写为

$$H = h_w + \frac{v_2^2}{2g}$$

根据沿程损失和局部损失计算公式，得

$$h_w = \lambda \frac{l}{d} \frac{v_2^2}{2g} + \sum \xi \frac{v_2^2}{2g}$$

因此
$$H = \left(1 + \lambda \frac{l}{d} + \sum \xi\right) \frac{v_2^2}{2g}$$

即
$$v_2 = \frac{1}{\sqrt{1 + \lambda \dfrac{l}{d} + \sum \xi}} \sqrt{2gH}$$

设管路的断面积为 A，则通过的流量为

$$Q = Av_2 = \frac{1}{\sqrt{1 + \lambda \frac{l}{d} + \sum \xi}} A\sqrt{2gH}$$

上式又可以写为

$$Q = \mu_c A\sqrt{2gH} \tag{5-2}$$

$$\mu_c = \frac{1}{\sqrt{1 + \lambda \frac{l}{d} + \sum \xi}}$$

式中　　μ_c——短管自由出流的流量系数。

式（5-2）为简单短管的流量公式，表达了短管的输水能力 Q、位置水头（高差） H 和阻力 h_w 之间的关系。

第三节　串联管路的水力计算

串联管路由不同直径的简单管路首尾相接组成，其特点如下。

（1）各段管路中的流量相等并等于总流量，即 $Q = Q_1 = Q_2 = \cdots = Q_n$。

（2）管路的总损失等于各段损失之和，即 $h_w = h_{w1} + h_{w2} + \cdots + h_{wn}$。

串联管路主要解决以下两类计算问题。

（1）已知串联管路的流量 Q，求所需要的总水头 H。

（2）已知总水头 H，求管路的流量 Q。

下面对串联管路的水力计算作进一步分析。

图5-4所示为一串联管路，两液面的高差为 H，以 B 断面所在的平面为基准面，在不考虑局部损失的情况下，列 A、B 两断面的伯努利方程，即

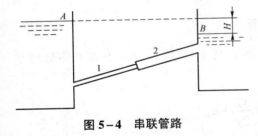

图5-4　串联管路

$$H + \frac{p_a}{\gamma} + \frac{v_1^2}{2g} = \frac{p_a}{\gamma} + \frac{v_2^2}{2g} + h_f$$

$$h_f = \lambda_1 \frac{l_1}{d_1} \frac{v_1^2}{2g} + \lambda_2 \frac{l_2}{d_2} \frac{v_2^2}{2g}$$

因

由连续性方程得

$$v_1 d_1^2 = v_2 d_2^2$$

把 $v_1 d_1^2 = v_2 d_2^2$ 代入上式得

$$H = \frac{v_1^2}{2g}\left\{ \frac{\lambda_1 l_1}{d_1} + \left[1 - \left(\frac{d_1}{d_2}\right)^2\right]^2 + \frac{\lambda_2 l_2}{d_2}\left(\frac{d_1}{d_2}\right)^4 + \left(\frac{d_1}{d_2}\right)^4 \right\}$$

通常，管路的尺寸、表面粗糙度为已知数，因此，上式可表示为

$$H = \frac{v_1^2}{2g}(c_0 + c_1\lambda_1 + c_2\lambda_2)$$

式中　c_0，c_1，c_2——由管路尺寸、阻力系数确定的已知数。

对于串联管路的第一类问题，由于流量已经给定，平均流速和雷诺数便可计算出来，再根据管壁粗糙度查出对应的阻力系数，代入上式即可求出所需要的总水头 H；对于第二类问题，由于 v_1、λ_1、λ_2 均为未知数，要先假设 λ_1、λ_2 的值，代入上式，求出对应的 v_1、v_2，再求出对应的雷诺数，用莫迪图查出对应的 λ_1、λ_2，用新 λ_1、λ_2 重复上述计算，直到求出的 λ_1、λ_2 同假设的 λ_1、λ_2 相符为止，这种计算采用的是试算法，计算比较烦琐。

例 5-2　如图 5-4 所示的串联管路，$d_1 = 0.6\,\text{m}$，$l_1 = 300\,\text{m}$，$\Delta_1 = 0.0015\,\text{m}$，$d_2 = 0.9\,\text{m}$，$l_2 = 240\,\text{m}$，$\Delta_2 = 0.0003\,\text{m}$，$\nu = 1\times10^{-6}\,\text{m}^2/\text{s}$，$H = 6\,\text{m}$，求通过该管道的流量 Q。

解　将已知条件代入，得

$$H = \frac{v_1^2}{2g}\left\{ \frac{\lambda_1 l_1}{d_1} + \left[1 - \left(\frac{d_1}{d_2}\right)^2\right]^2 + \frac{\lambda_2 l_2}{d_2}\left(\frac{d_1}{d_2}\right)^4 + \left(\frac{d_1}{d_2}\right)^4 \right\}$$

$$H = \frac{v_1^2}{2g}\left\{ \frac{300\lambda_1}{0.6} + \left[1 - \left(\frac{0.6}{0.9}\right)^2\right]^2 + \frac{240\lambda_2}{0.9}\left(\frac{0.6}{0.9}\right)^4 + \left(\frac{0.6}{0.9}\right)^4 \right\}$$

整理得
$$H = \frac{v_1^2}{2g}(0.51 + 500\lambda_1 + 52.6\lambda_2)$$

因 $\Delta_1/d_1 = 0.0025$，$\Delta_2/d_2 = 0.00033$，参照莫迪图，试取 $\lambda_1 = 0.025$，$\lambda_2 = 0.015$，并将 λ_1、λ_2 代入上式，得

$$v_1 = 2.92\,\text{m/s}$$

由连续性方程知　$v_2 = v_1 \times (d_1/d_2)^2 = 1.30\,\text{m/s}$

对所取 $\lambda_1 = 0.025$，$\lambda_2 = 0.015$ 计算对应的雷诺数，即

$$Re_1 = \frac{2.92 \times 0.6}{1\times10^{-6}} = 1.752\times10^6\,\text{e}$$

$$Re_2 = \frac{1.30 \times 0.9}{1\times10^{-6}} = 1.17\times10^6$$

由莫迪图查得，此时对应的 $\lambda_1 = 0.025$，$\lambda_2 = 0.016$，和试取的误差很小，基本相符。所以，试取的 $\lambda_1 = 0.025$，$\lambda_2 = 0.015$ 在允许误差范围内符合要求。

若试取的 λ_1、λ_2 与计算的 λ_1、λ_2 不相符，应重新试取，直到两者相符为止。

故通过的流量为

$$Q = v_1 \frac{\pi d_1^2}{4} = 2.92 \times \frac{3.14 \times 0.6^2}{4} = 0.825 \quad (\text{m}^3/\text{s})$$

例 5-3　矿井排水管路系统如图 5-5 所示。排水管出口到吸水井液面的高差即实际扬程 $H_c = 530\,\text{m}$，吸水管直径 $d_1 = 0.25\,\text{m}$，长度 $L_1 = 10\,\text{m}$，$\lambda_1 = 0.025$；排水管直径 $d_2 = 0.25\,\text{m}$，长度 $L_2 = 580\,\text{m}$，

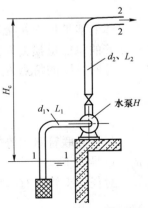

图 5-5　矿井排水管路系统

$\lambda_2 = 0.028$。不计空气造成的压力差。当流量 $Q = 270 \ \text{m}^3/\text{s}$ 时，求水泵所需的扬程（水泵给单位重力水所提供的能量）H。

解 该排水管路为串联管路，所以 $Q = Q_1 = Q_2$，$h_w = h_{w1} + h_{w2}$。

以吸水井液面 $1-1$ 为基准面，列断面 $1-1$ 和出口断面 $2-2$ 的伯努利方程，即

$$H + \frac{p_a}{\gamma} + \frac{v_1^2}{2g} = H_c + \frac{p_a}{\gamma} + \frac{v_2^2}{2g} + h_w$$

因 $v_1 \approx 0$，$v_2^2 / (2g)$ 也很小，可以忽略不计，所以

$$H = H_c + h_w = H_c + R_1 Q_1^2 + R_2 Q_2^2 = H_c + (R_1 + R_2)Q^2$$

而

$$R_1 = \frac{8L_1\lambda_1}{\pi^2 g d_1^5} = \frac{8 \times 10 \times 0.025}{3.14^2 \times 9.81 \times 0.2^2} = 21.2 \quad (\text{s}^2/\text{m}^5)$$

$$R_2 = \frac{8L_2\lambda_2}{\pi^2 g d_2^5} = \frac{8 \times 580 \times 0.028}{3.14^2 \times 9.81 \times 0.2^2} = 4\,197.6 \quad (\text{s}^2/\text{m}^5)$$

所以

$$H = 530 + (21.2 + 4\,197.6) \times \left(\frac{270}{3\,600}\right)^2 = 554 \quad (\text{m})$$

当水泵的扬程为 554 m 时，才能满足要求的排水能力。

应该注意的是，该例题是管路作为长管进行计算的，对于短管的水力计算，还应包括局部损失和速度水头。

第四节　并联管路水力计算

并联管路是由若干条简单管路（或串联管路）首尾分别连接在一起而构成的管路，如图 5-6 所示。

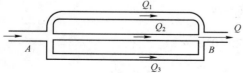

图 5-6　并联管路

对节点 A 和 B 写出伯努利方程，即

$$z_A + \frac{p_A}{\gamma} + \frac{v_A^2}{2g} = z_B + \frac{p_B}{\gamma} + \frac{v_B^2}{2g} + h_w$$

由于节点 A 处、B 处的能量一定，所以，从 A 点开始，不论流体从哪一条支管流到 B 点，单位重力流体的能量损失 h_w 都相等。但各支管路的总能量损失一般不相等。若流动时间为 t，则任一支管的总能量损失为 $E_i = \gamma Q_i t h_w$，当各管的流量 Q_i 不等时，总能量损失 E_i 不相等。

并联管路的特点为

$$Q = Q_1 + Q_2 + \cdots + Q_n$$

$$h_w = h_{w1} = h_{w2} = \cdots = h_{wn}$$

若将并联管路用等效管路来代替，则可根据并联管路的特点计算出并联管路的等效管阻 R。推导如下：

对任一支管，有

$$h_{wi} = R_i Q_i^2$$

将 $Q_i = \dfrac{\sqrt{h_{wi}}}{\sqrt{R_i}} = \dfrac{\sqrt{h_w}}{\sqrt{R_i}}$ 代入 $h_w = h_{w1} = h_{w2} = \cdots = h_{wn}$ 得

$$Q = \left(\frac{1}{\sqrt{R_1}} + \frac{1}{\sqrt{R_2}} + \cdots + \frac{1}{\sqrt{R_n}} \right)\sqrt{h_w} = \frac{\sqrt{h_w}}{\sqrt{R}}$$

所以，并联等效管路的管阻 R 的表达式为

$$\frac{1}{\sqrt{R}} = \left(\frac{1}{\sqrt{R_1}} + \frac{1}{\sqrt{R_2}} + \cdots + \frac{1}{\sqrt{R_n}} \right) = \sum_{i=1}^{n} \frac{1}{\sqrt{R_i}} \qquad (5-3)$$

所以

$$h_w = RQ^2 \qquad (5-4)$$

例 5-4　如图 5-6 所示的并联管路，设各支管的沿程阻力系数相等，且 $\lambda = 0.025$，各支管直径和长度分别为 $d_1 = 150$ mm，$l_1 = 100$ m；$d_2 = 100$ mm，$l_2 = 80$ m；$d_3 = 125$ mm，$l_3 = 150$ m。测得总流量 $Q = 0.07$ m³/s，试按长管计算各支管中的流量和管 1 的水头损失。

解　各支管的管阻计算如下

$$R_1 = \frac{8l_1\lambda}{\pi^2 gd_1^5} = \frac{8 \times 0.025}{3.14^2 \times 9.81}\frac{100}{0.15^2} = 0.002\,07 \times \frac{100}{0.15^2} = 2\,726 \quad (\text{s}^2/\text{m}^5)$$

$$R_2 = 0.002\,07\frac{l_2}{d_2^5} = 0.002\,07 \times \frac{80}{0.1^5} = 16\,560 \quad (\text{s}^2/\text{m}^5)$$

$$R_3 = 0.002\,07\frac{l_3}{d_3^5} = 0.002\,07 \times \frac{150}{0.125^5} = 10\,174 \quad (\text{s}^2/\text{m}^5)$$

所以，$R = \left(\displaystyle\sum_{i=1}^{3} \frac{1}{\sqrt{R_i}} \right)^{-2} = \left(\dfrac{1}{\sqrt{2\,726}} + \dfrac{1}{\sqrt{16\,560}} - \dfrac{1}{\sqrt{10\,174}} \right)^{-2} = 737 \quad (\text{s}^2/\text{m}^5)$

管 1 的水头损失为

$$h_{w1} = h_w = RQ^2 = 737 \times 0.07^2 = 3.61 \quad (\text{m})$$

各管的流量为

$$Q_1 = \sqrt{\frac{h_w}{R_2}} = \sqrt{\frac{3.61}{2\,726}} = 0.036\,4 \quad (\text{m}^3/\text{s})$$

$$Q_2 = \sqrt{\frac{h_w}{R_2}} = \sqrt{\frac{3.61}{16\,560}} = 0.014\,8 \quad (\text{m}^3/\text{s})$$

$$Q_3 = \sqrt{\frac{h_w}{R_3}} = \sqrt{\frac{3.61}{10\,174}} = 0.018\,8 \quad (\text{m}^3/\text{s})$$

第五节　分支管路的水力计算

分支管路是各支管在分流节点分流后不再汇合的管路系统。通常，分支管路系统各段管路的尺寸、粗糙度和流体的性质是已知的。图 5-7 所示为一简单分支管路系统。由图可以看出，通过主干管的总流量等于通过各支管流量之和，即 $Q = Q_1 + Q_2 + \cdots + Q_n$。分支管路

的沿程损失按达西—魏巴赫公式计算。

下面举例说明分支管路的水力计算。

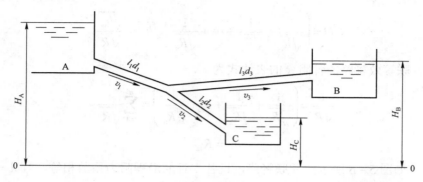

图 5-7 分支管路系统

例 5-5 如图 5-7 所示的分支管路系统，水池 A 水面高度 $H_A = 60\,\text{m}$，$d_1 = 300\,\text{mm}$，$l_1 = 1500\,\text{m}$；水池 C 水面高度 $H_C = 15\,\text{m}$，$d_2 = 300\,\text{mm}$，$l_2 = 1500\,\text{m}$；水池 B 水面高度 $H_B = 15\,\text{m}$，$d_3 = 300\,\text{mm}$，$l_3 = 1500\,\text{m}$。管路的阻力系数都为 $\lambda = 0.04$，求引入 B、C 两水池的流量。

解 通过分析知，三根管道的流速 v_1、v_2、v_3 均为未知数，所以，应列三个方程进行求解。由于各液面流速很小，不计各液面的速度水头，并忽略局部损失。

列 A 水池液面与 B 水池液面的伯努利方程，即

$$H_A = H_B + \lambda \frac{l_1}{d_1} \frac{v_1^2}{2g} + \lambda \frac{l_3}{d_3} \frac{v_3^2}{2g}$$

代入已知量整理可得

$$10.2v_1^2 + 10.2v_3^2 = 30$$

同理，列 A 水池液面与 C 水池液面的伯努利方程，代入已知量整理可得

$$10.2v_1^2 + 10.2v_2^2 = 45$$

根据连续性方程可得

$$v_1 \frac{\pi d_1^2}{4} = v_2 \frac{\pi d_2^2}{4} + v_3 \frac{\pi d_3^2}{4}$$

又因 $d_1 = d_2 = d_3$，故 $\qquad v_1 = v_2 + v_3$

由以上各式可得

$$v_1 - \sqrt{2.94 - v_1^2} - \sqrt{4.42 - v_1^2} = 0$$

解得

$$v_1 = 1.69 \ (\text{m/s})$$

则 $\qquad v_3 = 0.393 \ (\text{m/s}) \qquad v_2 = 1.278 \ (\text{m/s})$

引入 B、C 两水池的流量分别为

$$Q_3 = v_3 \frac{\pi d_3^2}{4} = 0.393 \times \frac{3.14}{4} \times 0.3^2 = 0.027\,8 \ (\text{m}^3/\text{s})$$

$$Q_2 = v_2 \frac{\pi d_2^2}{4} = 1.278 \times \frac{3.14}{4} \times 0.3^2 = 0.090\,4 \quad (\text{m}^3/\text{s})$$

例 5-6 水箱 A 中的水通过图 5-8 所示的管路放出，管路 2 的出口通大气。各有关参数为 $z_0 = 15\,\text{m}$，$z_1 = 5\,\text{m}$，$z_2 = 0$；$d_0 = 150\,\text{mm}$，$l_0 = 150\,\text{m}$；$d_1 = d_2 = 100\,\text{mm}$，$l_1 = 50\,\text{m}$，$l_2 = 70\,\text{m}$。若总流 $Q_0 = 0.053\,\text{m}^3/\text{s}$，各管的沿程阻力系数均为 $\lambda = 0.025$。按长管计算，求：

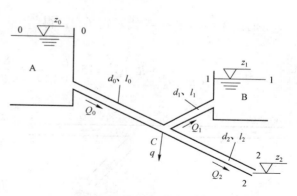

（1）各管中的流量和泄流量 q。

（2）若关闭泄流口（$q = 0$），问水箱 B 中的水面升高到多少时，$Q_1 = 0$，此时 Q_2 为多少？

图 5-8 分支管路计算图

解 （1）列断面 0-0 和 1-1 间的伯努利方程，即

$$z_0 = z_1 + h_{w0} + h_{w1}$$

或

$$z_0 - z_1 = R_0 Q_0^2 + R_1 Q_1^2 = 15 - 5 = 10 \quad (\text{m}) \tag{1}$$

不计管 2 的出口动能，写出断面 0-0 和 2-2 的伯努利方程，即

$$z_0 - z_2 = R_0 Q_0^2 + R_2 Q_2^2 = 15 - 0 = 15 \quad (\text{m}) \tag{2}$$

又

$$R_0 = \left(\frac{8\lambda}{\pi^2 g}\right) \frac{l_0}{d_0^5} = \frac{8 \times 0.025}{3.14^2 \times 9.81} \frac{50}{0.15^5} = 1\,362 \quad (\text{s}^2/\text{m}^5)$$

同理可得

$$R_1 = 10\,332\ \text{s}^2/\text{m}^5 \qquad R_2 = 14\,465\ \text{s}^2/\text{m}^5$$

将对应的管阻代入式（1）和式（2），分别解得

$$Q_1 = \left(\frac{10 - R_0 Q_0^2}{R_1}\right)^{\frac{1}{2}} = \left(\frac{10 - 1\,362 \times 0.053^2}{10\,332}\right)^{\frac{1}{2}} = 0.024\,4 \quad (\text{m}^3/\text{s})$$

$$Q_2 = \left(\frac{15 - R_0 Q_0^2}{R_2}\right)^{\frac{1}{2}} = \left(\frac{15 - 1\,362 \times 0.053^2}{14\,465}\right)^{\frac{1}{2}} = 0.027\,8 \quad (\text{m}^3/\text{s})$$

泄流量为

$$q = Q_0 - Q_1 - Q_2 = 0.053 - 0.024\,4 - 0.027\,8 = 0.000\,8 \quad (\text{m}^3/\text{s})$$

（2）当 $q = Q_1 = 0$ 时，对断面 0-0 和节点 C 处，可写出伯努利方程，即

$$z_0 + \frac{p_a}{\gamma} + 0 = z_C + \frac{p_C}{\gamma} + \frac{v_C^2}{2g} + h_{w0}$$

或

$$z_C + \frac{p_C - p_a}{\gamma} = z_0 - \frac{v_C^2}{2g} - R_0 Q^2 \tag{3}$$

因 $Q_1 = 0$，管 1 中的流体静止。设此时水箱 B 液面标高为 z_1'，由流体静力学基本方程得

$$z_C + \frac{p_C}{\gamma} = z_1' + \frac{p_a}{\gamma}$$

把 $z_C + \dfrac{p_C}{\gamma} = z_1' + \dfrac{p_a}{\gamma}$ 代入式（3），得

$$z_1' = z_0 - \left(\frac{8}{\pi^2 g d_0^4} + R_0 \right) Q_0^2 = 15 - \left(\frac{8}{3.14^2 \times 9.81 \times 0.15^4} + 1362 \right) \times 0.0308^2 = 13.25 \ \text{（m）}$$

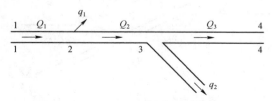

图 5-9　分支管路计算图

从此例可以看出，分支管路的计算并不复杂，但要特别注意水头损失是分段计算的，即在分支点或泄流点前、后的损失应分别计算。

例如，对图 5-9 所示的管路。断面 1 到断面 4 的水头损失因各段的流量不同应分段计算如下：

$$h_{w1-4} = h_{w1-2} + h_{w2-3} + h_{w3-4}$$

思考题与习题

1. 两水池间用长 20 m、直径 100 mm 的管路连接，如图 5-10 所示。管壁粗糙度 $\Delta = 0.3$ mm。其间有一个全开的闸阀，两个 $R = d$ 的 90° 弯头。按短管计算，求 $H = 5$ m 时管中的流量 Q。

2. 图 5-11 所示设备 A 所需润滑油的流量 $Q = 0.4$ cm³/s。油从高位油箱 B 经 $d = 6$ mm、$l = 5$ m 的油管供给。设管路两端均为大气压，油的运动黏度 $\nu = 1.5 \times 10^{-4}$ m²/s。求油箱液面高度 H 应为多少。（按长管计算）

3. 泵供水管路如图 5-12 所示，已知吸水管 $d_1 = 225$ mm，$L_1 = 7$ m，$\lambda_1 = 0.025$，$\sum \xi_1 = 4$；排水管 $d_2 = 200$ mm，$L_2 = 50$ m，$\lambda_2 = 0.028$，$H_c = 45$ m，设水泵的扬程 H 与流量 Q 的关系为 $H = 65 - 2500Q^2$。不计其他局部损失，问该管路每昼夜的供水量是多少？

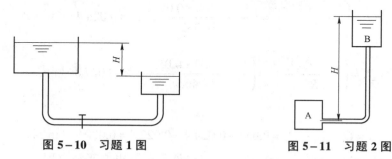

图 5-10　习题 1 图　　　　　　　　　图 5-11　习题 2 图

4. 如图 5-13 所示，某矿井工作面 2-2 采用湿式凿岩设备，耗水量为 10.6 m³/h，所需表压力为 8 个工程大气压。供水管路直径 $d = 50$ mm，长度 $L = 500$ m，其上装有全开闸阀 2 个，90° 弯头 4 个，供水管路为旧钢管，求水塔液面至少应比工作面高出多少才能满足凿岩设备工作需要？

5. 如图 5-14 所示，采用两段串联管路，由水塔向工厂输水。管路直径和长度分别为 $d_1 = 200$ mm，$L_1 = 2000$ m；$d_2 = 150$ mm，$L_2 = 1500$ m。水塔地面标高 +150 m，地面至水塔液面高度 $H = 18$ m，工厂标高为 +100 m，所需水头 25 m，求水塔向工厂的供水量。

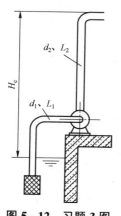

图 5-12　习题 3 图

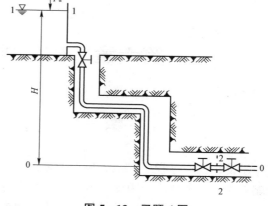

图 5-13　习题 4 图

6. 如图 5-15 所示，水塔 A 与水池 B 的液面高差 $H = 18\,\mathrm{m}$。其间用一长 $l = 100\,\mathrm{m}$、$d = 100\,\mathrm{mm}$ 的管路连接。在管路中部有一泄流口流出的水为 $q = 2 \times 10^{-3}\,\mathrm{m^3/s}$。设管路的 $\lambda = 0.023$。不计局部损失，求泄流口前、后的流量。

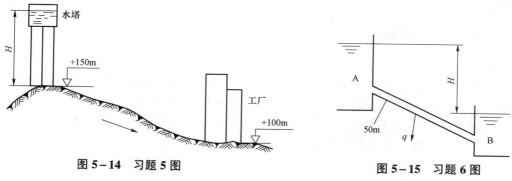

图 5-14　习题 5 图　　　　　　　　　　图 5-15　习题 6 图

7. 两水池用图 5-16 所示的管路连接。已知 $H = 24\,\mathrm{m}$，$l_1 = l_4 = 150\,\mathrm{m}$，$d_1 = d_4 = 0.15\,\mathrm{m}$，$l_2 = l_3 = 100\,\mathrm{m}$，$d_2 = d_3 = 100\,\mathrm{mm}$。沿程阻力系数均为 $\lambda = 0.03$。不计其他局部阻力，则：

（1）阀门处的局部阻力系数 $\xi = 0.03$ 时，管中的总流量是多少？

（2）若阀门关闭，管中的流量又是多少？

8. 两管路并联，长度 $L_1 = L_2 = 50\,\mathrm{m}$，直径 $d_1 = 75\,\mathrm{mm}$，$d_2 = 100\,\mathrm{mm}$。前后两节点位于同一高度，且水头差 $H = 10\,\mathrm{m}$。若沿程阻力系数都为 0.04，试计算总流量 Q（不计局部损失）。

9. 两个容器用两根并联管路连接，管道都为铸铁管，已知 $d_1 = 1.2\,\mathrm{m}$，$L_1 = 2\,500\,\mathrm{m}$；$d_2 = 1\,\mathrm{m}$，$L_2 = 2\,000\,\mathrm{m}$；$\Delta_1 = \Delta_2 = 0.000\,45\,\mathrm{m}$，两容器间的总水头 $H = 4.5\,\mathrm{m}$，求水温为 $20\,^{\circ}\mathrm{C}$ 时的总流量。

10. 如图 5-7 所示的分支管路系统，水池 A 水面高度 $H_A = 100\,\mathrm{m}$，$d_1 = 300\,\mathrm{mm}$，$l_1 = 2\,000\,\mathrm{m}$，$\lambda_1 = 0.03$；水池 C 水面高度 $H_C = 60\,\mathrm{m}$，$d_2 = 300\,\mathrm{mm}$，$l_2 = 1\,500\,\mathrm{m}$，$\lambda_2 = 0.03$；水池 B 水面高度 $H_B = 30\,\mathrm{m}$，$d_3 = 250\,\mathrm{mm}$，$l_3 = 1\,500\,\mathrm{m}$，$\lambda_3 = 0.035$，求引入 B、C 水池的流量。

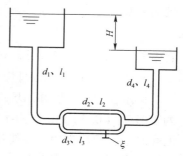

图 5-16　习题 7 图

第六章　矿山排水设备

第一节　概　　述

在矿井建设和生产过程中，从各种渠道来的水源源不断地涌入矿井。如果不及时排除，必将影响煤矿的安全和生产。因此，煤矿井下都设有主、副水仓，用于汇集矿井水，并用水泵等排水设施，把涌入矿井的水及时从井下排至地面。另外，由于煤矿地质条件复杂，也有可能遭遇到突然而且大量的涌水情况，淹没井巷，这时也需要增加排水设备、设施抢险排水，以尽快恢复矿井生产。总之，矿井排水始终伴随着煤矿建设和生产，直至矿井达到服务年限，才完成它的历史使命。因此，矿井排水是煤矿建设和生产中不可缺少的一部分，它对保证矿井正常生产起着非常重要的作用。

一、矿山排水系统

1. 矿水

在煤矿地下开采过程中，由于地层含水的涌出，雨雪和江河中水的渗透，水砂充填和水力采煤的井下供水，使得大量的水昼夜不停地汇集于井下。涌入矿井的水统称为矿水，矿水分为自然涌水和开采工程涌水。自然涌水指自然存在的地面水和地下水，地面水包括江河、湖泊以及季节性雨水、融雪等形成的洼地积水。地下水包括含水层水、断层水和老空水。开采过程涌水是与采掘方法或工艺有关的涌水，如水砂充填时矿井的充填废水、水力采矿的动力废水等。

单位时间涌入矿井水仓的矿水总量称为矿井涌水量。由于涌水量受地质构造、地理特征、气候条件、地面积水和开采方法等多种因素的影响，各矿涌水量可能极不相同。一个矿在不同季节涌水量也是在变化的，通常在雨季和融雪期出现涌水高峰，此期间的涌水量称为最大涌水量，其他时期的涌水量变化不大，一年内持续时间较长，此期间的涌水量称为正常涌水量。

为了比较各矿涌水量的大小，常用在同一时期内，相对于单位煤炭产量的涌水量作为比较的参数，称为含水系数，用 K_s 表示，则

$$K_s = 24q / A_r \tag{6-1}$$

式中　q ——矿井涌水量，m^3/h；

　　　A_r ——同期内煤炭日产量，t。

矿水在穿过岩层和沿坑道流动过程中，溶入了各种物质，因此矿水的密度比一般清水大，为 $1\,015\sim1\,025\ kg/m^3$。由于矿水中悬浮状固体颗粒容易磨损水泵零件，因此必须经过沉淀池和水仓沉淀后再由水泵排出。

由于溶解在水中的物质不同，矿水有酸性、中性和碱性之分。当矿水的 pH 等于 7 时为

中性水，pH<7 时为酸性水，pH>7 时为碱性水。酸性矿水对金属有腐蚀作用，因此当矿水的 pH<5 时应根据情况加石灰中和或采用耐酸的排水设备。

根据统计，每开采 1 t 煤要排出 2~7 t 矿水，甚至多达 30~40 t。矿山排水设备的电动机功率，小的几千瓦或几十千瓦，大的几百千瓦或上千千瓦。因此，保证矿山排水设备运转的可靠性（安全性）与经济性（高效率低能耗）具有十分重要的意义。

2. 排水系统

对于巷道低于地面的矿井，涌入矿井中的水需要用排水设备将水排到地面。目前我国大多数矿井采用这种方法。

根据开采水平以及各水平涌水量大小的不同，矿井排水可采用不同的排水系统。

竖井单水平开采时，可采用直接排水系统将井下全部涌水集中于井底车场的水仓内，并用排水设备将其排至地面，如图 6-1 所示。涌入矿井的水顺着巷道一侧的水沟自流集中到水仓 1，然后经分水沟流入泵房 5 内一侧的吸水井 3 中，水泵运转后水经管路 6 排至地面。

两个或多个水平同时开采时，可有多种方案供选用。就两个水平而言，有三种方案可供选用。

（1）直接排水系统。如各水平涌水量都很大，各水平可分别设置水仓、泵房和排水装置，将各水平的水直接排至地面。此方案的优点是上、下水平互不干扰，缺点是井筒内管路多。

（2）集中排水系统。当上水平的涌水量较小时，可将上水平的水下放到下水平，而后由下水平的排水装置直接排至地面。此方案的优点是只需一套排水设备，缺点是上水平的水下放后再上提，损失了位能，增加了电耗。

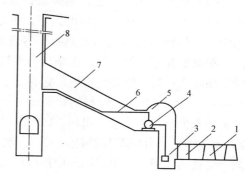

图 6-1　矿井排水过程示意图
1—水仓；2—分水沟；3—吸水井；4—水泵；
5—泵房；6—管子；7—管子道；8—井筒

（3）分段排水系统。若下水平的水量较小或井过深，则可将下水平的水排至上水平的水仓内，然后集中一起排至地面。

采用哪一种方案，要经过技术和经济的综合比较后才能确定。

3. 水仓

用来专门储存矿水的巷道称水仓，水仓有两个主要作用：一是储存集中矿水，排水设备可以将水从水池排至地面。为了防止断电或排水设备发生故障被迫停止运行时淹没巷道，主泵房的水仓应有足够大的容积，必须能容纳 8 h 正常的涌水量。二是沉淀矿水，因在从采掘工作面到水仓的流动过程中，矿水夹带有大量悬浮物和固体颗粒，为防止排水系统堵塞和减轻排水设备磨损，在水仓中要进行沉淀，根据颗粒沉降理论，为了能把大部分细微颗粒沉淀于仓底，水在水仓中流动的速度必须小于 0.005 m/s，而且流动时间要大于 6 h，因此水仓巷道长不得小于 100 m。

为了在清理水仓沉淀物的同时，又能保证排水设备正常工作，水仓至少有一个主水仓和一个副水仓，以便清理时轮换使用。水仓可以布置在水泵房的一侧，也可以布置于水泵房的两侧。在水泵房一侧的布置方式适用于单翼开采，矿水从一侧流入水仓；在水泵房的两侧的布置方式适用于双翼开采，矿水从两侧流入水仓。

由于矿水中固体颗粒的沉淀，水仓容量逐渐减少，为了保证水仓的容水能力，容纳涌水高峰期的全部矿水，每次雨季到来前，必须彻底清理一次主泵房的水仓。为了便于清扫水仓的淤泥，水仓和分水井靠管路连接，管路上装有闸阀，关闭时可以清扫水仓。为了便于运输，水仓底板一般都敷设轨道。

4. 水泵房

水泵房是专为安装水泵、电机等设备而设置的硐室，大多数主水泵房布置在井底车场附近。这样布置的优点如下。

（1）运输巷道的坡度都向井底车场倾斜，以便于矿水沿排水沟流向水仓。

（2）排水设备运输方便。

（3）由于靠近井筒，缩短了管路长度，不仅节约管材，而且减少了管路水头损失，同时增加了排水工作的可靠性。

（4）在井底车场附近，通风条件好，改善了泵与电机的工作环境。

（5）水泵房以中央变电所为邻，供电线路短，减少了供电损耗，这对耗电量很多、运转时间又长的排水设备而言，具有不容忽视的经济意义。

根据矿井条件的不同，水泵房有多种形式，图6-2所示为其中的一种。根据水泵房在井底车场的位置可以清楚地看出，它有三条通道与相邻巷道相通，人行运输巷与井底车场相通，人员和设备由此出入；倾斜的管子道与井筒相通，如图6-3所示。排水管可由此敷入井筒，同时又是人员和设备的安全出口，它的出口平台应高出泵房底板标高7 m以上，倾斜坡度一般为25°～30°。当井底车场被淹没时，人员可由此安全撤出；经井下变电所与巷道相通的通道，是一个辅助通道。水泵房的地面标高应比井底车场轨面高0.5 m，且向吸水侧留有1%的坡度。

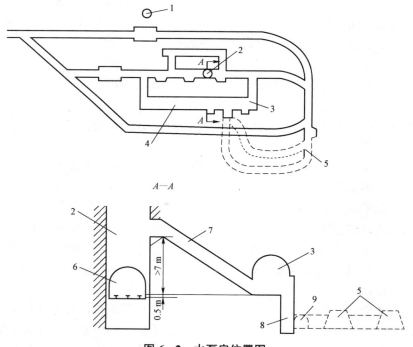

图6-2　水泵房位置图

1—主井；2—副井；3—水泵房；4—中央变电所；5—水仓；6—井底车场；7—管子道；8—吸水井；9—分水沟

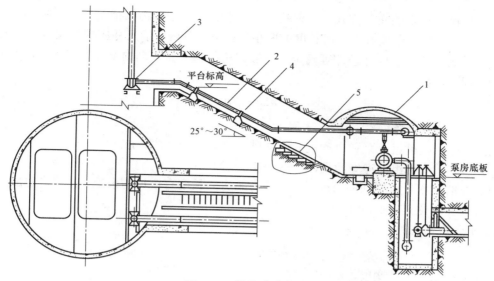

图 6-3　管子道布置图

1—泵房；2—管道；3—弯管；4—管墩和管卡；5—人行台阶和运输轨道

图 6-4 所示为三台水泵两趟管路泵房布置图，吸水井在泵房的一侧，由水仓来的水首先通过篦子 16 拦截进入水仓的大块物质，然后经过水仓闸阀 13 进入分水井 14。水仓闸门共有两个，分别和主、副水仓相通。轮换使用，可在配水井上部操作。进入分水井的水经过分水闸阀 12 分配到中间吸水井和两侧的分水沟 11 中，水从分水沟再进入两侧的吸水井中。关闭分水闸阀 12 可以清理水沟和吸水井，并控制水仓流入的水量。

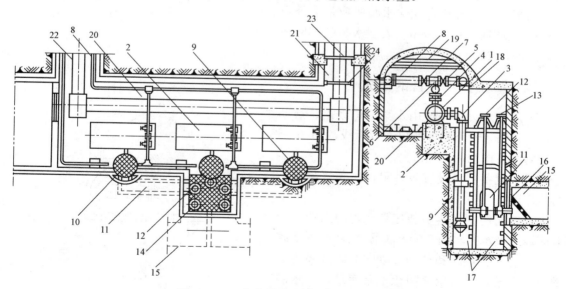

图 6-4　三台水泵两趟管路泵房布置图

1—水泵；2—泵基础；3—吸水管；4—闸阀；5—逆止阀；6—三通；7—闸阀；8—排水管；9—吸水井；10—吸水井盖；
11—分水沟；12—分水闸阀；13—水仓闸阀；14—分水井；15—水仓；16—篦子；17—梯子；18—管子支撑架；
19—起重架；20—轨道；21—人行运输巷；22—管子道；23—防水门；24—大门

水泵房排水设备的布置方式主要取决于泵和管路的多少，通常情况下，应尽量减少泵房断面，水泵在水泵房内顺着水泵房长度方向轴向排列，泵房轮廓尺寸应根据安装设备的最大外形、通道宽度和安装检修条件等确定。一般泵房的长、宽、高由下述公式确定。

1）水泵房长度

$$L = nL_0 + l_1(n+1) \qquad (6-2)$$

式中　n——水泵台数；

L_0——水泵机组（泵和电动机）的基础长度，可查样本，m；

l_1——水泵机组的净空距离，一般为 1.5～2.0 m。

在矿井的涌水量有增加的可能时，应考虑泵房的长度有增加的余地，井筒内也应考虑有相应的管道安装位置。

2）水泵房的宽度

$$B = b_0 + b_1 + b_2 \qquad (6-3)$$

式中　b_0——水泵基础宽度，m；

b_1——水泵基础边到轨道一侧墙壁的距离，以通过泵房内最大设备为原则，一般为
　　　　1.5～2 m；

b_2——水泵基础另一边到吸水井一侧墙壁的距离，一般为 0.8～1.0 m。

3）水泵房的高度

水泵房的高度应满足检修时起重的要求，根据具体情况确定，一般为 3.0～4.5 m，或根据水泵叶轮直径确定：当 $D \geqslant 350$ mm 时，取 4.5 m，并应设有能承受起重质量为 3～5 t 的工字梁；当 $D < 350$ mm 时，取 3 m，可不设起重梁。

水泵基础的长和宽应比水泵底座最大外形尺寸每边大 200～300 mm。大型水泵基础应高于泵房地板 200 mm。

二、矿山排水设备的组成

矿山排水设备一般由水泵、电动机、启动设备、管路、管路附件和仪表等组成，图 6-5 所示为水泵排水示意图。

排水设备上应设置各种附件，各自起着不同的作用。

带底阀的滤水器 1 装在吸水管的末端，一般应插入吸水井水面 0.5 m 以下。过滤网用来滤去水中的固体颗粒和杂物，以防其阻塞泵内流道或损坏泵，底阀用来防止水泵启动前引水灌入泵和吸水管内或停泵后水漏入井中。因底阀会增大吸水阻力，一般只用在中、小型水泵中。大型水泵通常不设底阀，采用射流泵或水环式真空泵进行抽气灌水。

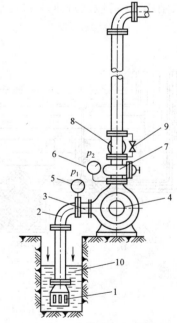

图 6-5　水泵排水示意图

1—滤水器；2—90° 弯头；3—异径管；4—水泵；
5—真空表；6—压力表；7—闸阀；8—逆止阀；
9—阀门；10—吸水井

调节闸阀 7 安装在靠近水泵排水接管下方的排水管路上。其作用是调节水泵的流量和在关闭闸阀的情况下启动水泵，以减小电动机的启动负荷。一般情况下吸水管道路上不装闸阀。但是，当泵的吸水管道与其他管道相连，或者处于正压进水的情况下，吸水管道上应装设闸阀。

逆止阀 8 安装在调节闸阀 7 的上方，其作用是当水泵突然停止运转（如突然停电）时，或者在未关闭调节闸阀 7 的情况下停泵时，能自动关闭，切断水流，使水泵不至于受到水力冲击而遭受损坏。

水泵泵体上设有灌水孔和排气孔。灌水孔对应有灌水漏斗，其作用是在水泵初次启动前向泵内灌注引水；排气孔对应有放气栓，其作用是向泵内灌引水时排除空气。

水泵再次启动时，可通过旁通管向水泵内灌引水。

真空表 5 和压力表 6 的作用是检测水泵吸入口的真空度和水泵排水口的压力。

第二节　离心式水泵的主要结构

图 6-6 所示为分段式多级离心式水泵。这种结构的泵分若干级，每一级都由一个叶轮及一个径向导叶组成。其主要部件有转动部分、固定部分、密封装置和轴承支承等几大部分。

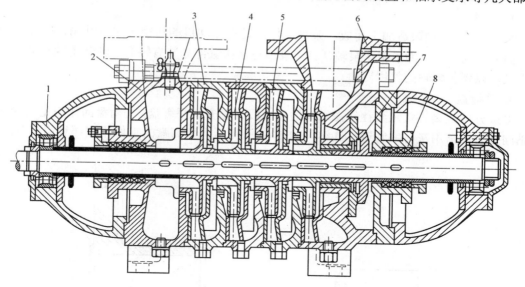

图 6-6　分段式多级离心式泵

1—轴承部件；2—进水段；3—中段；4—叶轮轴；5—导叶；6—出水段；7—平衡盘；8—密封部件

一、转动部分

1. 叶轮

叶轮是水泵的主要部件之一。泵内液体能量的获得是在叶轮内进行的，所以叶轮的作用是将原动机机械能传递给液体，使液体的压力能和速度能均得到提高。叶轮的尺寸、形状和制造精度对水泵的性能影响很大，因而叶轮在传递能量的过程中流动损失应该最小。

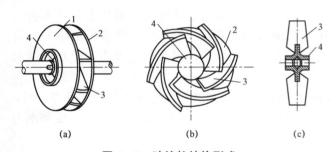

图 6-7 叶轮的结构形式

（a）封闭式叶轮；（b）半开式叶轮；（c）开式叶轮

1—前盖板；2—后盖板；3—叶片；4—轮毂

叶轮一般由前盖板、叶片、后盖板和轮毂所组成。如图 6-7（a）所示的叶轮为封闭式叶轮。封闭式叶轮效率较高，但要求输送的介质较清洁。如果叶轮无前盖板，其他都与封闭式叶轮相同，则称为半开式叶轮，如图 6-7（b）所示。半开式叶轮适宜输送含有杂质的液体。若只有叶片及轮毂，而无前、后盖板的叶轮称为开式叶轮，如图 6-7（c）所示。开式叶轮适宜输送液体中所含杂质的颗粒可大些、多些，但开式叶轮的效率较低，在一般情况下不采用。

叶轮还有单吸与双吸之分。图 6-7（a）所示为单吸式叶轮，图 6-8 所示为双吸式叶轮。在相同条件下，双吸式叶轮的流量是单吸式叶轮流量的两倍，而且它基本上不产生轴向力。双吸式叶轮适用于大流量或提高泵抗汽蚀性能的场合。

前、后盖板中的叶片有两种形式：圆柱形叶片和双曲率（扭曲）叶片。圆柱形叶片制造简单，但流动效率不高。目前，为提高泵的效率，一般都采用扭曲叶片。

2. 泵轴

泵轴常用 45 钢锻造加工而成。泵轴的作用是把原动机的扭矩传递给叶轮，并支承装在它上面的转动部件。为了防止泵轴锈蚀，泵轴与水接触部分装有轴套，轴套锈蚀和磨损后可以更换，以延长泵轴的使用寿命。

3. 平衡盘

多级分段式离心式水泵往往在水泵的压出段外侧安装平衡盘。平衡盘的作用是消除水泵的轴向推力，常用灰铸铁制造，其结构如图 6-9 所示，平衡盘的工作原理详见第三节。

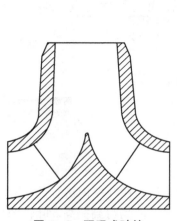

图 6-8 双吸式叶轮

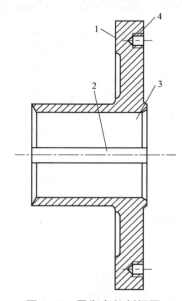

图 6-9 平衡盘的剖视图

1—盘面；2—键槽；3—轴孔；4—拆卸用螺丝孔

二、固定部分

1. 吸入段

吸入段的作用是以最小的阻力损失，将液体从吸入管路引入叶轮。

吸入段中的阻力损失要比压出段小得多，但是吸入段形状设计的优劣对进入叶轮的液体流动情况影响很大，对泵的汽蚀性能有直接影响。

吸入段有锥形管吸入段、圆环形吸入段和半螺旋形吸入段三种结构。

1）锥形管吸入段

图 6-10（a）所示为锥形管吸入段结构示意图。这种吸入段流动阻力损失较小，液体能在锥形管吸入段中加速，速度分布较均匀。锥形管吸入段结构简单，制造方便，是一种很好的吸入段，适宜用在单级悬臂式泵中。

2）圆环形吸入段

图 6-10（b）所示为圆环形吸入段结构示意图。在吸入段的起始段中，轴向尺寸逐渐缩小，宽度逐渐增大，整个面积缩小，使液流得到加速。由于泵轴穿过环形吸入段，所以液流绕流泵轴时在轴的背面产生旋涡，引起进口流速分布不均匀。同时叶轮左、右两侧的绝对速度的圆周分速度 n_{1u} 也不一致，所以流动阻力损失较大。

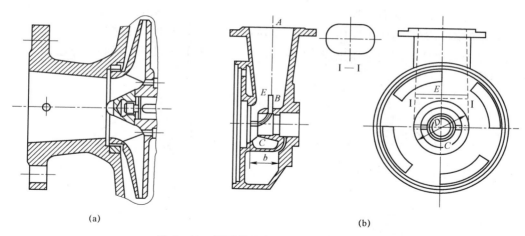

（a）   （b）

图 6-10 锥形管吸入段和圆环形吸入段

（a）锥形管吸入段；（b）圆环形吸入段

由于圆环形吸入段的轴向尺寸较短，因而被广泛用在多级泵上。

3）半螺旋形吸入段

如图 6-11 所示，半螺旋形吸入段能保证叶轮进口液流有均匀的速度场，泵轴后面没有旋涡。但液流进入叶轮前已有预旋，扬程会略有下降。

半螺旋形吸入段大多被应用在双吸式泵和多级中开式泵上。

2. 压出段

从叶轮中获得了能量的液体，流出叶轮进入压

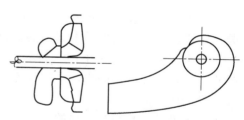

图 6-11 半螺旋形吸入段

出段。压出段将流来的高速液体汇集起来，引向压出口，同时还将液体中的部分动能转变成压力能。

压出段中液体的流速较大，所以液体在流动的过程中会产生较大的阻力损失。因此，有了性能良好的叶轮，还必须有良好的压出段与之相配合，这样整个泵的效率才能提高。

常见的压出段结构形式很多，有螺旋形压出段、环形压出段等。

1）螺旋形压出段

螺旋形压出段又称蜗壳体，一般用于单级泵、单级双吸泵及多级泵。

液体从叶轮流出进入图 6-12 所示的蜗壳体内，沿着蜗壳体在流体流动方向上，其数量是逐渐增多的，因此壳体的截面积亦是不断增大的。这样液体在蜗壳体中运动时，其在各个截面上的平均流速均相等。蜗壳体只收集从叶轮中流出的液体，扩散管使液体中的部分动能转变成压力能。为减少扩散管的损失，它的扩散角 θ 一般取 $8° \sim 12°$。

泵舌与叶轮外径的间隙不能太小，否则在大流量工况下泵舌处容易产生汽蚀。同时间隙太小也容易引起液流阻塞而产生噪声与振动。间隙亦不能太大，在太大的间隙处会引起旋转的液体环流，消耗能量，降低泵的容积效率。

螺旋形压出段制造方便，泵的高效率区域较宽。

2）环形压出段

环形压出段的流道截面积处处相等，如图 6-13 所示，所以液流在流动中不断加速，从叶轮中流出的均匀液流与压出段内速度比它高的液流相遇，彼此发生碰撞，损失很大。所以环形压出段的效率低于螺旋形压出段。但它加工方便，故主要用于多级泵的排出段，或输送有杂质的液体。

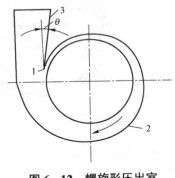

图 6-12　螺旋形压出室

1—泵舌；2—蜗壳体；3—扩散管

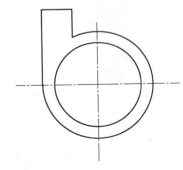

图 6-13　环形压出室

3. 中段

由于多级分段式水泵的液流是由前一级叶轮流入次一级叶轮内，故在流动的过程中必须装置中段，中段一般由导水圈和返水圈组成。

导水圈的结构：由若干叶片组成导叶。水在叶片间的流道中通过。前一段流道的作用是接收由叶轮高速流出的水，并匀速送入后面流道；后一段流道的断面逐渐扩大，使一部分动能转换为压力能。

导水圈的叶片数与叶轮的叶片数应互为质数，否则会出现叶轮叶片和导水圈叶片重叠的现象，造成流速脉动，产生冲击和振动。

　　导水圈和返水圈主要有径向式和流道式，图6-14所示为径向式导叶，它由螺旋线、扩散管、过渡区和反导叶组成。在图6-14中，AB部分为螺旋线，它起着收集液体的作用；扩散管BC部分起着将部分速度能转换成压力能的作用；螺旋线与扩散管又称正导叶，起着压出室的作用；CD为过渡区，起着转变液体流向的作用。液体在过渡区里沿轴向转了180°的弯，然后沿着反导叶DE进入次级叶轮的入口。

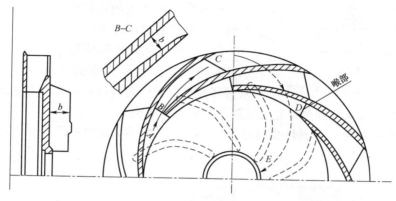

图6-14　径向导叶

　　图6-15所示为流道式导叶。在流道式中，正反导叶是连续的整体，亦即反导叶是正导叶的继续，所以从正导叶进口到反导叶出口形成单独的小流道，各个小流道内的液流互不相混。它不像径向式导叶，在环形空间内液体混在一起，再进入反导叶。流道式流动阻力比径向式小，但结构复杂，铸造加工较麻烦。目前，分段式多级泵趋向于采用流道式导叶。

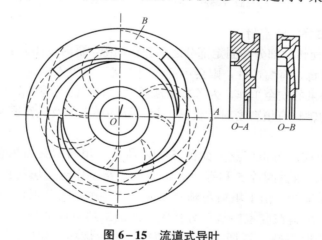

图6-15　流道式导叶

三、密封部分

1. 固定段间的密封
离心式水泵各固定段之间的静止结合面采用纸垫密封。

2. 叶轮和固定部分间的密封
叶轮的吸水口、后盖板轮毂与固定段之间存在环形缝隙（图6-16）。高压区的水会经环

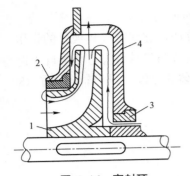

图 6-16 密封环

1—叶轮；2—大口环；3—小口环；4—泵壳

形缝隙进入低压区而形成循环流动，从而使叶轮实际排入次级的流量减少，并增加能量的消耗。为了减少缝隙的泄漏量，在保证叶轮正常转动的前提下，应尽可能减小缝隙。为此，在每个叶轮前后的环形缝隙处安装有磨损后便于更换的密封环（又称大、小口环），如图 6-16 所示。装在叶轮入口处的密封环为大口环，装在叶轮后盖板侧轮毂处的密封环为小口环。

一般水泵的密封环为圆柱形，用螺栓固定在泵壳上，它承受着与转子的摩擦，故密封环是水泵的易损件之一。当密封环被磨损到一定程度后，水在泵腔内将发生大量的窜流，使水泵的排水量和效率显著下降，故应及时更换。

为提高水泵的效率，密封环也可以采用更复杂的结构，图 6-17 所示为密封环的几种形式。

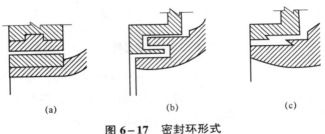

(a)　　　　　　　　(b)　　　　　　　　(c)

图 6-17 密封环形式

（a）平环形；（b）迷宫形；（c）锯齿形

3. 轴端与固定部分间的密封

泵轴穿过泵壳，使转动部分和固定部分之间存在间隙，泵内液体会从间隙中泄漏至泵外。如果泄漏出的液体有毒、有腐蚀性，则会污染环境。倘若泵吸入端是真空，当外界空气漏入泵内时，将严重威胁泵的安全工作。为了减少泄漏，一般在此间隙处装有轴端密封装置，简称轴封。目前采用的轴封有填料密封、机械密封、浮动环密封及迷宫密封等。

1）填料密封

填料密封在泵中应用得很广泛。如图 6-18 所示，填料密封由填料套 1、水封环 2、填料 3、填料压盖 4、压盖螺栓 5 和螺母 6 组成。正常工作时，填料由填料压盖压紧，充满填料腔室，使泄漏减少。由于填料与轴套表面直接接触，因此填料压盖的压紧程度应该合理。如压得过紧，填料在腔室中被充分挤紧，泄漏虽然可以减少，但填料与轴套表面的摩擦迅速增加，严重时发热、冒烟，甚至将填料、轴套烧坏。如压得过松，则泄漏增加，泵效率下降。填料压盖的压紧程度应该使液体从填料箱中流出少量的滴状液体为宜。

填料常用石墨油浸石棉绳，或石墨油浸含有铜丝的石棉绳。但在泵高温、高速的情况下，其密封效果较差。国外某些厂家使用由合成纤维、陶瓷及聚四氟乙烯等材料制成的压缩填料密封，具有低摩擦性，并有较好的耐磨、耐高温性能，使用寿命较长，且价格与石棉绳填料不相上下。

填料与轴套的摩擦会发热，所以填料密封还应通有冷却水冷却。

对于高速大容量锅炉给水，由于轴封处的线速度大于 60 m/s，故填料密封已经不能满足要求。

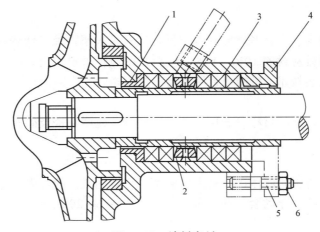

图 6-18 填料密封

1—填料套；2—水封环；3—填料；4—填料压盖；5—压盖螺栓；6—螺母

2）机械密封

机械密封最早出现于 19 世纪末，目前在国内已被广泛使用。如图 6-19 所示的机械密封，是靠静环与动环端面的直接接触而形成密封。动环 5 装在转轴上，通过传动销 3 与泵轴同时转动；静环 6 装在泵体上，为静止部件，并通过防转销 8 使它不能转动。静环与动环端面形成的密封面上所需的压力，由弹簧 2 的弹力来提供。动环密封圈 4 的作用是防止液体的轴向泄漏，静环密封圈 7 的作用是封堵静环与泵壳间的泄漏。密封圈除了起密封作用之外，还能吸收振动，缓和冲击。动、静环间的密封实际上是靠在两环间维持一层极薄的流体膜，起着平衡压力及润滑和冷却端面的作用。机械密封的端面需要通有密封液体，密封液体要经外部冷却器冷却，在泵启动前先通入，泵轴停转后才能切断。机械密封要得到良好的密封效果，应该使动、静环端面光洁、平整。

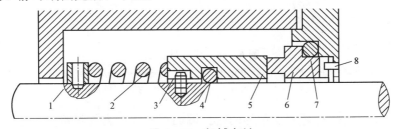

图 6-19 机械密封

1—弹簧座；2—弹簧；3—传动销；4—动环密封圈；5—动环；
6—静环；7—静环密封圈；8—防转销

机械密封的间隙一般都是径向的，如泵内水温高于 100 ℃，密封面出口为大气压，则必导致端面出现汽液两相。

在工况变化时，液体膜会发生相变，沸腾区内压力瞬时增加，使密封端面开启。如果周向开启力不均，造成不平行开启，则开启后较难恢复，形成间歇振荡、干运转、鸣叫，并出现敲击声等。为此，在机械密封的端面通有密封水冷却，以吸收热量。对于温度升高的密封水，利用热虹吸（冷却器装设在泵轴的上方）作用，使之压力升高，流入密封水冷却器冷却，再经过磁性过滤器除去给水中容易损坏密封面的氧化铁粉后，重新流入密封端面，如此不断循环。

机械密封比填料密封寿命长，密封性能好，泄漏量很小，轴或轴套不易受损伤。机械密封摩擦耗功小，为填料密封的 10%～15%。但机械密封较填料密封复杂，且价格较高，需要一定的加工精度与安装技术。机械密封对水质的要求也较高，因为有杂质就会损坏动环与静环的密封端面。

机械密封的动环、静环材料可选用碳化硅、铬钢、金属陶瓷及碳石墨浸渍巴氏合金、铜合金、碳石墨浸渍树脂等。

3）浮动环密封

对于输送高温、高压的液体，如采用机械密封会有困难，故可采用浮动环密封。浮动环密封由浮动环、支承环（浮动套）和弹簧等组成，如图 6－20 所示。

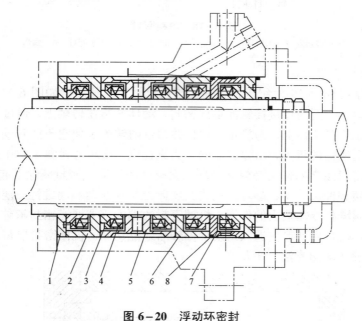

图 6－20　浮动环密封

1—密封环；2—支承环（甲）；3—浮动环；4—弹簧；5—支承环（乙）；

6—支承环（丙）；7—支承环（丁）；8—密封圈

浮动环密封是通过浮动环和支承环的密封端面在液体压力与弹簧力（也有不用弹簧）的作用下紧密接触，使液体得到径向密封的。浮动环密封的轴向密封是由轴套的外圆表面与浮动环的内圆表面形成的细小缝隙，对液流产生截流而达到密封的。浮动环套在轴套上，液体动力的支承力可使浮动环沿着支承环的密封端面上、下自由浮动，使浮动环自动调整环心。

当浮动环与泵轴同心时，液体动力的支承力消失，浮动环不再浮动，浮动环可以自动对准中心，所以浮动环与轴套的径向间隙可以做得很小，以减少泄漏量。

为了提高密封效果，减少泄漏，在浮动环中间还通有密封液体。密封液体的压力比被密封的液体压力稍高。为了保证浮动环的密封工作，密封液体必须经过滤网过滤。浮动环密封的弹簧力不能太大，否则浮动环不能自由浮动。另外，浮动环与支承环的接触端面加工要光洁，摩擦力要小。

浮动环密封相对于机械密封来说结构较简单，运行也较可靠。如果能正确地控制径向间隙与密封长度，可以得到满意的密封效果。泵在一定转速下，液体通过密封环间隙的泄漏量与液体的降压大小、径向间隙的大小、密封长度、轴颈大小以及介质温度的高低等因素有关，其中径向间隙的大小影响最大。

4）其他密封形式

除了上述三种主要的轴端密封外，还有迷宫密封、螺旋密封及副叶轮（副叶片）密封等。

迷宫密封是利用转子与静子间的间隙变化，对泄漏流体进行截流和降压，从而实现密封作用，如图6-21所示。迷宫密封最大的特点是固定衬套与轴之间的径向间隙较大，所以泄漏量也较大。为了减少液体的泄漏，可向密封衬套注入密封水。同时，可在转轴的轴套表面加工出与液体泄漏方向相反的螺旋形沟槽，如图6-21（b）所示。在固定衬套内表面车出反向槽，可使水中杂质顺着沟槽排掉，从而不致咬伤轴及轴套。

螺旋密封是一种非接触型的流体动力密封，如图6-22所示。在密封部位的轴表面上切出反向螺旋槽，泵轴转动时对充满在螺旋槽内的泄漏液体产生一种向泵内的泵送作用，从而达到减少介质泄漏的目的。为了有好的密封性能，槽应该浅而窄，螺旋角也应小些。

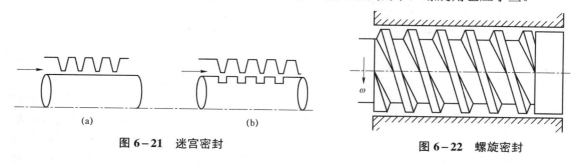

图6-21　迷宫密封　　　　　　　图6-22　螺旋密封

螺旋密封工作时无磨损，使用寿命长，特别适用于含颗粒等条件苛刻的工作场合。但螺旋密封在低速或停止状态不起密封作用，需另外配置辅助密封装置。另外，螺旋密封轴向长度较长。

第三节　离心式水泵的性能测定

水泵的性能测定是测定其特性曲线，即扬程特性曲线、功率特性曲线和效率特性曲线，以便将全面的水泵性能资料提供给用户。产品样本给出的特性曲线，是产品鉴定时测得的，成批投产后一般只做抽样测定，因此每台水泵的实际特性不一定和产品样本给出的特性曲线完全相符。因此当新水泵安装好后，应测定该水泵的特性曲线（$Q-H$，$Q-N$，$Q-\eta$），作为以后对照检查的依据。当投入使用后，每年应测定一次，以检验水泵的运行状况，保证水泵经济、合理地运行。

一、测定原理和方法

图6-23所示为水泵在排水系统工作时的测定方案。其测定原理是：逐渐改变闸阀开度，以改变管路阻力，使管路特性曲线逐步改变，则工况点也随着变化。工况点移动的轨迹即为泵的扬程特性曲线，只要在每改变一次闸阀位置的同时，测出该工况点的扬程、流量、功率和转速，改变 n 次工况点，即可测出 n 组数（H_1、Q_1、N_1、n_1），（H_2、Q_2、N_2、n_2），…，（H_i、

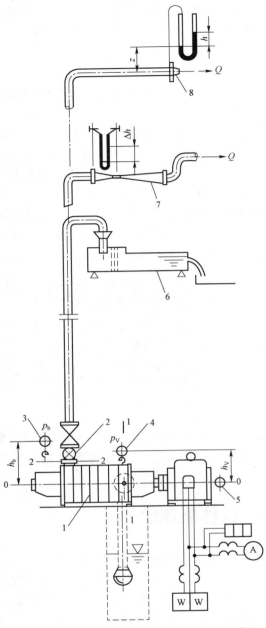

图 6-23　水泵在排水系统工作时的测定方案图

1—水泵；2—闸阀；3—压力表；4—真空表；

5—转速表；6—堰；7—流量计；8—喷嘴

Q_i、N_i、n_i)，…，(H_n、Q_n、N_n、n_n)，如图 6-24 所示。

当各测点的转速不同时，应该根据比例定律，将各点测得的参数换算为水泵在同一转速（一般为额定转速 n_e）下的参数，即

$$\begin{cases} Q_{ei} = \left(\dfrac{n_e}{n_i}\right) Q_i \\ H_{ei} = \left(\dfrac{n_e}{n_i}\right)^2 H_i \\ N_{ei} = \left(\dfrac{n_e}{n_i}\right)^3 N_i \end{cases} \qquad (6-4)$$

对应各工况点的效率可用下式求出

$$\eta_{ei} = \frac{\gamma Q_{ei} H_{ei}}{N_{ei}} \qquad (6-5)$$

这样根据换算后各工况点的参数及计算所得的效率，可绘出额定转速下的特性曲线。

这里应该指出，对于安装在特定管路中的水泵，要想通过测试获得全特性曲线是不可能的。因为当闸阀全部开启时，对应的工况点为 M，如图 6-24 所示，则其对应流量和扬程为 Q_M、H_M，在这种情况下，要想得到比 Q_M 还大的流量是不可能的，所以水泵特性曲线只能测到 M 点。

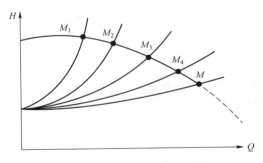

图 6-24　扬程特性曲线测定原理

要想获得水泵在全流量下的特性，只有降低测地高度 H_{sy}，这在实验室条件下是可以做到的。

二、性能参数的测量及计算方法

1. 扬程的测定

水泵的扬程为单位质量的水经过水泵时所获得的能量。对图 6-23 所示的排水系统，列

水泵进口处 1－1 断面和出口处 2－2 断面间的伯努利方程，得

$$z_1 + \frac{p_1}{\gamma} + \frac{v_1^2}{2g} + H = z_2 + \frac{p_2}{\gamma} + \frac{v_2^2}{2g}$$

考虑到真空表和压力表的安装高差及表的读数，上式可写成

$$H = \Delta z + \frac{p_b + p_v}{\gamma} + \frac{8Q^2}{\pi^2 g}\left(\frac{1}{d_p^4} - \frac{1}{d_x^4}\right) \qquad (6-6)$$

式中　　H ——水泵扬程，m；

　　　　p_b ——排水口压力表读数，Pa；

　　　　p_v ——吸水口真空度读数，Pa；

　　　　γ ——水的重力密度，N/m³；

　d_p，d_x ——吸、排水管内径，m；

　　　　Δz ——压力表中心与真空表中心的高度差，m。

由式（6－6）可以看出，对于确定的排水系统，γ、Δz、d_p 和 d_x 是已知的，只要测得 p_b、p_v 和流量 Q，通过上式就可计算出扬程 H。p_b 和 p_v 可以从压力表和真空表上直接读出，因此关键是测流量。

2. 流量的测量

流量的测定装置主要有文德里流量计、孔板或喷嘴、水堰、超声波流量计和均压管等。

（1）文德里流量计、孔板、喷嘴测量装置。文德里流量计、孔板或喷嘴测量装置的工作原理：在管道内装入文德里流量计、孔板或喷嘴节流件。当水流过节流件时，在节流件前后产生压差，这一压差通过取压装置可用液柱式压差计测出。当其他条件一定时，节流件前后产生的差值随流量而变，两者之间有确定的关系。根据伯努利方程有

$$Q = \mu K \sqrt{\Delta p} \qquad (6-7)$$

式中　　μ ——流量修正系数，通常 $\mu = 0.95 \sim 0.98$；

　　　　K ——节流件尺寸常数，$K = \sqrt{\dfrac{2}{\rho}}\,\dfrac{\pi D^2}{4}\,\dfrac{1}{\sqrt{\left(\dfrac{D}{d}\right)^4 - 1}}$；

　　　　D ——管径，m；

　　　　d ——节流件孔径，m；

　　　　Δp ——节流件前后压力差，$\Delta p = (\gamma_g - \gamma)\Delta h$。

采用孔板或喷嘴测量装置测定流量是一种比较简单、可靠的方法，仪表的价格也较低。一般流量较小时用孔板，流量较大时用喷嘴。孔板和喷嘴的尺寸、形状及加工已标准化，并且同时规定了它们的取压方式和前后直管段的要求，其流量和压差之间的关系及测量误差可按国家标准直接计算确定。

（2）水堰。在水槽中安装一板状障碍物（堰板），让水从障碍物上流过，则其上游的水位被抬高，这种装置叫水堰。按堰口形状可分为宽堰、矩形堰和三角堰三种，由水堰上游的水位高度，则可求得流量。水堰的参数及流量计算公式见表 6－1。

表 6-1　测流量堰口参数及流量计算公式

堰口名称	三角堰	矩形堰	全宽堰
图样			
流量计算公式/($L \cdot s^{-1}$)	$Q = ch^{5/2}$ 式中 $c = 1354 + \dfrac{4}{h} + (140 + \dfrac{200}{\sqrt{z}}) \times (\dfrac{h}{B} - 0.09)^2$	$Q = ch^{3/2}b$ 式中 $c = 1785 + \dfrac{2.95}{h} + 237\dfrac{h}{z}$ $-428\sqrt{\dfrac{(B-b)h}{bz}} + 34\sqrt{\dfrac{B}{z}}$	$Q = ch^{3/2}B$ 式中 $c = 1785 + (\dfrac{2.95}{h} + 237\dfrac{h}{z}) \times (1 + \varepsilon)$ 式中　ε ——修正系数 　当 $z < 1\,m$ 时，$\varepsilon = 0$； 　当 $z > 1\,m$ 时，$\varepsilon = 0.55(z-1)$
流量系数 c 的适用范围	$B = 0.5 \sim 1.2\,m$ $z = 0.1 \sim 0.75\,m$ $h = 0.07 \sim 0.26\,m$ （$h = B/3$ 以内）	$B = 0.5 \sim 6.3\,m$ $b = 0.5 \sim 5.0\,m$ $z = 0.15 \sim 3.5\,m$ $\dfrac{bz}{B^2} \geqslant 0.06$ $h = 0.03 \sim 0.45\sqrt{b}\,m$	$B \geqslant 0.5\,m$ $z = 0.3 \sim 2.5\,m$ $h = 0.03 \sim 0.8\,m$ 且 $h \leqslant z$ 及 $h \leqslant B/4$

3. 轴功率 N

轴功率一般可以用功率表测出电动机输入功率 N_d，然后按下式算出轴功率 N，即

$$N = N_d \eta_d \eta_c \qquad (6-8)$$

式中　η_d ——电动机效率，可以从电动机效率曲线查出；

　　　η_c ——传动效率，直接传动时 $\eta_c = 1$。

电动机输入功率 N_d 可用电压表、电流表和功率因数表（$\cos\phi$ 也可根据说明书或有关资料估算）的读数来计算

$$N_d = \sqrt{3UI\cos\phi} \qquad (6-9)$$

式中　U ——电源电压（电压表读数），V；

　　　I ——输入电动机的电流（电流表读数），A；

　　$\cos\phi$ ——电动机的功率因数，由功率因数表测得或根据有关资料估算。

电动机输入功率 η_d 还可用三相或两个单相功率表测得。

4. 转速 n

可用机械式转速表或感应式光电转速仪直接测出泵轴的转速，也可采用闪光测速法（又称日光灯测速法）。闪光测速法是利用日光灯闪光频率和泵轴转动频率（转速）间的关系进行测速的。测量时首先在轴头上画好黑白相间的扇形图形（图 6-25），白（或黑）扇形的块数要与电动机的极数相对应，可用下式求得

$$m = \dfrac{60f}{n_0} \times 2 \qquad (6-10)$$

式中　f ——日光灯源（电动机电源）的频率，Hz；

n_0——电动机同步转速，r/min。

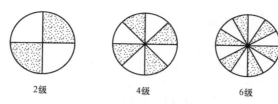

2级   4级   6级

图6-25 轴头测速圆盘示意图

用与电动机同电源的日光灯照射电动机轴头，当电动机旋转时，轴头扇形块的闪动频率与日光灯的闪光频率相近，由于电动机的实际转速总是低于其同步速度，扇形块向与电动机实际旋转方向相反的方向徐徐转动，以秒表记下1 min内扇形块转过的转数n'，则电动机实际转速n为

$$n = n_0 - n' \tag{6-11}$$

三、性能测定中的注意事项

性能测定中应注意以下事项。

（1）测定前应根据水泵及管路系统的具体条件拟订测定方案，选择测定装置和仪表，并对仪表进行必要的检查和校准，参加测定的人员要有明确的分工和统一的指挥。

（2）测定时闸阀至少要改变5次，即至少应有5个测点，条件允许时设8～10个测点，特别是在水泵工作区域和最高效率点附近多设几个测点。

（3）在操作上，闸阀可以由大到小（闸阀可由全开而逐渐关闭），也可以由小到大，这两种方法可以交替进行，以便相互校对，修正其特性曲线。

（4）在记录读数时，每改变一次工况，应停留2～3 min，待各表上的读数稳定后，同时读取记录各参数值，并及时整理，发现问题应及时补测。

四、离心式水泵的轴向推力及其平衡

水泵在运转时，转子会受到轴向推力的作用。为保证泵的使用安全，必须研究轴向推力产生的原因、轴向推力大小的计算及平衡方法。

1. 轴向推力产生的原因

图6-26所示为轴向力分析图，由于泄漏的原因，叶轮两侧充有液体，但它们的液流压力不等。叶轮右侧的压力p_2与叶轮左侧吸入口以上的压力p_2可近似相等，互相抵消。但在吸入口部分，左、右两侧的液流压力就不等了，而是右侧的压力大于左侧，它们的压力差乘以面积的积分就是作用在单个叶轮上的轴向力。轴向力的方向指向吸入口。

2. 轴向推力的危害

多级水泵由于叶轮数目多，所以总的轴向力是一个不小的数值，如150D30×9型水泵运转中会产生高达21 kN以上的轴向推力，这么大的力将使整个转子向吸水侧窜动。如不加以平衡，将使高速旋转的叶轮与固定的泵壳造成破坏性的磨损。另外，过量的轴窜动，会使轴承发热，电动机负载加大；同时使互相对正的叶轮出水口与导水圈的导叶进口发生偏移，引起冲击和涡流，使水泵效率大大降低，严重时水泵将无法工作。

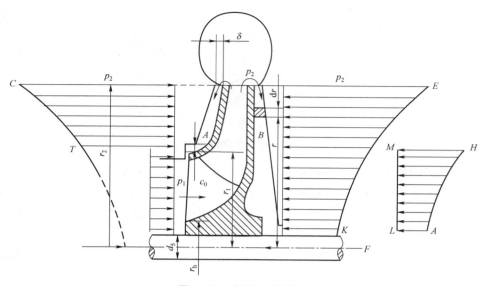

图 6−26 轴向力分析图

3. 轴向力的平衡方法

1）平衡孔

如图 6−27 所示，在叶轮后盖板上一般钻有数个小孔，并在与前盖板密封直径相同处装有密封环。液体经过密封环间隙后压力下降，减少了作用在后盖板上的轴向力。另外在后盖板下部从泵壳处设连通管与吸入侧相通，将叶轮背面的压力液体引向吸入管。

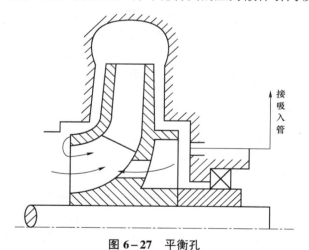

图 6−27 平衡孔

采用平衡孔方法，结构简单并可减小轴封压力，但它增加了泄漏，干扰了叶轮入口液体流动的均匀性，所以泵的效率有所降低。平衡孔方法适用于单级泵或小型多级泵上。

2）平衡（背）叶片

如图 6−28 所示，在叶轮的后盖板外侧铸有 4～6 片背叶片。未铸有背叶片时，叶轮右侧压力分布如图中曲线 *AGF* 所示。加铸背叶片后，背叶片强迫液体旋转，使叶轮背面的压力显著下降，其压力分布曲线如图中 *AGK* 所示。

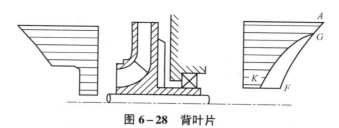

图 6-28 背叶片

背叶片除了能平衡轴向力外，还能减小轴端密封处的液体压力，并可防止杂质进入轴端密封。所以，背叶片常被用于输送杂质的泵上。

3）双吸式叶轮

双吸式叶轮由于左、右结构对称，故不产生轴向力。一般由于制造上的误差或两侧密封环磨损不同使泄漏的程度不同，会产生残余的轴向力。为平衡这残余的轴向力，一般还装有推力轴承。

4）叶轮对称布置

如果泵是多级的，则可以将叶轮对称布置，如图 6-29 所示。对称布置的叶轮虽然仍有轴向力，但它所组成的转子由于有两个方向相反的轴向力，故彼此抵消了。

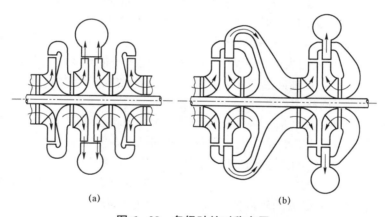

(a)   (b)

图 6-29 多级叶轮对称布置

叶轮数为偶数，叶轮正好对半布置；叶轮数如为奇数，则首级叶轮可以采用双吸式，其余叶轮仍对半反向布置。采用叶轮对称布置平衡轴向力的方法简单，但增加了外回流管道，造成泵壳笨重，同时亦增加了级间泄漏。叶轮对称布置主要用于蜗壳式多级泵和分段式多级泵上。我国引进的美国 Byron Jackson 公司生产的 600 MW 超临界机组给水水泵，就是采用叶轮对称布置平衡轴向力。

5）平衡装置

为平衡轴向力，在多级泵上通常装置平衡盘、平衡鼓或平衡盘与平衡鼓联合装置、双平衡鼓装置。

（1）平衡盘。图 6-30 所示为平衡盘装置。它装置在末级叶轮之后，随轴一起旋转。平衡盘装置有两个密封间隙——径向间隙 δ_0 与轴向间隙 δ'。设末级叶轮出口液流的压力为 p_2，平衡盘间隙 δ_0 前的液流压力为 p_3，平衡盘前的液流压力为 p_4，即轴向间隙 δ' 前的液流压力。

p_5 为间隙 δ' 后的液流压力。根据流体流动阻力原理， $p_3 > p_4 > p_5$。由于 $p_4 > p_5$，所以平衡盘前后产生压力差。该压力差乘以平衡盘的平衡面积，就得到平衡盘所产生的平衡力 F'。平衡力 F' 的方向恰与轴向力 F 的方向相反，大小与 F 相等，所以轴向力 F 得以平衡。

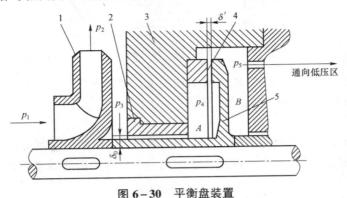

图 6-30　平衡盘装置

1—叶轮；2—支承环；3—泵体；4—平衡环；5—平衡盘

当工况变动时，叶轮产生的轴向力亦发生变化，如果轴向力 F 增大，则轴向着吸入口方向移动，平衡盘的轴向间隙 δ' 减小，通过 δ' 间隙的泄漏量降低。径向间隙 δ_0 不随工况变动，因此当通过 δ' 间隙的泄漏量降低时，则 δ_0 间隙两侧液体的压力降亦降低，平衡盘前的压力 p_4 升高。可是平衡盘后的压力 p_5 稍大于首级叶轮入口液流压力（因它与首级叶轮吸入口相通），那么平衡盘前后压差增大，平衡力 F' 亦增大。增大了的平衡力与轴向力相等，泵轴处于新的平衡状态。反之，若轴向力减小，则轴向间隙 δ' 增大，压力 p_4 下降，平衡力下降，泵轴又处于另一新的平衡状态。

但是泵轴新的平衡状态不是立刻就能达到的，实际上由于泵转子的惯性作用，移位的转子不会立即停在平衡位置上，而是会发生位移过量的情况，使得平衡力与轴向力又处于不平衡状态，于是泵转子往回移动。这就造成了泵转子在从一平衡状态过渡到另一新的平衡状态时，泵转子会出现来回"窜梭"的现象。为了防止泵轴的过大轴向窜梭，避免转子的振动和平衡盘的研磨，必须在平衡盘的轴向间隙 δ' 变化不大的情况下，平衡力发生显著的变化，使平衡盘在短期内能迅速达到新的平衡状态。这就要求平衡盘有足够的灵敏度。

平衡盘可以全部平衡轴向力，并可避免泵的动、静部分的碰撞与磨损。但是泵在启、停时，由于平衡盘的平衡力不足，引起泵轴向吸入口方向窜动，平衡盘与平衡座间会产生摩擦，造成磨损。

（2）平衡鼓。平衡鼓是装在泵轴末级叶轮后的一个圆柱体，跟随泵轴一起旋转，如图 6-31 所示。平衡鼓外缘与泵体间形成径向间隙 δ，平衡鼓前的液体来自末级叶轮的出口。径向间隙前的液体压力为 p_3，间隙 δ 后的液体压力为 p_4。平衡鼓前后产生的压力差与作用面积乘积的积分值是泵轴上轴向力的平衡力。

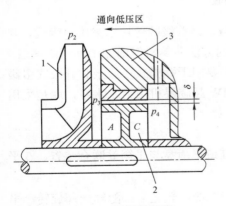

图 6-31　平衡鼓装置

1—叶轮；2—支承鼓；3—出水段

平衡鼓装置的优点是当工况变动时，泵启、停时平衡鼓与泵体不会发生磨损，所以平衡鼓的使用寿命长，工作安全。而且平衡鼓起着一种水轴承的作用，可增加泵轴的刚度。但是由于设计计算不能完全符合实际，同时泵运转时工况变化，轴向力亦会发生变化，因此平衡鼓工作时不能平衡掉全部的轴向力。另外平衡鼓不能限制泵轴的轴向窜动，所以使用平衡鼓时，必须同时装有双向的推力轴承。推力轴承一般承受整个轴向力的 5%～10%，平衡鼓承受整个轴向力的 90%～95%。

使用平衡鼓时，由于湿周大，所以泄漏量大。为减少平衡鼓的泄漏量，可在平衡鼓外圆周车出反向螺旋槽。

平衡鼓如果与平衡盘联合使用，能使平衡盘上所受的轴向力减少一部分，平衡盘的负载减小，工作情况会有所好转。大容量锅炉给水泵常采用此种装置。

第四节　离心式水泵在管路上的工作

水泵性能曲线上每一个点都对应一个工况，但是当水泵在管路系统中运行时，在哪一点上工作，不仅取决于水泵本身，还取决于与其连接的管路系统的阻力特性。因此，为确定水泵的实际工作点，必须研究管路特性。

一、排水管路特性

1. 管路特性方程

图 6-32 所示为一台水泵与一条管路相连接的排水管路系统。若以 H 表示水泵给水提供的压头，取吸水井面 1-1 为基准面，列 1-1 面和排水管出口截面 2-2 的伯努利方程，则

$$\frac{p_a'}{\gamma}+\frac{v_1^2}{2g}+H=(H_X+H_P)+\frac{p_a}{\gamma}+\frac{v_2^2}{2g}+h_w \qquad (6-12)$$

式中　p_a'，p_a ——分别为 1-1 和 2-2 截面上的大气压，矿井条件下，两者相差很小，可认为相等；

　　　　H_X，H_P ——分别为吸水高度和排水高度，两者之和为测地高度或实际扬程 H_{sy}，即 $H_{sy}=H_X+H_P$，m；

　　　　v_1 ——吸水井液面流速，由于吸水井与水仓相通且液面较大，故水流速度很小，可认为 $v_1=0$，m/s；

　　　　v_2 ——排水管出口处的水流速度，即排水管的流速 v_p，$v_2=v_p$，m/s；

　　　　h_w ——管路系统的水头损失，它等于吸水管水头损失 h_x 和排水管水头损失 h_p 之和，m。

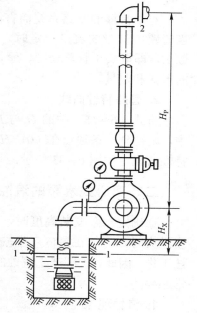

图 6-32　排水设备示意图

则
$$H=H_{sy}+\frac{v_p^2}{2g}+h_w \qquad (6-13)$$

由流体力学得

$$h_w = h_x + h_p = \left(\lambda_x \frac{l_x}{d_x} + \sum \xi_x\right)\frac{v_x^2}{2g} + \left(\lambda_p \frac{l_p}{d_p} + \sum \xi_p\right)\frac{v_p^2}{2g} \qquad (6-14)$$

式中　　　　v_x——吸水管路的流速，m/s；

λ_x，λ_p——吸、排水管路的沿程阻力系数；

$\sum\xi_x$，$\sum\xi_p$——吸、排水管路的局部阻力系数之和；

l_x，l_p——吸、排水管路的实际管路长度，m；

d_x，d_p——吸、排水管路的内径，m。

将式（6-14）代入式（6-13），整理后得

$$H = H_{sy} + RQ^2 \qquad (6-15)$$

式（6-15）称为排水管路特性方程式。该式表达了通过管路的流量与管路所消耗的压头之间的关系。式（6-15）中的 R 为管路阻力系数，其计算式为

$$R = \frac{8}{\pi^2 g}\left[\lambda_x \frac{l_x}{d_x^5} + \frac{\sum \xi_x}{d_x^4} + \lambda_p \frac{l_p}{d_p^5} + (1 + \sum \xi_p)\frac{1}{d_p^4}\right] \qquad (6-16)$$

对于具体的管路系统而言，其实际扬程 H_{sy} 是确定的，因而当管路中流过的流量一定时，所需要的压头取决于管路阻力系数 R，即取决于管路长度、管径、管内壁表面粗糙度及管路附件的形式和数量。

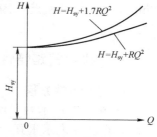

图 6-33　排水管路特性曲线

2. 管路特性曲线

将式（6-15）中的 Q 与 H 的对应关系绘制在 $Q-H$ 坐标图中，则得到一条顶点在（0，H_{sy}）处的二次抛物线，即排水管路特性曲线，如图 6-33 所示。

二、离心式水泵的汽蚀和吸水高度

在确定水泵安装高度时，水泵的汽蚀是影响水泵安装高度的重要因素。水泵的安装高度过大时，可能在泵内产生汽蚀。汽蚀出现后，轻者使流量和扬程下降，严重时将使泵无法工作。因此，了解产生汽蚀的机理以及如何防止汽蚀的发生对水泵的选型设计和使用是非常必要的。

1. 汽蚀现象

水泵在运转时，若由于某些原因而使泵内局部位置的压力降到低于水在相应温度的饱和蒸汽压时，水就会发生汽化，从水中析出大量汽泡。随着水的流动，低压区的这些汽泡被带到高压区时，会突然凝结。汽泡重新凝结后，体积突然收缩，便在高压区出现空穴。于是四周的高压水以很大的速度去填补这个空穴，此处会产生巨大的水力冲击。此时水的动能变为弹性变形能，由于液体变形很小，根据实验资料可知，冲击变形形成的压力可高达几百兆帕。在压力升高后，紧接着弹性变形能又转变成动能，此时压力降低，这样不断循环，直到把冲击能转变成热能等能量耗尽为止。当汽泡破裂凝结发生在金属表面时，就会使金属表面破坏。这种在金属表面产生的破坏现象称为汽蚀。

汽蚀时产生的冲击频率很高，每分钟可达几万次，并集中作用在微小的金属表面上，而

瞬时局部压力又可达几十兆帕到几百兆帕。叶轮或壳体的壁面受到多次如此大的压力后，会引起塑性变形和局部硬化并产生金属疲劳现象，使其刚性变脆，很快便会产生裂纹与剥落，直至金属表面成蜂窝状的孔洞。汽蚀的进一步作用可使裂纹相互贯穿，直到叶轮或泵壳蚀坏和断裂，这就是汽蚀的机械剥蚀作用。图 6-34 所示为离心式水泵叶轮被汽蚀破坏的情况。

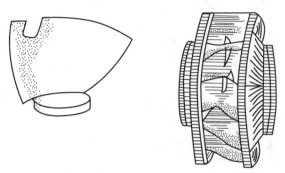

图 6-34　被汽蚀破坏的叶轮

　　液体产生的汽泡中，还夹杂有一些活泼气体（如氧气），借助汽泡凝结时所释放出的热量，对金属起化学腐蚀作用。

　　汽蚀发生时，周期性的压力升高和水流质点彼此间的撞击以及对泵壳、叶轮的打击，将使水泵产生强烈的噪声和振动现象，其振动可引起机组基础或机座的振动。当汽蚀振动的频率与水泵固有频率接近时，能引起共振，从而使其振幅大大增加。

　　在产生汽蚀的过程中，由于水流中含有大量汽泡，破坏了液体正常的流动规律，因而叶轮与液体之间能量交换的稳定性遭到破坏，能量损失增加，从而引起水泵的流量、扬程和效率迅速下降，甚至出现断流状态，如图 6-35 所示。

2. 吸水高度

　　吸水高度（水泵几何安装高度）是指泵轴线的水平面与吸水池水面标高之差，图 6-36 所示为最常见的离心泵吸水管路简图。列出吸水池水面 0-0 与水泵入口截面 1-1 的伯努利方程为

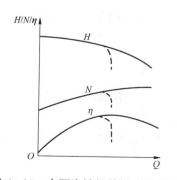

图 6-35　水泵汽蚀的特性曲线的变化

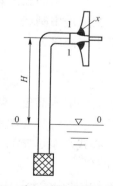

图 6-36　离心泵吸水管路简图

$$\frac{p_a}{\gamma} = H_x + \frac{p_1}{\gamma} + \frac{v_1^2}{2g} + h_x \qquad (6-17)$$

式中　　H_x——水泵吸水高度或几何安装高度，m；

　　　　p_1——水泵入口处的绝对压力，Pa；

　　　　v_1——水泵入口处的断面平均流速，m/s；

　　　　h_x——吸水管路的水头损失，m。

整理后，上式可写成

$$H_x = \frac{p_a}{\gamma} - \frac{p_1}{\gamma} - \frac{v_1^2}{2g} - h_x \qquad (6-18)$$

或

$$\frac{p_a}{\gamma} - \frac{p_1}{\gamma} = H_x + \frac{v_1^2}{2g} + h_x \qquad (6-19)$$

令 $\frac{p_a}{\gamma} - \frac{p_1}{\gamma} = H_s'$，$H_s'$ 为水泵吸入口处的吸上真空度，则

$$H_s' = H_x + \frac{v_1^2}{2g} + h_x \qquad (6-20)$$

3. 水泵允许吸上真空度

由式（6-20）可知，水泵是靠吸入口产生的真空吸水的。真空度一部分用于维持水流动时所需的速度水头，一部分用于克服吸水管路中的流动损失，还有一部分要用于提高水位。三者之和越大，所需的真空度就越大。但此真空度不能过大，否则当真空度大到使吸入口绝对压力等于水的相应温度下的汽化压力 p_n 时，水泵会产生汽蚀，此时的吸上真空度称为最大吸上真空度，用 $H_{s\,max}'$ 表示，即

$$H_{s\,max}' = \frac{p_a - p_n}{\gamma} \qquad (6-21)$$

为使水泵运转时不产生汽蚀，规定水泵允许的吸上真空度，即一般在最大吸上真空度的基础上保留 0.3 m 的安全裕量，则

$$H_s = H_{s\,max} - 0.3 \qquad (6-22)$$

式中　　H_s——允许吸上真空度，m。

水泵实际运行时产生的吸上真空度不能超过允许吸上真空度。

最大吸上真空度是由制造厂试验得到的，它是发生汽蚀断裂工况的吸上真空度。

水泵的允许吸水高度为

$$[H_x] = H_s - \frac{v_1^2}{2g} - h_x \qquad (6-23)$$

为了提高水泵的吸水高度，吸入管路的液体的流速不能太高，吸入管路的阻力损失不能太大，所以要尽可能地选择必要的、阻力比较小的局部件。

为了保证离心式水泵运转的可靠性，水泵的几何安装高度应该以运行时可能出现的最大工况流量进行计算。

通常水泵样本中给出的允许吸上真空度是在大气压力为 $p_a = 10 \text{ mH}_2\text{O}$（$1 \text{ mH}_2\text{O} = 9\,810 \text{ Pa}$）、液体温度为 $t = 20 \text{ ℃}$、水泵处于额定转速运行条件下测得的。当水泵的使用条件与规定条件

不符时，应对样本上提供的允许吸上真空度值进行修整。其换算公式为

$$[H_s] = H_s - \left(10 - \frac{p_a}{\gamma}\right) - \left(\frac{p_n}{\gamma} - 0.24\right) \tag{6-24}$$

4. 汽蚀余量

水泵在运行时，可能因更换了一个吸入装置而导致水泵产生汽蚀，也可能因更换了一台水泵而导致发生汽蚀。由此可见，水泵的汽蚀既与吸入装置系统有关，也与水泵本身的吸入性能有关。

近年来，生产厂家引入了另一个表示水泵汽蚀性能的参数，称为汽蚀余量，以符号 NPSH 或 Δh 表示。汽蚀余量分为装置汽蚀余量（或有效汽蚀余量）和临界汽蚀余量（或必需汽蚀余量）。

1）装置汽蚀余量

装置汽蚀余量是指在水泵吸入口处，单位重量液体所具有的超过饱和蒸汽压力的富余能量，以符号 Δh_a 表示。根据装置汽蚀余量的定义，其表达式为

$$\Delta h_a = \frac{p_1}{\gamma} + \frac{v_1^2}{2g} - \frac{p_n}{\gamma} \tag{6-25}$$

或

$$\Delta h_a = \frac{p_a}{\gamma} - \frac{p_n}{\gamma} - H_x - h_x \tag{6-26}$$

由式（6-25）和式（6-26）可知，装置汽蚀余量是由吸入液面上的大气压力、液体的温度、水泵的几何安装高度和吸入管路的阻力损失的大小所决定的，与水泵本身性能无关。在给定吸入装置系统与吸入条件下，装置汽蚀余量就可以确定。

在吸入液面上的大气压力、液体的温度和水泵的几何安装高度不变时，装置汽蚀余量随流量的增加而下降。不同海拔高度的大气压力值及不同水温的饱和蒸汽压力值分别见表 6-2 和表 6-3。

表 6-2　不同海拔高度的大气压力值

海拔高度/m	-600	0	100	200	300	400	500	600	700	800	900	1 000	1 500	2 000
大气压力/mH₂O	11.3	10.3	10.2	10.1	10.0	9.8	9.7	9.6	9.5	9.4	9.3	9.2	8.6	8.1

表 6-3　不同水温的饱和蒸汽压力值

水温/℃	0	5	10	15	20	30	40	50	60	70	80	90	100
饱和蒸汽压力值/mH₂O	0.06	0.09	0.12	0.17	0.24	0.43	0.75	1.25	2.02	3.17	4.82	7.14	10.33
注：1 mH₂O = 9 810 Pa													

装置汽蚀余量越大，出现汽蚀的可能性就会越小，但不能保证水泵一定不出现汽蚀。

有效汽蚀余量的大或小，并不能说明水泵是否产生气泡或发生汽蚀。因为有效汽蚀余量仅指液体在水泵吸入口处所具有的超过饱和蒸汽压力的富裕能量，但水泵吸入口处的液体压力并不是水泵内压力最低处的液体压力。液体从水泵吸入口流至叶轮进口的过程中，能量没有增加，但它的压力却还要继续降低。

2）临界汽蚀余量

单位重量液体从水泵吸入口到叶轮叶片进口压力最低处的压力降，称为临界汽蚀余量，亦称泵的汽蚀余量，以符号 Δh_r 表示。也就是说，临界汽蚀余量是水泵发生汽蚀的临界条件，它是水泵本身的汽蚀性能参数，与吸入装置无关。

根据伯努利方程可推导得到临界汽蚀余量的公式，即汽蚀基本方程式

$$\Delta h_r = \mu \frac{c_1^2}{2g} + \lambda \frac{w_1^2}{2g} \qquad (6-27)$$

式中　c_1 ——叶片进口前的液体质点的绝对速度，m/s；

　　　μ ——水力损失引起的压降系数，一般取 $\mu = 1.0 \sim 1.2$；

　　　w_1 ——叶片进口前液体质点的相对速度，m/s；

　　　λ ——液体绕流叶片端部引起的压降系数，在无液体冲击损失的额定工况点下，$\lambda = 0.3 \sim 0.4$。但在非额定工况点下，λ 是随工况点变化而变化的，目前很难求得，所以 Δh_r 只能用试验的方法确定。

分析装置汽蚀余量与临界汽蚀余量可知，Δh_a 与 Δh_r 虽然有着本质的区别，但是它们之间存在着不可分割的紧密联系。装置汽蚀余量在泵吸入口处提供大于饱和蒸汽压力的富裕能量，而临界汽蚀余量是液体从水泵吸入口流至叶轮压力最低点所需的压力降，此压力降只能由装置汽蚀余量来提供。欲使水泵不产生汽蚀，就要使装置汽蚀余量大于临界汽蚀余量，即 $\Delta h_a > \Delta h_r$。

为了保证水泵不产生汽蚀而正常工作，按 JB 1040—67 的规定，把比临界汽蚀余量高 0.3 m 的装置汽蚀余量定义为允许汽蚀余量，即

$$[\Delta h] = \Delta h_r + 0.3 \qquad (6-28)$$

实际装置汽蚀余量应大于或等于允许汽蚀余量，即

$$\Delta h_a \geqslant [\Delta h] \qquad (6-29)$$

允许汽蚀余量与允许吸上真空度及允许吸水高度的关系：

允许吸上真空度为

$$H_s = \frac{p_a}{\gamma} + \frac{v_1^2}{2g} - \frac{p_n}{\gamma} - [\Delta h] \qquad (6-30)$$

允许吸水高度为

$$H_x = \frac{p_a}{\gamma} - \frac{p_n}{\gamma} - [\Delta h] - h_{wx} \qquad (6-31)$$

三、离心式水泵工况分析及调节

1. 水泵工况点

当一台水泵与某一管道系统连接并工作时，把水泵的扬程曲线和管道特性曲线，按相同比例画在同一坐标纸上，如图 6-37 所示。水泵的扬程特性曲线与管路特性曲线有一交点 M，这就是水泵的工作状况点，简称工况点。假设水泵在 M' 点所示的情况下工作，则水泵产生的压头大于管路所需的压头 H_M，这样多余的能量就会使管道内的液体加速，从而使流量增

加，直到流量增加到 Q_M 为止。另一方面，假设水泵在 M'' 点所示的情况下工作，则水泵产生的压头小于经管路把水提高到 $H_{M'}$ 所需的压头，这时由于能量不足，管内流速减小，流量随之减少，直到减至 Q_M 为止，所以水泵必定在 M 点工作。总而言之，只有在 M 点才能使压头与流量相匹配，即 $H_\text{泵} = H_\text{管}$，$Q_\text{泵} = Q_\text{管}$。与 M 点对应的 Q_M、H_M、N_M、η_M、H_{sM} 称为该泵在确定管道中工作时的特性参数值，亦称为工况参数。

2. 水泵正常工作条件

1）稳定性工作条件

泵在管路上稳定工作时，不管外界情况如何变化，泵的扬程特性曲线与管路特性曲线有且只有一个交点，反之是不稳定的。下面讨论稳定工作条件。

水泵运转时，对于确定的排水系统，管路特性曲线基本上是不变的。

对于确定的泵，泵的参数是不变的，泵的特性曲线只随转速而变化。转速与供电电压有关，供电电压在一定范围内是经常变化的，因此有可能出现以下两种极端情况，如图 6-38 所示。

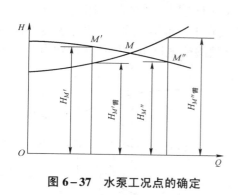

图 6-37　水泵工况点的确定　　　　图 6-38　泵不稳定工作情况

（1）同时出现两个工况点。由于供电电压下降，转速由 n 变化为 n' 时，工况点有 2、3 两个。这样水泵工作时，扬程上、下波动，水量忽大忽小，呈现不稳定的状况。

（2）无工况点。当转速进一步下降到 n'' 时，扬程曲线与管路特性曲线无相交点，即无工况点，水泵无水排出。

上述两种情况均为不稳定工作状况，由图 6-38 可发现，发生上述两种情况的原因是泵在零流量时的扬程小于管路测地高度。因此，为保证水泵的稳定工作，泵的零流量扬程应大于管路的测地高度。考虑到供电电压波动是不可避免的，一般下降幅度在 2%～3% 范围内，则反映到泵的扬程上为下降 5%～10%，因而稳定性工作条件为

$$H_{sy} \geqslant (0.9 \sim 0.95)H_0 \tag{6-32}$$

2）经济性工作条件

为了提高经济效益，必须使水泵在高效区工作，通常规定运行工况点的效率不得低于最高效率的 85%～90%，即

$$\eta_M \geqslant (0.85 \sim 0.90)\eta_{\max} \tag{6-33}$$

根据式（6-33）划定的区域称为工业利用区，如图 6-39 所示的阴影区域。

3）不发生汽蚀的条件

由水泵的汽蚀条件分析可知，为保证水泵正常运行，实际装置的汽蚀余量应大于泵的允许汽蚀余量。

总之，要保证水泵的正常和合理工作，必须满足：稳定工作条件；工况点位于工业利用区；实际装置的汽蚀余量大于泵的允许汽蚀余量。

3. 水泵工况点调节

水泵在确定的管路系统工作时，一般不需要调节，但若选择不当，或运行时条件发生变化，则需要对其工况点进行调节。由于工况点是由水泵的扬程特性曲线与管路特性曲线的交点决定的，所以若要改变工况点，则可采用改变管路特性或改变泵的扬程特性的方法来达到。

1）节流调节

当把排水闸阀关小时，由于在管路中附加了一个局部阻力，则管路特性曲线变陡（图6-40），于是泵的工况点就沿着扬程曲线朝流量减小的方向移动。闸阀关得越小，附加阻力越大，流量就变得越小。这种通过关小闸阀来改变水泵工况点位置的方法，称为节流调节。把闸阀关小时，水泵需要额外增加一部分能量用于克服闸阀的附加阻力。所以，节流调节是不经济的，但是由于此方法简单易行，在生产实践中，可用在临时性及小幅度的调节中，特别是全开闸阀使电机过负荷时，可采用少量关小闸阀使电机电流保持在额定电流之下。

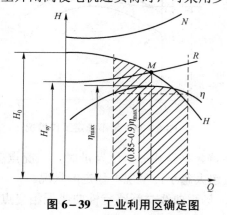

图6-39　工业利用区确定图

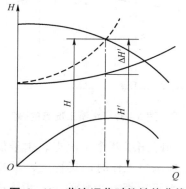

图6-40　节流调节时的性能曲线

2）减少叶轮数目

多级泵由多个叶轮串联而成，其扬程可依据水泵串联工作的理论确定。因此，多级泵的扬程是单级叶轮的扬程乘以叶轮个数，即

$$H = iH_i \tag{6-34}$$

式中　H——多级泵的扬程，m；

　　　H_i——单级叶轮的扬程，m；

　　　i——叶轮个数。

当泵的扬程高出实际需要的扬程较多时，可采用减少叶轮数的方法调节泵的扬程，使其进入工业利用区进行有效的工作。此法在凿立井时期排水时采用较多。凿立井时，随井筒的延伸所需的扬程随之发生变化，而吊泵的扬程是一个有级系列，为适应使用需要，往往采用拆除叶轮的办法来解决。

拆除叶轮时只能拆除最后或中间一级，而不能拆除吸水侧的第一级叶轮。因为第一级叶轮拆除后会增加吸水侧的阻力损失，将使水泵提前发生汽蚀。

拆除叶轮时，泵壳及轴均可保持原状不动，但需要在轴上加一个与拆除叶轮轴向尺寸相同的轴套，以保持整个转子的位置固定不动。另外也可采用换轴和拉紧螺栓的方法。两种方法各有优缺点，前者调整方便，操作简单，工作量小，但对效率有一定的影响；后者调整工作量较大，但对效率影响较小。

3）削短叶轮直径

削短直径后的叶轮与原叶轮在几何形状上并不相似，但当切割量不大时，可看成近似相似，仍遵循相似定律。

在保持转速不变的情况下，由相似定律可导出切割定律。

（1）低比转速叶轮。由于叶轮流道形状窄而长，在切割量不大时，出口宽度基本不变，即 $b_2 = b_2'$。故当转速不变，叶轮外径由 D_2 切割为 D_2' 时，其流量、扬程和功率的变化关系为

$$\frac{Q}{Q'} = \frac{\pi D_2 b_2 C_{2r}}{\pi D_2' b_2' C_{2r}'} = \frac{D_2}{D_2'} \frac{D_2 n}{D_2' n} = \left(\frac{D_2}{D_2'}\right)^2 \qquad (6-35)$$

$$\frac{H}{H'} = \frac{\frac{1}{g} u_2 C_{2u}}{\frac{1}{g} u_2' C_{2u}'} = \left(\frac{D_2 n}{D_2' n}\right)^2 = \left(\frac{D_2}{D_2'}\right)^2 \qquad (6-36)$$

（2）中、高比转数叶轮。由于流道形状短而宽，当叶片外径发生变化时，出口宽度变化较大，一般认为叶片出口宽度与外径成反比，即 $\frac{b_2}{b_2'} = \frac{D_2}{D_2'}$。故当转速不变，叶轮外径由 D_2 切割为 D_2' 时，其流量、扬程和功率的变化关系为

$$\frac{Q}{Q'} = \frac{\pi D_2 b_2 C_{2r}}{\pi D_2' b_2' C_{2r}'} = \frac{D_2 n}{D_2' n} = \frac{D_2}{D_2'} \qquad (6-37)$$

$$\frac{H}{H'} = \frac{\frac{1}{g} u_2 C_{2u}}{\frac{1}{g} u_2' C_{2u}'} = \left(\frac{D_2 n}{D_2' n}\right)^2 = \left(\frac{D_2}{D_2'}\right)^2 \qquad (6-38)$$

由切割定律知，削短叶轮直径后，水泵的扬程、流量和功率将减小，从而使特性曲线改变，则工况点也发生相应的变化。在单级泵中使用这种方法可以扩大水泵的应用范围。

这里应当指出，按切割定律得切割后的性能曲线只适合叶轮车削量 $\frac{D_2 + D_2'}{D_2} \leqslant 5\%$，否则需要通过试验来确定。同时叶轮车削量不能超出某一范围，不然原来的构造被破坏，水力效率会严重降低。叶轮车削后，轴承与填料内的损失不变，有效功率则由于叶轮直径变小而减小，因此机构效率也会降低。现综合国内资料把许可的切割范围和效率下降值列入表 6-4 中。

表 6-4　离心式叶轮的叶片最大切割量与效率的关系

比转数	60	120	200	300	350
最大切削量 $\dfrac{D_2 + D_2'}{D_2}$	20%	15%	11%	9%	7%
效率下降量	每切割10%下降1%			每切割4%下降1%	

不同的叶轮应当采用下列不同的车削方式，如图 6-41 所示。

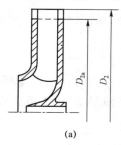 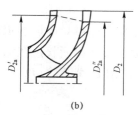 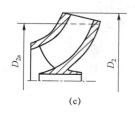

　　(a)　　　　　　　　　(b)　　　　　　　　　(c)

图 6-41　叶轮的车削方式

(a) 低比转数叶轮的车削；(b) 中比转数叶轮的车削；(c) 高比转数叶轮的车削

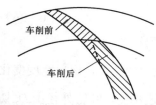

图 6-42　车削前后的叶片末端

① 低比转数离心泵叶轮的车削量，在两个圆盘和叶片上都是相等的（如果有导水器或在叶轮出口有泄漏环，则只车削叶片，不车削圆盘）。

② 高比转数离心泵，叶轮两边车削成两个不同的直径，前盘的直径 D_2' 大于后盘的直径 D_2''，而 $\dfrac{D_2' + D_2''}{2} = D_2$。

低比转数离心泵叶轮车削以后，如果按图 6-42 中的虚线把叶片末端锉尖，可使水泵的流量和效率略微增大。

四、离心式水泵的联合工作

当单台水泵在管路上工作的流量或扬程不能满足排水需要时，可以采用两台或多台水泵联合工作的方法解决。联合工作的方法有串联和并联两种。

1. 串联工作

两台或两台以上水泵顺次连接，前一台水泵向后一台水泵进水管供水，称为水泵的串联工作；前一台水泵的出口与后一台水泵的进口直接连接，称为直接串联工作；若前一台水泵的出水口与后一台水泵的进水口中间有一段管子连接，则称为间接串联。

图 6-43 所示为两台水泵直接串联工作的系统简图。两台水泵串联工作时，水泵 I 由吸水管吸水，经水泵 I 增压后，进入水泵 II 再次增压一次，然后将水排入管道。不难看出，在串联系统中，各水泵及管道中的扬程和流量存在对应关系。

1）流量

水泵 I 和水泵 II 通过的流量相等，并且等于管道中的流量，即

$$Q = Q_{I} = Q_{II}$$

　　　　　　　　　　　　　　　　　　　　　　　（6-39）

式中　Q，Q_{I}，Q_{II}——分别为管道、水泵 I 和水泵 II 的流量。

2）扬程

串联产生的等效扬程为水泵Ⅰ和水泵Ⅱ的扬程之和，即

$$H = H_{Ⅰ} + H_{Ⅱ}　　　　　　　　　　　　　（6-40）$$

式中　$H_{Ⅰ}$，$H_{Ⅱ}$——分别为水泵Ⅰ和水泵Ⅱ的扬程。

由于水泵串联工作后，可以增加扬程，所以水泵串联常用于单台泵扬程不能满足需要的场合。

串联后的等效扬程曲线和工况点可用图解法求得。以两台水泵串联为例，先将串联的水泵Ⅰ和水泵Ⅱ的扬程特性曲线画在同一坐标图上，如图6-43所示，然后在图上作一系列的等流量线Q_a、Q_b、Q_c等，等流量线Q_a、扬程曲线Ⅰ及扬程曲线Ⅱ分别相交于$H_{aⅠ}$和$H_{aⅡ}$，$H_{aⅠ}$、$H_{aⅡ}$分别代表水泵Ⅰ、Ⅱ在此流量下的扬程。根据串联的特点，将$H_{aⅠ}$和$H_{aⅡ}$相加，得在此流量下的串联等效扬程H_a。同理可求得（Q_b、H_b）、（Q_c、H_c）…，将求得的各点连成光滑曲线，即为串联后的等效泵的扬程特性曲线，如图中Ⅰ＋Ⅱ曲线。

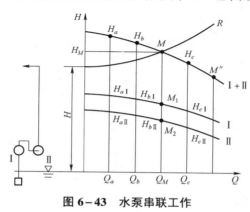

图6-43　水泵串联工作

将管道特性曲线R用同一比例画在图6-43上，它与Ⅰ＋Ⅱ曲线的交点M即为串联后的等效工作点。

由于串联后，管路流量等于单台泵的流量，由等效工况点M引等流量线与扬程特性曲线Ⅰ和Ⅱ分别交于M_1和M_2。M_1、M_2分别为水泵Ⅰ和Ⅱ串联后的工况点。

串联工作应注意以下问题。

（1）对于泵间隔串联的情况，其等效扬程特性曲线和工况点求法相同，但当前一台水泵的扬程排至后一台时，应还有剩余扬程，否则不能进行正常工作。

（2）一般选用型号相同或特性曲线相近的水泵进行串联工作。否则因为串联时两泵流量相同，流量较大的水泵必然在低流量下工作，不能发挥其效能，因而很不经济。

（3）串联工作时，若有一台泵发生故障，整个系统就会停止工作。

2. 并联工作

两台或两台以上的泵同时向一条管路供水时称为并联工作。

图6-44所示为两台水泵并联工作的系统简图。水泵Ⅰ、Ⅱ分别由水池吸水，然后分别在泵内加压后，一同输入连接点。由图6-44可见，并联等效流量等于水泵Ⅰ、Ⅱ的流量之和，扬程则相等，即

$$Q = Q_{\text{I}} + Q_{\text{II}} \qquad\qquad (6-41)$$

$$H = H_{\text{I}} = H_{\text{II}} \qquad\qquad (6-42)$$

由于水泵并联后可以增加流量，所以并联一般用于一台水泵的流量不能满足要求或流量变化较大的场合。

并联等效扬程曲线和工况点可用图解法求得。

以两台水泵并联为例。先将并联的水泵 I 和 II 的扬程特性曲线画在同一坐标图上，如图 6-44 所示。然后在图上作一系列等扬程线 H_a、H_b、H_c…，等扬程线 H_a 和扬程曲线 I 和 II 分别交于 $H_{a\text{I}}$ 和 $H_{a\text{II}}$，对应的流量为 $Q_{a\text{I}}$、$Q_{a\text{II}}$。$Q_{a\text{I}}$、$Q_{a\text{II}}$ 分别为水泵 I、II 在此扬程下的流量。根据并联的特点，总流量应等于 $Q_{a\text{I}}$ 和 $Q_{a\text{II}}$ 相加。同理可求得（Q_b、H_b）、（Q_c、H_c）…，将求得的各点连成光滑曲线，即得并联后的等效扬程特性曲线，如图中 I + II 曲线。

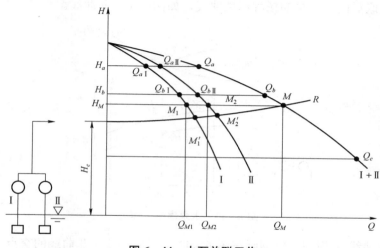

图 6-44　水泵并联工作

将管道特性曲线 R 用同一比例画在图 6-44 上，它与 I + II 曲线的交点 M 即为并联后的等效工况点。

由于并联后，等效扬程和每台泵的扬程相等，因此从 M 点引等扬程线与水泵 I、II 的扬程曲线分别交于 M_1、M_2，M_1、M_2 即为水泵 I 和 II 的工况点，如图 6-44 所示，其流量分别为 Q_{M1}、Q_{M2}。

从图 6-44 可以看出，当水泵 I（或 II）单独在同管道工作时，其工况点为 M_1'（或 M_2'），此时的流量为 Q_{M1}'（或 Q_{M2}'）。显然，Q_{M1}'（或 Q_{M2}'）$< Q_M'$，$Q_{M1}' > Q_{M1}$，$Q_{M2}' > Q_{M2}$，H_{M1}'（或 H_{M2}'）$< H_M$。这是由于两泵并联后，通过管路的总流量增加，管路阻力增大，因而每台泵的流量有所下降。

由图 6-44 可以看出，管道阻力越小，管道特性曲线越平缓，并联效益越高。所以管道特性曲线较陡时，不宜采用水泵并联工作。最后还应指出，两台或多台水泵并联时，各水泵应有相同或相近的特性，特别是泵的扬程范围应大致相同，否则扬程较高的水泵不能充分发挥其效能。因为并联时各泵扬程总是相等的，如果低扬程泵扬程合适，则高扬程泵必然会因扬程太低而流量过大，使工况点落在工作利用区之外。

第五节　离心式水泵的操作

一、离心式水泵的启动

启动前，除对水泵进行全面检查外（如各部件连接是否牢固、泵轴转动是否灵活、吸水滤网无堵塞、盘车时转轴是否灵活、有无卡住现象等），首先要向泵腔和吸水管灌注引水，并排出泵腔内的空气；然后在关闭排水管上的闸阀的情况下启动电动机。当水泵的转速达到额定转速时，逐渐打开闸阀，并固定在适当的开启位置，使水泵正常运转。

1. 水泵启动前向泵内灌注引水

因为若在泵腔内无水的情况下启动，由于泵腔内空气的密度远比水小，即使水泵转速达到额定值时，如若水泵进水口处不能产生足够的吸上真空度，也无法将水从水池吸入泵内。当水仓水位高于水泵时，水泵经常处于注满水的状态，无须其他注水装置，否则必须进行注水。常用的注水方法有下列几种。

（1）从泵上灌水漏斗处人工向泵内灌水。一般用于水泵初次启动。

（2）用排水管上的旁通管把排水管中的存水引回到水泵腔。一般用于水泵再次启动。

采用上述两种方法时，吸水管底部必须设置防止引水漏掉的底阀。而设置的底阀增加了管路的阻力，增加了能量消耗，且底阀会出现堵塞而无法吸水的故障。

（3）用射流泵注水。如图6-45所示，射流泵利用水泵排水管中的存水作为工作液体或用压缩空气作为射流泵的工作流体，其入口和泵腔最高处连接，出口接到吸水井。射流泵工作时可将水泵和吸水管中的空气抽出，使泵内形成一定真空度，吸水井中的水在大气压力的作用下，可自动流入泵腔和吸水管中。因射流泵结构简单，体积很小，故在排水管中存有压力水或有压缩空气的场所得到了广泛的应用。

（4）利用真空泵注水。用真空泵注水的系统，如图6-46所示，它常用于大型水泵的注水。其抽气速率比射流泵快，可在短时间内使泵灌满水。水环式真空泵是最常用的一种，真空泵转动后，把泵腔内及吸水管中的空气抽出，形成一定真空，泵腔与吸水面形成压差，水就进入泵腔。由于真空泵不受压力水源限制，所以应用相当广泛。

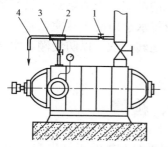

图6-45　用射流泵注水示意图
1，3—阀门；2—射流泵；4—放水管

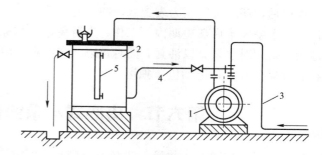

图6-46　用真空泵注水的系统
1—真空泵；2—水气分离箱；3—来自泵的抽气管；
4—循环水管；5—水位指示玻璃管

采用后两种方式，可实现无底阀排水，这样可以减小吸水管路的阻力损失，对于水泵节能和防止汽蚀都是有利的，如条件允许应尽量采用。

2. 关闭排水管路上闸阀启动

由于闸阀关闭时泵的流量为零，从泵的功率特性曲线可以看出，零流量时泵所需功率最小，电动机的启动电流也最小。所以关闭闸阀启动，可减小启动电流，减轻对电网的冲击。

在启动时，一旦电动机转速达到正常，应迅速地逐渐打开闸阀，而不应在闸阀关闭状态长时间（一般不超过 3 min）空转，因为这样容易引起泵内的水过热。打开闸阀的过程应注意观察压力表、真空表和电流表的读数是否正常。在开启过程中压力表读数随着闸阀开度的增加而减小，相反真空表读数是增大的，电流表读数也逐渐上升，最后都稳定在相应的位置上。

二、运行中的注意事项

运行中应注意以下事项。

（1）经常注意电压、电流的变化。当电流超过额定电流，电压超过额定电压的±5% 时，应停止水泵，检查原因，并进行处理。

（2）检查各部轴承温度是否超限（滑动轴承不得超过 65 ℃，滚动轴承不得超过 75 ℃）。检查电动机温度是否超过铭牌规定值；检查轴承润滑情况是否良好（油量是否合适，油环转动是否灵活）。

（3）检查各部螺栓及防松装置是否完整齐全，有无松动。

（4）注意各部音响及振动情况，有无由于汽蚀而产生的噪声。

（5）检查填料密封情况及填料箱温度和平衡装置回水管的水量是否正常。

（6）经常注意观察压力表、真空表和吸水井水位的变化情况，检查底阀或滤水器插入水面深度是否符合要求（一般以插入水面 0.5 m 以下为宜）。

（7）按时填写运行记录。

三、离心式水泵的停泵

停泵时，首先关闭排水管上的闸阀，然后关闭真空表的旋塞，再按停电按钮，停止电动机。若不如此，则会因逆止阀的突然关闭而使水流速度发生突变，产生水击。严重时会击毁管路，甚至击毁水泵。

停机后，还应关闭压力表旋塞，并及时清除在工作中发现的缺陷，查明疑点，做好清洁工作。如水泵停车后在短期内不工作，为避免锈蚀和冻裂，应将水泵内的水放空，若水泵长期停用，则应对水泵施以油封。同时每隔一定时期，电动机空运转一次，以防受潮。空转前应将联轴器分开，让电动机单独运转。

第六节　离心式水泵的检测、检修

排水设备工作时发生故障，势必影响排水工作的进行，严重时会影响正常生产。因此，必须掌握诊断故障的基本方法，以求准确、迅速地排除故障。

排水设备的故障可分为两类：一类是泵本身的机械故障，一类是排水系统的故障。因为水泵不能脱离排水系统而孤立工作，当排水系统发生故障时，虽不是水泵本身的故障，但能在水泵上反映出来，下面对各方面的故障加以综合分析。

1. 泵内存有空气

当泵内存有空气时，真空表和压力表读数都比正常值小，常常不稳定，甚至降到零。因为泵内存在空气时，压头会显著降低，流量也会急剧下降。

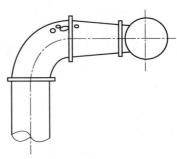

泵内存有空气是由吸水系统不严密引起的。容易发生漏气的部位及原因有吸水管系统连接处不严、填料箱密封不严、真空表接头松动、吸水管插入水中的部分过浅等。

此外，当吸水管与水泵安装位置不合适时，如图6－47所示，由于吸水管最高处不能完全充满水，有空气憋在里面，故水泵也不能正常工作。

图6－47　吸水管的错误安装

应特别注意，离心式水泵转速降低或反转，也有类似征兆，两表读数偏小，但比较稳定。

2. 吸水管堵塞

当吸水管堵塞时，真空表读数比正常值大；压力表读数比正常值小。因为吸水管堵塞，吸水管阻力增加，也就加大了吸上真空度，所以真空表读数比正常值大。同时，由于流量减小，排出阻力便减小，因此压力表读数比正常值小。

吸水管堵塞容易发生的部位及原因有吸水管插入太深，由于吸水井淤泥太多，没有及时清理，底闸与泥接触；滤网太脏；底阀未能全打开等。

3. 排水管堵塞

当排水管堵塞时，压力表读数比正常值大，真空表读数比正常小。因为排水管堵塞，使排水管阻力增大，因而压力表读数上升；又因排水管阻力增大，使流量减小，故真空度下降。

排水管堵塞发生的部位及原因有排水阀门未打开或开错阀门。

4. 水泵叶轮堵塞

当水泵叶轮堵塞时，压力表和真空表读数均比正常读数小。因为叶轮堵塞后，会使扬程曲线明显收缩，则工况点向流量减小的方向移动，扬程减小，故压力表和真空表的读数均比正常读数小。

图6－48所示为叶轮堵塞对性能的影响。其中g为管路特性曲线；水泵正常工作时，原扬程曲线为Ⅰ，其工况交点为1；当叶轮中三条叶道入口部分堵塞时，扬程曲线为Ⅱ，工况点变为2；当叶轮中的三条叶道全部堵塞时，扬程曲线为Ⅲ，工况点变为3。

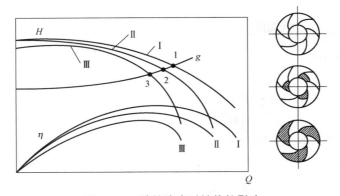

图6－48　叶轮堵塞对性能的影响

5. 排水管破裂

当排水管破裂时，一般是压力表读数下降，真空表读数突然上升。这是因为排水管破裂后，排水管阻力减小，使流量增大，从而造成真空度上升。

从两表读数来看，同吸水管堵塞时真空度增大，压力表下降一样，但是排水管破裂往往是突然发生的，因此，两表读数变化比吸水管堵塞时要快一些。另外，流量增大会引起负荷增加，与吸水管堵塞引起负荷降低的情况可从声响、电流表读数的变化中加以区别。在这种情况下，应立即停泵，查明原因。

排水管路破裂的原因，主要是管路焊接质量不高、钢管锈蚀严重、操作中突然开闭闸阀而引起水击等。只要严格执行操作规程，认真检查管路的锈蚀情况并定期试压，就能避免事故的发生。

6. 泵产生汽蚀

一般来讲，泵产生汽蚀时，真空表和压力表读数常常不稳定，比正常值小，有时甚至降到零。但由于引起泵产生汽蚀的直接原因不同，所以两表的变化规律也不完全相同。

（1）若吸水管严重堵塞，使真空表读数增大，但真空度过大，超过泵的允许吸上真空度，则会引起汽蚀，这时真空度降低，甚至降到零。

（2）若泵的允许吸上真空度本来就低（或泵安装位置过高），刚打开排水闸阀就可能产生汽蚀，这时真空度不一定是先增加后降低，往往是一开始就低下来，甚至为零。

（3）若排水管破裂发生在泵站的附近，使真空表读数增加太多，超过了泵的允许吸上真空度而产生汽蚀，这时真空表读数的变化情况是突然升高，然后又下降。

防止和消除汽蚀的方法有以下几种。

（1）从泵的设计上看，应尽量减小允许汽蚀余量 $[\Delta h]$，从而使 H_s 值增大。

（2）从吸水装置的设计上看，一是尽量减小吸水管路水头损失，即减少吸水管长度、减少吸水管附件（如底阀）、增大吸水管径；二是降低实际几何安装高度。

（3）从操作使用上看，减少吸水管路损失，具体方法是关小水泵排水闸阀，使系统的流量减小，吸水管的水头损失随之减小。

第七节　排水设备的选型设计

一、设计的原始资料和任务

1. 设计的原始资料

（1）矿井开拓方式。

（2）同时开采水平数、各水平正常和最大涌水量及时间。

（3）井口标高和各开采水平的标高。

（4）矿水的密度、泥砂含量及化学性能（pH）。

（5）沼气等级、供电电压。

（6）井筒及井底车场布置图。

（7）矿井生产量和服务年限。

2. 设计任务

（1）确定排水系统。

（2）选择排水设备。

（3）给出指标经济核算。

（4）绘制水泵房布置图。

（5）绘制斜子管道布置图。

（6）绘制管路系统图。

二、选型设计的步骤和方法

选型设计要根据《煤矿安全规程》和《煤炭工业矿井设计规范》，在保证及时排除矿井涌水的前提下，使排水总费用最小，选择最优方案。

（一）排水系统的确定

在煤矿生产中，单水平开采通常采用集中排水；两个水平同时开采时，应根据矿井的具体情况进行具体分析，综合基建投资、施工、操作和维修管理等因素，经过技术和经济比较后，确定最合理的排水系统。

（二）水泵的选型

根据《煤矿安全规程》的要求，必须有工作、备用和检修水泵，其中工作水泵应能在 20 h 内排出矿井 24 h 的正常涌水量（包括充填水及其他用水）。备用水泵的排水能力应不小于工作水泵排水能力的 70%。工作和备用水泵的总排水能力，应能在 20 h 内排出矿井 24 h 的最大涌水量。检修水泵的排水能力应不小于工作水泵排水能力的 25%。水文地质条件复杂或有突水危险的矿井，可根据具体情况，在主泵房内预留一定数量水泵的安装位置，或另外增加排水能力。

1. 水泵必须排水能力计算

根据《煤矿安全规程》的要求，在正常涌水期，工作水泵必需的排水能力为

$$Q_B \geqslant 24/20 q_z = 1.2 q_z \qquad (6-43)$$

在最大涌水期，工作和备用水泵必需的排水能力为

$$Q_{B\max} = 24/20 q_{\max} = 1.2 q_{\max} \qquad (6-44)$$

式中　Q_B ——工作水泵具备的总排水能力，m^3/h；

　　$Q_{B\max}$ ——工作和备用水泵具备的总排水能力，m^3/h；

　　q_z ——矿井正常涌水量，m^3/h；

　　$q_{\max}$ ——矿井最大涌水量，m^3/h。

2. 估算水泵所需扬程

由于水泵和管路均未确定，无法确切知道所需的扬程，所以需进行估算，即

$$H_B = H_{sy}\left(1 + \frac{0.1 \sim 0.2}{\sin\alpha}\right) \qquad (6-45)$$

或

$$H_B = \frac{H_{sy}}{\eta_g} \qquad (6-46)$$

式中 H_{sy}——测地高度，即吸水井最低水位至排水管出口间的高度差，一般可取 H_{sy} =井底与地面标高差 +4（井底车场与吸水井最低水位距离），m；

α——管路铺设倾角；

η_g——管路效率。当管路在立井中铺设时，$\eta_g = 0.9 \sim 0.89$。当管路在斜井中铺设，且倾角 $\alpha > 30°$ 时，$\eta_g = 0.83 \sim 0.8$；$\alpha = 30° \sim 20°$ 时，$\eta_g = 0.8 \sim 0.77$；$\alpha < 20°$ 时，$\eta_g = 0.77 \sim 0.74$。

3. 水泵的型号及台数选择

1）水泵型号的选择

依据计算的工作水泵排水能力 Q_B 和估算的所需扬程及原始资料给定的矿水物理化学性质的泥砂含量，从产品样本中选取能够满足排水要求、工作可靠、性能良好、符合稳定性工作条件、价格低的所有型号的泵。若 pH<5，在进入排水设备前，采取降低水的酸度措施在技术上有困难或经济上不合理时，应选用耐酸泵；若矿水泥砂含量太大，应考虑选择 MD 型耐磨泵。符合上述条件的泵可能有多种型号，应全部列出，待选择了配套管路并经过技术经济性比较后，最终确定出一种型号的泵。

2）水泵级数的确定

水泵级数可根据估算的所需扬程和已选出的水泵单级扬程计算，即

$$i = \frac{H_B}{H_i} \qquad (6-47)$$

式中 H_i——单级水泵的额定扬程，m。

应该指出，计算的 i 值一般来说不是整数，取大于 i 的整数当然可以满足要求，但取小于 i 的整数有时也能达到要求，此时应同时考虑两种方案，通过技术经济性比较后，方能确定其级数。

3）水泵台数的确定

根据《煤矿安全规程》的规定，当 $q_z > 50$ m³/h 时，若工作水泵的台数为 n_1，则备用水泵的台数 n_2 为 $n_2' = 0.7n_1$ 和 $n_2'' = (1.2q_{max}/Q) - n_1$（$Q$ 为泵的旧管工况流量，求得工况点前可用额定流量预选）两个计算值中取较大值，然后再偏上取整值。检修水泵的台数 $n_3 = 0.25n_1$ 偏上取整值。因此水泵的总台数 $n = n_1 + n_2 + n_3$。

对于水文地质条件复杂的矿井，可根据情况增设水泵或在泵房内预留安装水泵的位置。

（三）管路的选择

1. 管路趟数的确定

根据《煤矿安全规程》的规定，管路必须有工作的和备用的，其中工作管路的能力应能配合工作水泵在 20 h 内排出矿井 24 h 的正常涌水量。工作和备用管路的总能力，应能配合工作和备用水泵在 20 h 内排出矿井 24 h 的最大涌水量。涌水量小于 300 m³/h 的矿井，排水管路也不得少于两趟。

排水管路趟数在满足《煤矿安全规程》的前提下，以不增加井筒直径为原则，一般不宜超过四趟。

2. 泵房内管路布置形式的选择

泵房内管路布置主要取决于泵的台数和管路趟数，图 6-49 所示为泵房内管路布置图。

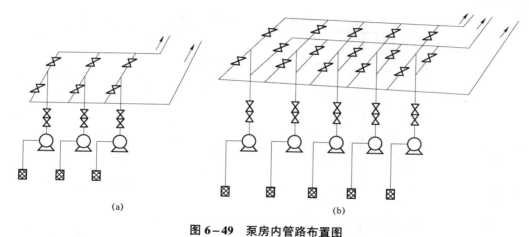

图 6-49　泵房内管路布置图

（a）三台泵两趟管路；（b）五台泵三趟管路

3. 管材的选择

管材选择的主要依据是管道所需承受的压力。由于矿井排出的水一般进入水池或水沟，因此压力与井深成正比。通常情况下，井深不超过 200 m 时多采用焊接钢管；井深超过 200 m 时多采用无缝钢管。吸水管一般多选用无缝钢管。

4. 管径的确定

选择排水管径要考虑在一定的流量下，使运转费用和初期投资费用两者之和最低的管径。由于管路的初期投资费用与管径成正比，而运转所需的电耗与管径成反比。因此若管径选择偏小，则水头损失大，电耗高，但初期投资少；若管径选择偏大，则水头损失小，电耗低，但所需的初期投资费用高。因此，管径是确定运转费用和初期投资费用在总费用中所占比重的决定因素，选择时应综合两方面考虑找出最佳的管径。

1）排水管内径计算

$$d'_p = \sqrt{\frac{4Q}{3\,600\pi v_p}} = 0.018\,8\sqrt{\frac{Q}{v_p}} \qquad (6-48)$$

式中　d'_p——排水管内径，m；

　　　Q——排水管中的流量，m^3/h；

　　　v_p——排水管内的流速，通常以经济流速 $v_p = 1.5 \sim 2.2$ m/s 来计算。

2）吸水管内径计算

为了提高吸水性能，防止汽蚀发生，吸水管直径一般比排水管直径大一级，流速在 $0.8 \sim 1.5$ m/s 范围内，因此吸水管内径为

$$d'_x = d'_p + 0.025 \text{ m} \qquad (6-49)$$

根据计算的内径，按表 6-5、表 6-6 选取标准管径。由于钢管规格中，对同一外径有多种壁厚，因此选择管径时，根据井深选用标准管壁厚度。一般可先选用管壁厚度较薄的一种，再进行验算确定。

表 6-5 热轧无缝钢管（YB231-70）

外径/mm	壁厚/mm	外径/mm	壁厚/mm	外径/mm	壁厚/mm
89	3.5～24.0	146	4.5～36.0	273	7.0～50.0
95	3.5～24.0	152	4.5～36.0	299	8.0～75.0
102	3.5～28.0	159	4.5～36.0	325	8.0～75.0
108	3.5～28.0	168	5.0～45.0	351	8.0～75.0
114	4.0～28.0	180	5.0～45.0	377	9.0～75.0
121	4.0～32.0	194	5.0～45.0	402	9.0～75.0
127	4.0～32.0	203	6.0～50.0	426	9.0～75.0
133	4.0～32.0	219	6.0～50.0	459	9.0～75.0
140	4.5～36.0	245	7.0～50.0	480	9.0～75.0
常用壁厚尺寸系列	2.5　3.0　3.5　4.0　4.5　5.0　5.5　6.0　6.5　7.0　7.5　8.0　8.5　9.0　9.5　10　11　12　13　14　15　16　17　18　19　20　22　25　28　30　32　36　40　50　56　60　63　70　75				

表 6-6 碳钢板螺旋电焊钢管

外径	壁厚	外径	壁厚	外径	壁厚
219	6～8	325	6～8	478	6～8
245	6～8	351	6～8	529	6～8
273	6～8	377	6～8	630	6～8
299	6～8	426	6～8	720	6～8

5. 管壁厚度验算

管子选定后，其管壁厚度也就确定了。但此厚度能否满足承压要求，需按下式进行验算。

$$\delta \geqslant 0.5 d_{\mathrm{p}}\left(\sqrt{\frac{\sigma_z + 0.4p}{\sigma_z - 1.3p}} - 1\right) + C \qquad (6-50)$$

式中　d_{p} ——所选标准管内径，cm；

　　　σ_z ——管材许用应力，焊接钢管 $\sigma_z = 60$ MPa，无缝钢管 $\sigma_z = 80$ MPa；

　　　p ——管内水压，考虑流动损失，作为估算 $p = 0.011\,H_{\mathrm{B}}$ MPa；

　　　C ——附加厚度，焊接钢管 $C = 0.2$ cm，无缝钢管 $C = 0.1～0.2$ cm。

所选标准壁厚应等于或略大于按式（6-50）计算所得的值。吸水管壁厚无须验算。

（四）工况点确定及校验

1. 计算管路特性

对于选定的管路系统，可应用管路特性方程式（6-15）得

$$H = H_{\mathrm{sy}} + KRQ^2 \qquad (6-51)$$

式中　K ——考虑水管内径由于污泥淤积后减小而引起阻力损失增大的系数，对于新管 $K = 1$，对于挂污管径缩小 10%，取 $K = 1.7$，一般要同时考虑 $K = 1$ 和 $K = 1.7$ 两种情况，俗称新管和旧管；

R——管路阻力损失系数，s^2/m^5，即

$$R = \frac{8}{\pi^2 g}\left[\lambda_x \frac{l_x}{d_x^5} + \frac{\sum \zeta_x}{d_x^4} + \lambda_p \frac{l_p}{d_p^5} + (1 + \sum \zeta_p)\frac{1}{d_p^5}\right] \qquad (6-52)$$

式中 l_x，l_p——吸、排水管的长度，m；

d_x，d_p——吸、排水管的内径，m；

λ_x，λ_p——吸、排水管的沿程阻力系数，对于流速 $v \geqslant 1.2$ m/s，其值可按舍维列夫公式计算，即

$$\lambda = \frac{0.021}{d^{0.3}} \qquad (6-53)$$

$\sum \zeta_x$，$\sum \zeta_p$——吸、排水管附件局部阻力系数之和，根据排水管路系统中局部部件的组成，用表6-7查取各附件局部阻力系数。

表6-7 管路配件局部阻力系数

名称	简图	局部阻力损失系数 ξ							
闸板阀		x/d	1/8	1/4	3/8	1/2	5/8	3/4	7/8	1
		ξ	97.8	17	5.52	2.06	0.81	0.26	0.07	0.01
止回阀		α	70°	60°	55°	50°	45°	40°		
		ξ	1.7	3.2	4.6	6.6	9.5	14		
底阀（带滤网）		D_s/mm	75	100	150	200	250	300		
		ξ	8.5	7.6	6	5.2	4.4	3.7		
渐缩管		0.1								
扩大管		α	<7°	10°~15°	20°~30°	45°~55°				
		ξ	0.2	0.5	0.6~0.7	0.8~0.9				
90°弯头		r/R	0.1	0.2	0.3	0.4	0.5	0.6	0.7	0.8	0.9
		ξ	0.131	0.138	0.158	0.206	0.294	0.44	0.661	0.974	1.408
α弯头		$\xi = \xi_{90°}\dfrac{\alpha}{90°}$ 式中 $\xi_{90°}$——90°弯头阻力系数								

名称	简图	局部阻力损失系数 ξ				
三通			直流	汇合	分流	转弯	转弯

名称	简图	局部阻力损失系数 ξ
三通	② ③ ①	流向：直流 ②→③ / ②←③ ；汇合 ②↗③ 加 ② ；分流 ②→③ 加 ① ；转弯 ②↓ ；转弯 ①→ ；ξ：0.7 / 3 / 1.5 / 1.5 / 1.5
斜三通	① ② ③	流向：直流 ②→③ ；连流 ②→③ ；顺弯 ①↘③ ；逆弯 ①↙ ；急弯 ①② ↘ ；ξ：0.05 / 0.15 / 5.50 / 1.0 / 3.0
叉管	① ② ③	①↗② ①↘③ $\xi=1.0$ ；①→② ②③ $\xi=1.5$
四通	✛	$\xi=2\xi_{三通}$ 式中　$\xi_{三通}$——三通阻力系数

已知 H_{sy} 和 R，则根据式（6-51）绘制出新管和旧管两种状态下的管路特性曲线，如图 6-33 所示的管路特性曲线。

2. 确定工况点

将求得的两条管路特性曲线绘制在初选水泵扬程曲线上。由于一般样本上泵的性能曲线是指单级泵的性能曲线，如果选择的是多级水泵，必须先换算为多级水泵的扬程曲线。把管路特性曲线与泵的扬程曲线按同一坐标画在一起，得到工况点 M_1、M_2，从而得出新、旧管两组工况点参数值（Q_{M1}、H_{M1}、N_{M1}、η_{M1}、H_{sM1}）和（Q_{M2}、H_{M2}、N_{M2}、η_{M2}、H_{sM2}）。根据《煤矿井下排水设计技术规定》，水泵工况点的效率 η_{M1}、η_{M2} 一般不低于 70%，允许吸上真空度 H_{sM} 不宜小于 5 m。

3. 工况点校验计算

1）排水时间

管路挂垢后，水泵的流量减小，因此应按管路挂垢后工况点流量校核。

正常涌水时，工作水泵 n_1 台同时工作时每天的排水小时数为

$$T_z = \frac{24q_z}{n_1 Q_{M2}} \leqslant 20 \qquad (6-54)$$

最大涌水时，工作水泵 n_1 台与备用水泵 n_2 台同时工作时每天的排水小时数为

$$T_{max} = \frac{24q_{max}}{(n_1 + n_2) Q_{M2}} \leqslant 20 \qquad (6-55)$$

如在最大涌水期时，是多台水泵和多趟管路并联工作，则式（6-55）中的分母应采用

并联运行的工况流量值。

2）经济性

工况点效率应满足 $\eta_{M1} \geq 0.85\eta_{\max}$，$\eta_{M2} \geq 0.85\eta_{\max}$。

3）稳定性

$$H_{sy} \leq (0.9 \sim 0.95) iH_0$$

式中　H_0——单级零流量扬程。

4）吸水高度

在新管状态时，允许吸上真空度最小，因此应根据新管工况点 d_m 进行计算校核。

$$[H_{sM1}] = H_{sM1} - (10 - h_a) - (h_n - 0.24) \tag{6-56}$$

式中　$[H_{sM1}] = H_{sM1} - (10 - h_a) - (h_n - 0.24)$。

当所选吸水高度 $p_{st} = 500 \sim 600 \leq n = 740$ 时，满足不产生汽蚀条件。

5）电动机功率

为确保运行可靠，电动机功率应由新管工况点确定，即

$$N_d' = K_d \frac{\gamma Q_{M1} H_{M1}}{1\,000 \times 360 \times \eta_{M1}}$$

或

$$N_d' = K_d N_{M1} \tag{6-57}$$

式中　K_d——电动机容量富余系数，一般当水泵轴功率大于 100 kW 时，取 $K_d = 1.1$；当水泵轴功率为 10～100 kW 时，取 $K_d = 1.1 \sim 1.2$。

计算出电动机功率 N_d'，应等于或小于所选水泵配套电动机的功率，否则要更换配套电动机。

（五）经济指标计算

1. 年排水电耗

$$E = \frac{\gamma Q_{M2} H_{M2}}{1\,000 \times 3\,600 \times \eta_{M2} \eta_c \eta_d \eta_w} (n_z T_z r_z + n_{\max} T_{\max} r_{\max}) \tag{6-58}$$

式中　E——年排水电耗，kW·h/a；

n_z，$n_{\max}$——年正常和最大涌水期水泵工作台数；

r_z，$r_{\max}$——正常和最大涌水时期水泵工作昼夜数；

T_z，$T_{\max}$——正常和最大涌水时期水泵每昼夜工作小时数；

η_d，η_w，η_c——电机效率、电网效率、传动效率。

2. 吨水百米电耗

$$e_{t \cdot 100} = \frac{H_{M2}}{3.673 \eta_{M2} \eta_c \eta_d \eta_w H_{sy}} = \frac{1}{3.673 \eta_{M2} \eta_c \eta_d \eta_w \eta_g} < 0.5 \tag{6-59}$$

式中　$e_{t \cdot 100}$——吨水百米电耗，kW·h/t。

吨水百米电耗与水泵效率、传动效率、电动机效率、管路效率的乘积成反比，它反映了矿井排水系统各个环节的总效率，是一种能够比较科学、全面地评价排水设备运行情况的经济指标。《煤矿井下排水设计技术规定》中指出，排水设备吨水百米电耗应小于 0.5 kW·h，否则便认为是低效设备，不予采用。

　　排水总费用主要包括水泵运行费用、设备初期总投资、初期基建总投资和其他费用。为了寻找最优方案，应对满足可行性条件的每一种方案分别计算上述四项费用。总费用最小的方案，就是最优方案，即为选型设计时应采用的方案。

　　例 6-1　有一开拓方式为竖井的矿井，其副井的井口标高为+18.5 m，开采水平标高为 -500 m。正常涌水量为 700 m³/h；最大涌水量为 1 100 m³/h，持续时间为 70 d。矿水为中性，重度为 10 006 N/m³，水温为 15 ℃。该矿井属低沼气矿井，年产量 1.2 Mt。试选择可行的排水方案。

　　解

　　（1）排水系统的选择。

　　从给定的条件可知，只需要在井底车场副井附近设立中央泵房，将井底所有矿水集中，直接排至地面。

　　（2）水泵的选型。

　　① 水泵必需的排水能力。

正常涌水期　　　　　$Q_B \geqslant 1.2 q_z = 1.2 \times 700 \ \text{m}^3/\text{h} = 840 \ \text{m}^3/\text{h}$

最大涌水期　　　　　$Q_{max} \geqslant 1.2 q_{max} = 1.2 \times 1100 \ \text{m}^3/\text{h} = 1\ 320 \ \text{m}^3/\text{h}$

　　② 水泵所需扬程的估算。

$$H_B = \frac{H_{sy}}{\eta_g} = \frac{500 + 18.5 + 4}{0.9} = 580.5 \ （\text{m}）$$

　　③ 初选水泵。

工作泵台数 $n_1 = \dfrac{Q_B}{Q_e} \geqslant \dfrac{840}{450} = 1.87$，取 $n_1 = 2$。

备用水泵台数 $n_2 \geqslant 0.7 n_1 = 0.7 \times 2 = 1.4$ 和 $n_2 \geqslant \dfrac{Q_{max}}{Q_e} - n_1 = \dfrac{1320}{450} - 2 = 0.93$，故取 $n_2 = 2$。

检修泵台数 $n_3 \geqslant 0.25 n_1 = 0.25 \times 2 = 0.5$，取 $n_3 = 1$。

因此，共选择 5 台泵。

　　3. 管路的选择

　　1）管路趟数及泵房内管路布置形式

　　根据泵的台数，选用典型的五泵三趟管路系统，两条管路工作，一条管路备用。正常涌水时，两台泵向两趟管路供水；最大涌水时，只要三台泵同时工作就能达到 20 h 内排出 24 h 的最大涌水量，故从减少能耗的角度可采用三台泵向三趟管路供水，从而可知每趟管内流量 Q_e 等于泵的流量。

　　2）管材选择

　　由于井深远大于 200 m，故确定采用无缝钢管。

　　3）排水管内径

$$d_p' = 0.018\,8 \sqrt{\frac{Q}{v_p}} = 0.018\,8 \sqrt{\frac{450}{1.5 \sim 2.2}} \ \text{m} = 0.269 \sim 0.326 \ \text{m}$$

　　从表 6-5 预选 $\phi 325 \times 13$ 无缝钢管，则排水管内径 $d_p = (325 - 2 \times 13) \ \text{mm} = 299 \ \text{mm}$。

4）壁厚验算

$$\delta \geq 0.5d_p\left(\sqrt{\frac{\sigma_z+0.4p}{\sigma_z-1.3p}}-1\right)+C$$

因此所选壁厚合适。

5）吸水管径

根据选择的排水管径，吸水管选用 $\phi351\times8$ 无缝钢管。

4. 工况点的确定及校验

1）管路系统

管路布置参照图 6-49（b）所示的方案。这种管路布置方式，任何一台水泵都可以经过三趟管路中的任一趟排水，排水管路系统如图 6-50 所示。

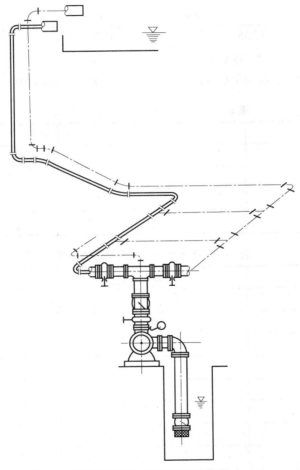

图 6-50　排水管路系统

2）估算管路长度

排水管长度可估算为

$$l_p = H_{sy} + (40 \sim 50)\text{ m} = (562.5 \sim 572.5)\text{ m}$$

取 $l_p = 570\,\text{m}$，吸水管长度可估算为 $l_x = 7\,\text{m}$。

3）管路阻力系数 R 的计算

沿程阻力系数

吸水管
$$\lambda_x = \frac{0.021}{d_x^{0.3}} = \frac{0.021}{0.335^{0.3}} = 0.029\,1$$

排水管
$$\lambda_p = \frac{0.021}{d_p^{0.3}} = \frac{0.021}{0.299^{0.3}} = 0.030\,2$$

局部阻力系数

$$R = \frac{8}{\pi^2 g}\left[\lambda_x \frac{l_x}{d_x^5} + \frac{\sum \zeta_x}{d_x^4} + \lambda_p \frac{l_p}{d_p^5} + (1 + \sum \zeta_p)\frac{1}{d_p^4}\right] =$$

$$\left\{\frac{8}{\pi^2 \times 9.81}\left[0.029\,1 \times \frac{7}{0.335^5} + \frac{4.094}{0.335^4} + 0.030\,1 \times \frac{570}{0.299^5} + (1 + 8.392)\frac{1}{0.299^4}\right]\right\}\,\text{s}^2/\text{m}^5$$

$$= 721.89\,\text{s}^2/\text{m}^5 = 5.57 \times 10^{-5}\,\text{h}^2/\text{m}^5$$

吸、排水管附件及其局部阻力系数分别列于表 6-8、表 6-9 中。

表 6-8　吸水管附件及局部阻力系数

附件名称	数量	局部阻力系数
底阀	1	3.7
90°弯头	1	0.294
异径管	1	0.1
		$\sum \zeta_x = 4.094$

表 6-9　排水管附件及局部阻力系数

附件名称	数量	局部阻力系数
闸阀	2	$2 \times 2.6 = 5.2$
逆止阀	1	1.7
转弯三通	1	1.5
90°弯头	4	$4 \times 0.294 = 1.176$
异径管	1	0.5
直流三通	4	$4 \times 0.7 = 2.8$
30°弯头	2	$2 \times 0.294 \times 30/90 = 0.196$
		$\sum \zeta_p = 8.392$

4）管路特性方程

新管
$$H_1 = H_{sy} + RQ^2 = 522.5 + 5.57 \times 10^{-5} Q^2$$

旧管
$$H_2 = H_{sy} + 1.7RQ^2 = 522.5 + 9.469 \times 10^{-5} Q^2$$

5）绘制管路特性曲线并确定工况点

根据求得的新、旧管路特性方程，取 8 个流量值求得相应的损失，列入表 6-10 中。

表 6-10　管路特性参数表

$Q/(\mathrm{m^3 \cdot h^{-1}})$	200	250	300	350	400	450	500	550
H_1/m	524.7	526.0	527.5	529.3	531.4	533.8	536.4	539.3
H_2/m	526.3	528.4	531.0	534.1	537.7	541.7	546.2	551.1

利用表 6-10 中各点数据绘出管路特性曲线，如图 6-51 所示，新、旧管路特性曲线与扬程特性曲线的交点分别为 M_1 和 M_2，即为新、旧管路水泵的工况点。由图中可知：新管的工况点参数为 $Q_{M1}=522\ \mathrm{m^3/h}$，$H_{M1}=538\ \mathrm{m}$，$\eta_{M1}=0.79$，$H_{sM1}=5.4\ \mathrm{m}$，$N_{M1}=980\ \mathrm{kW}$；旧管的工况点参数为 $Q_{M2}=500\ \mathrm{m^3/h}$，$H_{M2}=547\ \mathrm{m}$，$\eta_{M2}=0.8$，$H_{sM2}=5.85\ \mathrm{m}$，$N_{M2}=960\ \mathrm{kW}$，因 η_{M1}、η_{M2} 均大于 0.7，允许吸上真空度 $H_{sM1}=5.5\ \mathrm{m}$，符合《煤矿安全规程》要求。

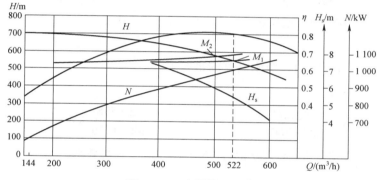

图 6-51　水泵的工况点

6）校验计算

（1）排水时间的验算。由旧管工况点验算，正常涌水时，若采用两台泵两条管路排水，则

$$T_z=\frac{24q_z}{n_1 Q_{M2}}=\frac{24\times700}{2\times500}\ \mathrm{h}=16.8\ \mathrm{h}\leqslant20\ (\mathrm{h})$$

最大涌水时，采用四台泵三条管路排水，并联等效管的总损失系数为 $R'=R/9=6.36\times10^{-6}\ \mathrm{h^2/m^5}$。作并联等效管路特性曲线与四台泵并联等效泵的扬程曲线，交点为等效泵工作点。反推可求得每台泵的工况点，以该工况点的流量 $Q=500\ \mathrm{m^3/h}$（作图计算略）计算排水时间为

$$T_{max}=\frac{24q_{max}}{(n_1+n_2)Q_{M2}}=\frac{24\times1100}{(2+2)\times500}\ \mathrm{h}=13.2\ \mathrm{h}\leqslant20\ \mathrm{h}$$

即实际工作时，只要 4 台水泵同时工作，即能在 20 h 内排出 24 h 的最大涌水量。

（2）经济性校核。工况点效率应满足 $\eta_{M1}=0.79\geqslant0.85\eta_{max}\geqslant0.85\times0.8=0.68$，$\eta_{M2}=0.8\geqslant0.68$。

（3）稳定性校核。

$$H_{sy} = 522.5 \leqslant 0.9iH_0 = 0.9 \times 700 \text{ m=630 m}$$

（4）经济流速的校核。

吸水管中流速 $\quad v_x = \dfrac{Q_{M1}}{900\pi d_x^2} = \dfrac{522}{900\times\pi\times0.335^2}$ m/s=1.65 m/s

排水管中流速 $\quad v_p = \dfrac{Q_{M1}}{900\pi d_p^2} = \dfrac{522}{900\times\pi\times0.299^2}$ m/s=2.07 m/s

吸、排水管中流速都在经济流速之内，满足要求。

（5）吸水高度校核。取 $p_a = 9.81\times10^4$ Pa，$p_n = 0.235\times10^4$ Pa，$\gamma = 9.81\times10^3$ N/m³，则允许吸水高度为

$$[H_x] \leqslant H_{sM1} - \left(10 - \frac{p_a}{\gamma}\right) - \left(\frac{p_n}{\gamma} - 0.24\right) - \frac{8}{\pi^2 g}\left(\lambda_x\frac{l_x}{d_x^5} + \frac{\sum\zeta_x + 1}{d_x^4}\right)Q_{M1}^2$$

$$[H_x] = \left\{5.4 - \left(10 - \frac{98\,100}{9\,810}\right) - \left(\frac{2\,350}{9\,810} - 0.24\right) - \frac{8}{\pi^2\times9.8}\times\left(\frac{0.029\,1\times7}{0.335^5} + \frac{4.094+1}{0.335^4}\right)\times\left(\frac{522}{3\,600}\right)^2\right\}\text{m}$$

$$=4.61 \text{ m}$$

实际吸水高度 $H_x = 4$ m$<[H_x]$，吸水高度满足要求。

（6）电动机功率计算。

$$N_d' = K_d\frac{\gamma Q_{M1}H_{M1}}{1\,000\times360\times\eta_{M1}} = 1.1\times\frac{9\,810\times522\times538}{1\,000\times3\,600\times0.79} \text{ kW=1 064 kW}$$

水泵配套电动机功率 $N_d = 1\,250$ kW，大于计算值，满足要求。

7）电耗计算

（1）所排水电耗。

$$E = \frac{\gamma Q_{M2}H_{M2}}{1\,000\times3\,600\times\eta_{M2}\eta_c\eta_d\eta_w}(n_zT_zr_z + n_{max}T_{max}r_{max}) =$$

$$\frac{9\,800\times500\times547}{1\,000\times3\,600\times0.8\times1\times0.95\times0.95}\times(2\times16.8\times295 + 4\times13.2\times70) \text{ kW}\cdot\text{h/a}$$

$$=1.403\times10^7 \text{ kW}\cdot\text{h/a}$$

（2）吨水百米电耗校验。

$$e_{t\cdot100} = \frac{H_{M2}}{3.673\eta_{M2}\eta_c\eta_d\eta_w H_{sy}} = \frac{547}{3.673\times0.8\times1\times0.95\times0.95\times522.5} \text{ kW}\cdot\text{h/}（t\cdot100）$$

$$=0.395 < 0.5 \text{ kW}\cdot\text{h/}（t\cdot100）$$

思考题与习题

1. 矿山排水设备的主要任务是什么？
2. 简述排水设备的组成及各组成的作用。

3. 简述离心式水泵的工作原理。

4. 简述 D 型水泵和 IS 型水泵的结构及特点。

5. D 型水泵的密封有哪些？作用分别是什么？

6. 工况点调节的方法有哪些？试比较各种调节方法的特点及适用情况。

7. 水泵的经济性是如何评价的？怎样保证水泵的经济运转？

8. 在什么情况下水泵工作会出现不稳定状态？保证稳定性工作的条件是什么？

9. 水泵正常工作的条件是什么？水泵的工业利用区怎么确定？

10. 节流调节不经济的原因是什么？

11. 产生汽蚀现象的原因是什么？最大吸水高度如何确定？

12. 煤矿常用的主排水泵有哪些型号？它们使用的条件是什么？

13. 试述离心式水泵启动和停泵的操作过程。

14. 装在吸水面上的离心式水泵，为什么在启动前必须先向水泵和吸水管内充满水？

15. 向水泵内注水有哪几种方法？其特点和适用条件是什么？

16. 离心式水泵在运转中常出现哪些故障？应怎样排除？

17. D280－43×5 型水泵安装在海拔高度为 1 000 m 的水泵房内，吸水井中的水温为 20 ℃。工况流量为 280 m^3/h，必需汽蚀余量为 4.7 m。吸水管的内径为 225 mm，长度为 6 m，吸水管上的局部管件有 1 个异径管、1 个 90° 弯头和 1 个带底阀的滤水器，试确定该水泵的最大吸水高度。

18. 某矿年产量 0.6 Mt，竖井开拓，井深 200 m，采用集中排水系统。矿井正常涌水量为 220 m^3/h，最大涌水量为 320 m^3/h，正常涌水量和最大涌水量的天数各为 295 d 和 70 d，矿水呈中性，密度为 1 020 kg/m^3，试选择排水设备。

第七章　矿井通风设备

第一节　概　　述

一、通风设备的作用

煤矿井下空气中含有甲烷、一氧化碳、二氧化碳、氧化氮、二氧化硫、硫化氢、氨等多种有害气体，统称瓦斯与生产性矿尘（煤尘、岩尘）。瓦斯与矿尘在一定浓度范围内遇到明火都会发生爆炸，特别是瓦斯爆炸后可能会引起煤尘爆炸，严重威胁井下工作人员生命和矿井安全。一氧化碳、二氧化碳、氧化氮、二氧化硫、硫化氢、氨等有害气体与矿尘达到一定浓度将危害井下工作人员的身体健康。另外，随矿井开采深度的增加，井下气温也逐渐升高，高温环境不利于井下作业。因此，必须向井下输送足够的新鲜空气，来稀释并排出矿井有害气体与矿尘，同时调节井下作业环境的温度与湿度。《煤矿安全规程》对井下空气的含氧量和有害气体浓度及作业环境的温度都有严格规定。

通风设备的作用就是用来向矿井各用风地点连续输送足够数量的新鲜空气，排出井下污风，保证井下空气的含氧量，稀释并排出各种有害性气体与矿尘，调节井下所需温度和湿度，创造良好的井下工作环境，保证井下工作人员的健康和矿井安全生产，并在发生灾变时能够及时、有效地控制风向及风量，防止灾害扩大。

矿井通风是矿井安全生产的基本保障，因此，要求通风设备必须安全、可靠地运行。

二、矿井通风方式与通风系统

1. 矿井通风方式

矿井通风方法分为自然通风和机械通风。自然通风是利用出风井与进风井的高差所造成的压力差和矿井内、外温度不同，使空气自然流动。机械通风是采用通风设备强制风流按一定的方向流动，即让风流从进风井进入，从出风井排出。自然通风的风压比较小，受季节和气候的影响较大，不能保证矿井需要的风压和风量。机械通风具有安全、可靠，并便于控制与调节的特点。因此《煤矿安全规程》规定，矿井必须采用机械通风。

机械通风分为抽出式、压入式和压抽混合式三种通风方式。

1）抽出式

主要通风机安装在回风井口。在抽出式主要通风机的作用下，整个矿井通风系统处在低于当地大气压力的负压状态。当主要通风机因故停止运转时，井下风流的压力提高，比较安全。

图7-1所示为煤矿抽出式通风系统。通风机6工作时，将地面的新鲜空气抽吸进入进风井1，经过工作面2后变成污浊空气再经回风井3和通风机6排出，由此达到向井下工作

人员和设备提供新鲜空气的目的。

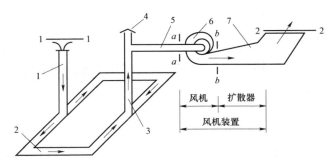

图 7-1　煤矿抽出式通风系统

1—进风井；2—工作面；3—回风井；4—防爆门；5—地面风道；6—通风机；7—扩散器；

$a-a$—通风机入口；$b-b$—通风机出口

2）压入式

主要通风机安设在进风井口。在压入式主要通风机的作用下，整个矿井通风系统处在高于当地大气压的正压状态。在冒落裂隙通达地面时，压入式通风矿井采区的有害气体通过塌陷区向外漏出。当主要通风机因故停止运转时，井下风流的压力降低。采用压入式通风机时，须在矿井总进风路线上设置若干通风构筑物，使通风管理困难，且漏风较大。

3）压抽混合式

在进风井口安设通风机做压入式工作，回风井口安设通风机做抽出式工作。通风系统的进风部分处于正压，回风部分处于负压，工作面处于中间，其正压或负压均不大，采空区的漏风较小。其缺点是使用的通风机设备多，管理复杂。

2. 通风系统

矿井通风系统是通风设备向矿井各作业点供给新鲜空气并排出污浊空气的通风网路和通风控制设施的总称。一般由进风井、回风井、主要通风机、通风网路和风流控制设施等组成。

按进、回风井在井田内的位置不同，矿井通风系统可分为中央式、对角式、区域式和混合式四种。

1）中央式

中央式是指进风井、回风井均位于井田走向中央。根据进风井、回风井的相对位置，又分为中央并列式和中央边界式（中央分列式）。

2）对角式

对角式分为两翼对角式和分区对角式。

进风井大致位于井田走向的中央，两个回风井位于井田边界的两翼（沿倾斜方向的浅部），称为两翼对角式。如果只有一个回风井，且进风井、回风井分别位于井田的两翼，则称为单翼对角式。

进风井位于井田走向的中央，在各采区开掘一个回风井，无总回风巷，称为分区对角式。

3）区域式

区域式是指在井田的每一个生产区域开凿进风井、回风井，分别构成独立的通风系统。

4）混合式

由上述各种方式混合组成，如中央分列与两翼对角混合式、中央并列与两翼对角混合式等。

第二节　矿井通风机的工作理论

一、通风机的类型

通风机的种类很多，分类方法也不同。矿山常用通风机，按气体在通风机叶轮中的流动情况分为离心式和轴流式两大类。如图 7-2 所示，空气沿轴向进入叶轮，并沿径向流出的通风机称为离心式通风机。如图 7-3 所示，空气沿轴向进入叶轮，仍沿轴向流出的通风机称为轴流式通风机。

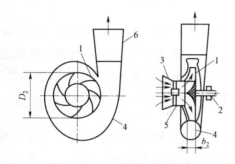

图 7-2　离心式通风机结构示意图

1—叶轮；2—轴；3—进风口；4—机壳；
5—前导器；6—锥形扩散器

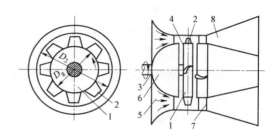

图 7-3　轴流式通风机结构示意图

1—轮毂；2—叶片；3—轴；4—外壳；5—集流器；
6—流线体；7—整流器；8—扩散器

二、通风机的工作原理

1. 离心式通风机的工作原理

离心式通风机主要由叶轮、轴、进风口、机壳、前导器及锥形扩散器等组成。叶轮固定在轴上，轴支承在轴承上，组成风机的转子。

当电动机带动转子转动，叶轮流道中的空气在叶片作用下，随叶轮一起转动，叶轮内的空气在离心力的作用下，能量升高，由叶轮中心沿径向流向叶轮外缘，并经螺线形机壳和锥形扩散器排至大气。同时，在叶轮进口和中心形成负压，外部空气在大气压力作用下，经进风口进入叶轮，使空气形成连续流动。

2. 轴流式通风机的工作原理

轴流式通风机主要由叶轮（轮毂和叶片）、轴、外壳、集流器、流线体、整流器和扩散器组成。

轴流式通风机的叶片为机翼形扭曲叶片，并以一定的角度安装在轮毂上。当电动机带动轴和叶轮旋转时，叶片正面（排出侧）的空气在叶片的作用下能量升高，通过整流器整流，并经扩散器排至大气。同时，叶轮背面（入口侧）形成负压，外部空气在大气压力作用下，经进风口进入叶轮，使空气形成连续流动。

三、通风机的工作参数

1. 风量

风量是指单位时间内通风机排出的气体体积，用 q_V 表示，单位为 m^3/s、m^3/h。

2. 风压

风压是指单位体积气体通过通风机所获得的能量，通风机的全压用 p_t 表示，静压用 p_s 表示，单位为 Pa。

3. 功率

通风机的功率分为轴功率和有效功率。

（1）轴功率。轴功率是指电动机传递给通风机轴的功率，即通风机的输入功率，用 P_a 表示，单位为 kW。

（2）有效功率。有效功率是指单位时间内气体从通风机获得的能量，也称为通风机输出功率。通风机全压输出功率用 P_t 表示，单位为 kW；静压输出功率用 P_s 表示，单位为 kW。全压输出功率和静压输出功率的计算公式为

$$P_t = \frac{p_t q_V}{1\ 000} \tag{7-1}$$

$$P_s = \frac{p_s q_V}{1\ 000} \tag{7-2}$$

4. 效率

效率是指有效功率和轴功率的比值，通风机的全压效率用 η_t 表示，静压效率用 η_s 表示，其计算公式为

$$\eta_t = \frac{p_t q_V}{1\ 000 P_a} \times 100\% \tag{7-3}$$

$$\eta_s = \frac{p_s q_V}{1\ 000 P_a} \times 100\% \tag{7-4}$$

5. 转速

转速是指通风机轴与叶轮每分钟的转数，用 n 表示，单位为 r/min。

第三节　通风机的构造

一、离心式通风机

矿用离心式通风机大多采用单级单吸或单级双吸离心式通风机，且卧式布置。

1. 4-72-11 离心式风机

4-72-11 离心式通风机主要由叶轮、机壳、进风口和传动部分等组成。叶轮用优质锰钢制成，并经过动、静平衡校正，所以它坚固耐用、运转平稳、噪声低；叶轮由 10 个后弯机翼形叶片、双曲线型前盘和平板型后盘组成，其空气动力性能良好，效率高，最高全效率达 91%。

该类型通风机风量范围为 1 710~204 000 m³/h，风压范围为 290~2 550 Pa，适合小型煤矿通风。

4−72−11 型离心式通风机根据使用的条件不同，出风口有"左"或"右"两种回转方向，各有 8 种不同的基本出风口位置，如图 7−4 所示，如基本角度位置不够，还可补充 15°、30°、60°、75°、105°、120° 等。机号从 No2.8~20 共有 11 种，机壳做成两种形式。No2.8~12 的机壳做成整体式，不能拆开。No16~20 的机壳做成可拆式（图 7−5），沿水平轴心可分成上、下两部分，上半部分又可分成左、右两部分，各部分之间用螺栓连接，所以拆卸方便，易于检修。各型号的机壳断面均为矩形。

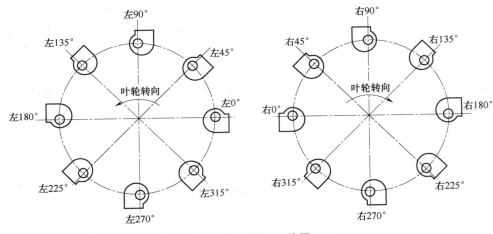

图 7−4　出风口位置

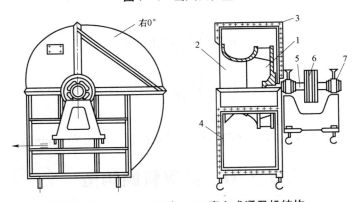

图 7−5　4−72−11 型 No20 离心式通风机结构

1—叶轮；2—集流器；3—上机壳；4—下机壳；5—传动轴；6—皮带轮；7—轴承

进风口制成整体，装于通风机的侧面，与轴平行的截面为锥弧形。它的前部分是圆锥形的收敛段，后部分是近似双曲线的扩散段，前后两段之间的过渡段是收敛度较大的喉部。气流进入进风口后，首先是缓慢加速，在喉部形成高速气流，然后又均匀扩散，气流得以顺利进入叶轮，阻力损失小。

传动方式采用 A、B、C、D 四种，No16~20 为 B 式传动方式。

以 4−72−11 型 No16 左 90° 通风机为例说明其型号的意义。

4——该类型通风机最高效率点的压力系数乘 10 后取整值；

72——该类型通风机的比转数（风压单位用 kg/m² 计算的值，用 Pa 计算时对应比转数为 13）；

1——通风机为单侧进气方式（双侧进气为 0）；

1——设计序号；

No16——机号，叶轮直径为 1.6 m；

左——从电动机一端看风机叶轮为逆时针旋转（顺时针方向用"右"表示）；

90°——通风机出口位置为 90°。

4－72－11 型离心式通风机的类型特性曲线如图 7－6 所示，其中标有 1 的各条曲线用于 No5、6、8 风机，标有 2 的各条曲线用于 No10、12、16、20 风机。

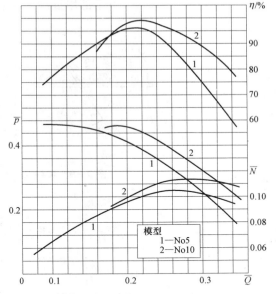

图 7－6　4－72－11 型离心式通风机的
类型特性曲线

2. G4－73－11 型离心式通风机的结构

G4－73－11 型离心式通风机为锅炉用风机，也可用于矿井通风。从 No0.8～28 共有 12 种机号，其型号意义与 4－72－11 型通风机相同，其结构和类型特性曲线如图 7－7 和图 7－8 所示。与 4－72－11 型通风机相比，最大不同点是在通风机叶轮进口前装有径向导流器；导流叶片可在 0°～60° 范围内转动，控制进气大小和方向。G4－73－11 型通风机的风压和风量比 4－72－11 型通风机大，适用于中、小型矿井通风。

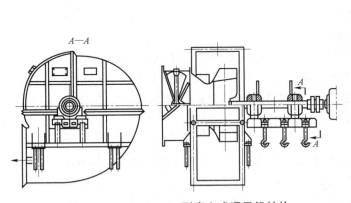

图 7－7　G4－73－11 型离心式通风机结构

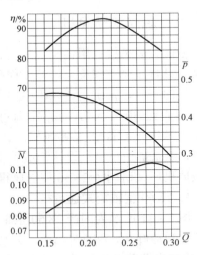

图 7－8　G4－73－11 型离心式通风机
类型特性曲线

3. K4－73－01 型离心式通风机的结构

K4－73－01 型离心式通风机是专门为矿井通风而设计的通风机，可适用于大、中型矿井通风。从 No25～28 共有四种机号，其型号意义与 4－72－11 型通风机相同，其结构如图 7－9

所示，特性曲线如图 7－10 所示。该通风机由叶轮、集流器、进气箱和机壳组成，双侧进风，机壳上半部用钢板焊接，下半部用混凝土浇筑而成。驱动电动机可以随意装在通风机的任意一侧。

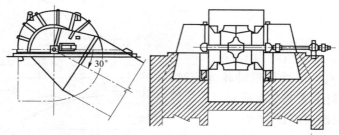

图 7－9　K4－73－01 型离心式通风机结构

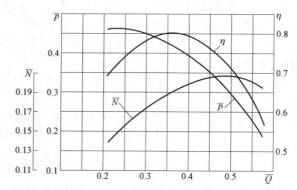

图 7－10　K4－73－01 型离心式通风机类型特性曲线

二、轴流式通风机

轴流式通风机可用调整叶片安装角来调节通风机的风量和风压，同时可反转反风，因而可避免设置反风道和反风门等工程和费用，极大地方便了通风机的安装和运行，在煤矿中得到广泛的应用，在矿用通风机中占有相当比例。

20 世纪 80 年代初，我国试制了扭曲叶片的 2K60 型轴流式通风机，随后引进西德 TLT 公司技术生产了 GAF 型通风机；引进丹麦诺文科公司的技术，生产了 K66、K55、K50 型通风机，燕京矿山风机厂设计制造了（B）DK 节能型对旋式轴流式通风机；20 世纪 90 年代沈阳鼓风机厂又研制了 2K56 型通风机。

1. 2K60 型轴流式通风机

图 7－11 所示为国产 2K60 型轴流式通风机结构简图，两级叶轮，轮毂比为 0.6，叶片为机翼形扭曲叶片，扭曲角 $\Delta\theta = 22°22'$。每个叶轮上安装 14 个叶片，叶片安装角可在 15°～45°范围内调节。后导叶也为机翼型扭曲叶片，固接在外壳上。通风机主轴由两个滚动轴承支承，叶轮与轴用键固连，传动轴两端用齿轮联轴器分别与通风机主轴和电动机轴连接。

2K60 型轴流式通风机特性曲线如图 7－12 所示，可根据使用情况，采用调节叶片安装角或减少叶片数的方法调节通风机特性。采用减少叶片数方法时，考虑到动反力，只装 7 个叶片。因此，两个叶轮可有三种组合，两组叶轮均为 14 片；第一级为 14 片，第二级为 7 片；两级均为 7 片。

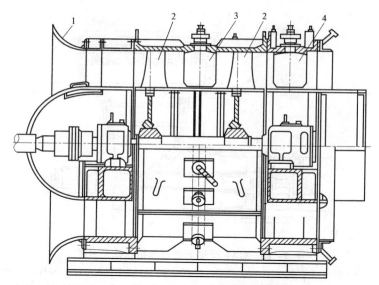

图 7-11　2K60 型轴流式通风机结构简图

1—集流器；2—叶轮；3—中导叶；4—后导叶

这类通风机的另一特点是可采用改变中、后导叶安装角来实现反转反风，且反风量可超过正常风量的 60%。

2K60 型轴流式通风机有 No18、No24、No28 三种机号。最大静压可达 4 905 Pa，风量范围 20～25 m³/s，最大轴功率为 430～960 kW，通风机主轴转速有 1 000、750、650 r/min 三种。

2. GAF 型轴流式通风机

GAF 型轴流式通风机是上海鼓风机厂引进原西德透平通风技术公司（TLT）的技术制造而成的。其叶轮直径 1 000～6 300 mm，按优先系数分为 32 挡；每一叶轮直径对应有 7 种轮毂直径，叶轮有单级、双级两种，形式有卧式和立式；基本型号分四个系列 896 种规格，叶片数目 6～24 片，叶片调节分不停车调节和停车调节两种，图 7-13 所示为 GAF 型轴流式通风机结构示意图。该机的特点为：① 传动

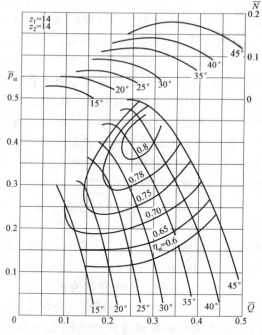

图 7-12　2K60 型轴流式通风机特性曲线

轴是用钢板弯焊的空轴，传动轴由通风机的出风侧伸出壁外与电动机相连；② 可实现在不停机情况下调整叶片安装角，以适应不断变化的工况。

GAF 型轴流式通风机的性能适用范围广，流量为 30～800 m³/s，静压为 300～8 000 Pa，最高静效率可达到 85%以上。

近年来为适应煤矿、金属矿等老风机节能改造的需要，上海鼓风机厂对 GAF 型矿井轴

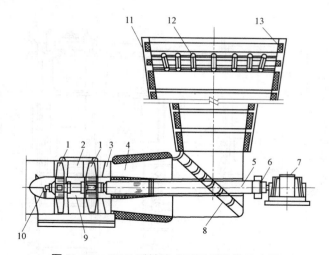

图 7-13　GAF 型轴流式通风机结构示意图

1—叶轮；2—中导叶；3—后导叶；4—扩散器；5—传动轴；6—刹车机构；7—电动机；8—整流叶栅；
9—轴承箱；10—动叶调节装置控制头；11—立式扩散器；12—消音器；13—消音板

流式通风机标准装置结构进行改型设计，成功地取代了原 70B、2BY 和进口苏联的 ВЧЪМ 等通风机，简称节能改造用轴流式通风机 GAF（GZ）。其特点是可利用原通风机的地脚导轨、进口 S 型弯道以及出口的水泥扩压器，将 GAF（GZ）标准型通风机的主体移置到老矿井的 70B、2BY 和 ВЧЪМ 等通风机装置上，进行更新改造。

　　GAF（GZ）型通风机的动叶片安装角的调节装置有三种：机械式停车集中同步可调装置、液压动叶可调装置以及主要用于老矿改造的机械式单个叶片调节装置。通风机反风时，只要将动叶片调节到反风位置，就可实现反风，不需要反风道，也无须改变转子的旋转方向，可节省反风道投资。对于单个叶片可调通风机，可利用原有的反风道进行反转反风。

　　该型通风机的叶片为机翼型扭曲叶片，用高强度铸铝合金制成，效率高、安全可靠、使用寿命长、风机噪声低、振动小。通风机设有防喘振报警、油位报警、油温报警等完善的监测装置。可按用户提供的参数、技术和使用要求，选择最为合理的通风机型号。

　　GAF 型轴流式通风机型号表示方法，以 GAF25-12.5-1（GZ）为例，G——矿井通风机，A——轴流式，F——动叶可调，25——叶轮外径名义值（机壳内径）（d_m），12.5——叶轮内径（轮毂直径）（d_m），1——单级（2——双级），GZ——节能改造型。

　　图 7-14 所示为 GAF25-12.5-1（GZ）型通风机在转速 $n=1\,000$ r/min 时的性能曲线。

3. K66、K55、K50 型轴流式风机

　　沈阳鼓风机厂从丹麦诺文科公司引进了大型轴流式通风机专有技术，设计制造了适合我国矿井通风的新型轴流式通风机 K66、K55、K50。这三种通风机叶轮外径分别为 1.875 m、2.25 m、2.5 m，而轮毂直径均为 1.25 m，焊接结构，单级叶轮，叶片为机翼形，叶片安装角可在 $10°\sim55°$ 范围内调整。该通风机的特点为高效区域宽广，最大静压效率可达 85%。图 7-15 所示为 K66-1 No18.75 矿用轴流式通风机结构简图，其特性曲线如图 7-16 所示。该机能实现直接反转反风，反风量达 60% 以上。

4.（B）DK 型轴流式通风机

　　（B）DK 系列风机是由燕京矿山风机厂设计制造的节能型对旋式轴流式通风机。BDK

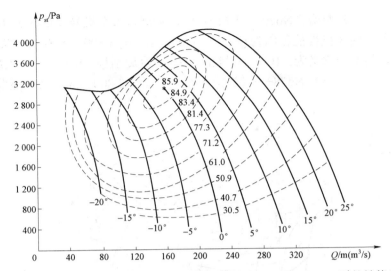

图 7-14　GAF25-12.5-1（GZ）型通风机在转速 $n=1\,000$ r/min 时的性能曲线

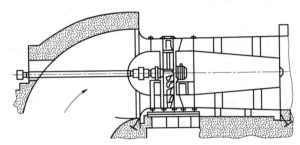

图 7-15　K66-1 No18.75 矿用轴流式通风机结构简图

系列通风机主要适于各类含沼气的矿井做抽出或压入式通风，DK 系列通风机适于各类无沼气矿井的抽出或压入式通风。

（B）DK 系列对旋通风机设置两台电动机，在每台电动机的伸出端安装叶轮，两叶轮相对互为反向旋转，组成对旋结构。两级叶轮既是工作轮又互为导叶，它避免了普通轴流式通风机的中、后导叶的能量损失和电动机与叶轮之间传动装置的能量损失。因此，对旋通风机与其他类型通风机相比，静效率和全效率较高，节能效果显著。

该机可配套 YBF 系列（dI）专用隔爆电动机，电压等级为 380 V/660 V 或 6 kW。电动机置于主机筒体内的密闭罩中，采用高强度的外循环风冷散热，使电动机在无沼气的新鲜空气中运行，确保了整机防爆性能；并可省去主要机房（只需电控值班室）和 85% 的主要通风机基础；同时该机反转反风，不必设置反风道，可节约大量的土建工程及基建费用。反转反风时，只开一级通风机的反风率为 55%，两级全开反风率为 75%。

（B）DK 型通风机采用机翼扭曲叶片，叶片用螺栓或锥体固定在轮毂上，叶片安装角度在停机后由人工调节。小于 No20 号通风机可推开两级主机调节，No20 号以上通风机则通打开主机手孔用特制扳手调节。No20 号以上通风机可沿水平中心线剖分，利于检修。BDK 型通风机系统组成如图 7-17。

该系列通风机的机号范围为 No10~No42（即叶轮直径 1 000~4 200 mm）。No20 以上的通风机机号取其自然整数，No20 以下机号间隔为 0.5。每个机号又根据工作静压 p_{st} 不同，分为若干个型号。通风机性能范围为 $Q = 8 \sim 480 \text{ m}^3/\text{s}$，$p_{st} = 500 \sim 600 \text{ Pa}$。以 BDK－8No28 型通风机为例，其型号意义为：B——防爆型，D——对旋结构，K——矿用主扇，8——配套 8 级电动机（$n = 740 \text{ r/min}$），No28——机号（叶轮直径 $D = 2\,800 \text{ mm}$）。其性能曲线如图 7－18 所示。

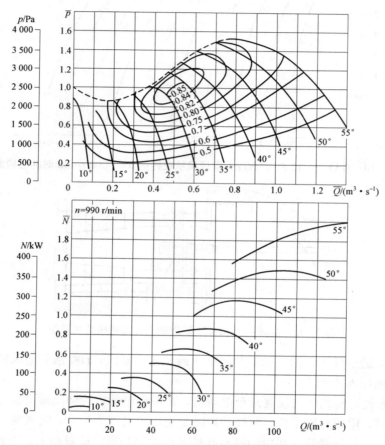

图 7－16　K66－1 No18.75 型轴流式通风机特性曲线

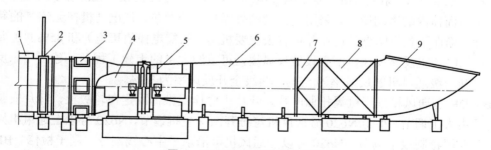

图 7－17　BDK 型通风机系统

1—风道；2—风门；3—检查孔接头；4—Ⅰ级主机；5—Ⅱ级主机；6—扩散器；

7—方圆接头；8—消声器；9—扩散塔

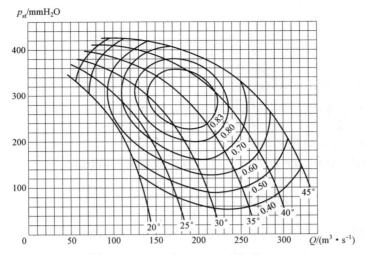

图 7－18　BDK－8 No28 型通风机性能曲线

三、扩散器

通风机出口的气流速度很大，动压很高。扩散器就是装于通风机出口的一个断面逐渐扩大的流道，其作用是回收部分动压，以提高通风机装置的静压。小型通风机一般自带扩散器，大、中型通风机的扩散器可由厂家提供，也可由用户根据实际使用条件和安装地点自行设计。

1. 扩散器性能分析

设通风机的全压为 p，出口面积为 F_d，则通风机的静压为

$$p_{st} = p - \frac{\rho}{2F_d^2}Q^2 \qquad (7-5)$$

对抽出式通风系统，若不装扩散器，动压 $\frac{\rho}{2F_d^2}Q^2$ 将损失在大气中，通风机装置的有效压力仅为 p_{st}。为提高装置的有效压力，需降低出口动压，当 p、Q 一定时，唯一的办法就是在通风机出口上装置扩散器，使系统的出口面积增大，以降低装置出口动压。但是，并非扩散器出口面积 F_k 越大越好，F_k 越大，扩散器结构尺寸越大，且气流在扩散器中扩散损失越大。所以，结构合理的扩散器是能以最小的损失达到最好的扩压效果。通常，扩散器出口速度小于 12 m/s。

扩散器的扩压效果可用损失比 ε_k 来表示，即装置扩散器后的总损失与装置扩散器前的动能损失之比为

$$\varepsilon_k = \frac{\Delta p_k + \rho Q^2/(2F_k^2)}{\rho Q^2/(2F_d^2)} \qquad (7-6)$$

式中　ε_k ——扩散器损失比，它是标志扩散器经济效果好坏的重要指标，ε_k 值越小，说明扩散器的结构越合理，对于一个结构合理的扩散器，可使 $\varepsilon_k \approx 0.25\sim0.4$；

　　F_d，F_k ——扩散器进口（通风机出口）和出口的面积；

　　Δp_k ——扩散器内的压力损失，$\Delta p_k = \xi_k \frac{\rho Q^2}{2F_d^2}$。

式（7-6）可改写为

$$\varepsilon_k = \xi_k + \frac{F_d^2}{F_k^2} = \xi_k + \frac{1}{n^2} \qquad (7-7)$$

式中　　ξ_k——扩散器的阻力系数；

　　　　n——扩散器面积比，$n = \dfrac{F_k}{F_d}$，通常取 $n = 2.5 \sim 3$。

1）装置扩散器后，通风机的静压

如果通风机的全压仍为 p，则通风机装置扩散器后的静压为

$$p_{st \cdot z} = p - \left(\Delta p_k + \frac{\rho Q^2}{2F_k^2} \right) = p - \varepsilon_k \frac{\rho Q^2}{2F_k^2} \qquad (7-8)$$

因 $\varepsilon_k < 1$，比较式（7-5）可知，装置扩散器后通风机的静压提高了。静压的增量为

$$\Delta p_{st} = \frac{\rho Q^2}{2F_d^2} - \varepsilon_k \frac{\rho Q^2}{2F_d^2} = (1 - \varepsilon_k) \frac{\rho Q^2}{2F_d^2} \qquad (7-9)$$

也就是说，在通风机输送给空气的总能量 p 中，用于克服阻力的有效能量增加了 Δp_{st}。若通风网路阻力不变，通风网路所需的能量就会减少，从而达到节能的目的。

2）装置扩散器后，通风系统所需的全压

$$p_z = p_{st \cdot z} + \frac{\rho Q^2}{2F_k^2} \qquad (7-10)$$

将式（7-8）代入式（7-10）中，并利用式（7-7），可得

$$p_z = p - \xi_k \frac{\rho Q^2}{2F_d^2} \qquad (7-11)$$

由此可见，装扩散器后通风机装置的全压 p_z 小于原通风机的全压 p。

2. 扩散器结构

一般离心式通风机配置的扩散器和轴流式通风机配置的扩散器是不同的。

离心式通风机扩散器通常用钢板焊接而成。常用的有两侧面平行、断面形状为矩形的平面扩散器（图7-19）和断面为正方形的塔形扩散器（图7-20）。

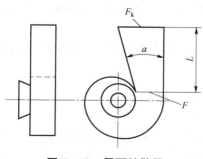

图7-19　平面扩散器

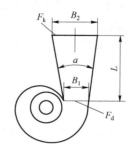

图7-20　塔形扩散器

轴流式通风机扩散器由芯筒和外筒组成，结构形式随芯筒和外筒的形状不同而异。采用流线型芯筒的效率较高，但制造不及圆柱或圆锥形的简单。一般情况下，大型轴流式通风机

扩散器的芯筒用钢板制成，多由厂家提供；外筒则由用户在安装时用混凝土浇筑而成。

为减少损失，扩散器的扩压度不宜过大。若将扩散器的过流通道换算成图7-21所示的当量圆锥，则当量扩散角为

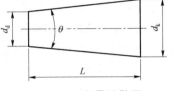

图7-21　当量扩散器

$$\tan\frac{\theta}{2}=\frac{d_k-d_d}{2L} \qquad (7-12a)$$

式中　d_d，d_k——当量锥形扩散器进、出口直径，即

$$d_d=\sqrt{\frac{4F_d}{\pi}}, \quad d_k=\sqrt{\frac{4F_k}{\pi}} \qquad (7-12b)$$

式中　θ——当量扩散角，通常取$\theta=10°\sim20°$。

扩散器的阻力系数ξ_k一般由实验确定。当资料不全时，也可按渐扩流道近似计算。由流体学知，以进口速度为特性速度时，突然扩大流道的局部阻力系数为$\xi=(1-F_1/F_2)^2$，乘以小于1的系数K可得到扩散器的阻力系数为

$$\xi=K\left(1-\frac{F_d}{F_k}\right)^2 \qquad (7-13)$$

系数K与当量扩散角θ的关系见表7-1。

表7-1　系数K与当量扩散角θ的关系

θ	8°	10°	15°	20°	30°
K	0.15	0.16	0.27	0.43	0.81

例7-1　塔形扩散器进口面积$F_d=2.4$ m²，扩散面积比$n=3$，长度$L=4.5$ m，试计算阻力系数ξ_k和损失比ε_k。

解　当量圆锥形扩散器进、出口直径分别为

$$d_d=\sqrt{4F/\pi}=\sqrt{4\times2.4/\pi}\ m=1.748 （m）$$

$$d_k=\sqrt{4F_k/\pi}=\sqrt{4\times3\times2.4/\pi}\ m=3.03 （m）$$

当量扩散角

$$\theta=2\arctan\frac{d_k-d_d}{2L}=2\arctan\frac{3.03-1.748}{2\times4.5}=16.2°$$

由表7-1按插值法求得$K\approx0.308$，代入式（7-13）得

$$\xi=K\left(1-\frac{F_d}{F_k}\right)^2=0.308\times(1-1/3)^2=0.137$$

另有

$$\varepsilon_k=\xi_k+\frac{1}{n^2}=0.137+1/3^2=0.248$$

四、消声装置

矿井通风设备，特别是大型轴流式通风机，在运转时会产生很强的噪声，波及工业广场和生活区，影响人们的工作、休息和身体健康。为了保护环境，需要采取有效措施，把噪声

降到人们感觉正常的程度。

1. 通风机的噪声

通风机噪声包括气动噪声、机械噪声和电磁性噪声。

1）气动噪声

气动噪声是通风机噪声的主要部分，它又包括旋转噪声和涡流噪声。

（1）旋转噪声。旋转噪声是由于叶轮高速旋转时，叶片做周期性运动，引起空气压力脉动而产生的。对于轴流式通风机，当叶轮顶部与外壳之间的间隙不能保持常数时，此间隙中的涡流层厚度的周期性变化，也要产生噪声；当叶轮叶片与导叶片相等时，可能发生干扰，从而使旋转噪声加强。高压通风机以旋转噪声为主。

旋转噪声的基本频率（基频）为

$$f = Zn / 60 \qquad (7-14)$$

式中　Z ——叶片数；

　　　n ——叶轮的转速，r/min。

（2）涡流噪声。涡流噪声主要是因叶轮叶片与空气互相作用时，在叶片周围的气流引起涡流，这种涡流在黏性力作用下又分裂成一系列小涡流，使气流压力脉动而产生噪声。低压风机以涡流噪声为主。

2）机械噪声

机械噪声包括通风机轴承、皮带及传动的噪声，转子不平衡引起的振动噪声。

3）电磁性噪声

电磁性噪声主要产生于电动机。

2. 噪声的度量及计算

声音的强弱常用声动功率 L_W 表示。一般来说，风机的风量越大，风压越高，噪声的声功率就越大，噪声也就越严重。轴流式通风机与离心式通风机比较，当叶片数和圆周速度相同时，两者的低频噪声相差不大，但前者的高频成分大于后者。一般来说，离心式通风机噪声主要为中、低频，轴流式通风机的则为中、高频。

根据机械工业部颁布标准《通风机噪声限值》，通风机噪声的声功率大小可按下式估算，即

$$L_\mathrm{WA} = L_\mathrm{W0A} + 10\lg(Qp^2) \qquad (7-15)$$

式中　L_WA ——A 级声功率（简称 A 声级），dB；

　　　L_W0A ——A 级比声功率（简称比 A 声级），dB，即同系列通风机单位风量（1 m³/h）和单位风压（9.81 Pa）下产生的声功率级，其数值取决于通风机的类型和系列，一般为 20～45 dB，参见表 7-2；

　　　Q ——通风机的风量，m³/s；

　　　p ——通风机的全压，9.81 Pa。

根据流量系数 $\overline{Q}$ 和全压系数 $\overline{p}$ 的定义可得

$$Q = \frac{\pi^2}{240} D_2^3 n\overline{Q}, \quad p = \frac{\rho\pi^2}{3\,600} D_2^2 n^2 \overline{p}$$

表7-2 各类通风机比A声级 L_{W0A} 上限值　　　　　　　　　　　　　　dB

离心式				轴流式
前弯叶片	后弯叶片	机翼叶片	径向叶片	
25	28	23	23	36

将以上两式代入式（7-15），并取 $p = 1.2 \text{ kg/m}^3$，整理得

$$L_{WA} = L_{W0A} + 10\lg(\overline{Q}\overline{p}^2 D_2^7 n^5) - 63.5 \text{ dB} \tag{7-16}$$

此式更能清楚地说明同类通风机的噪声与叶轮直径 D_2 和转速 n 之间的关系。

3. 通风机的消声措施

1）吸声

吸声就是使用吸声材料饰面，使噪声被吸收而降低。吸声材料种类很多，依吸声效果的顺序为玻璃棉、矿渣棉、卡普隆纤维、海草、石棉、工业毛毡、加气微孔耐火砖、吸声砖、加气混凝土、木屑、木丝板和甘蔗板等。把吸声材料固定在通风机进风口和出风口（如扩散器）的内壁上，可达到吸声目的。但注意吸声材料不能散落在气流中，以免污染空气。

2）消声

消声是利用消声器将声源产生的部分声能吸收，使向外辐射的声能减少。消声器是一种阻止、减弱声音传播而允许气流通过的装置。将消声器安装在通风机出口的扩散通道中，可使通风机的噪声得到降低。使用消声器的缺点是增大通风阻力。

消声器的种类很多，但用于通风机的大多是阻性（利用声阻进行消声的）消声器，对高、中频噪声具有较好的消声效果。消声器是用消声板按一定方式排列构成的，按通道的形状可分为排行式、蜂窝式和管式等，如图7-22所示。管式消声器一般只用于小型轴流式通风机中。

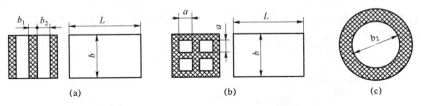

图7-22 排行式、蜂窝式和管式消声器
(a) 排行式消声器；(b) 蜂窝式消声器；(c) 管式消声器

消声器只对某一频率范围的噪声具有较好的消声效果。因此，每种消声器都有其上限频率和下限频率（单位为Hz）。

上限频率　　　　　　　　　　$f_2 = 1.85c / b_2$　　　　　　　　　　（7-17）

下限频率　　　　　　　　　　$f_1 = \beta c / b_1$　　　　　　　　　　（7-18）

式中　　c ——声速，常温下可取 $c = 340 \text{ m/s}$；

　　　　b_2 ——消声通道直径或有效宽度，m；

　　　　b_1 ——吸声材料厚度，m；

　　　　β ——系数，与吸声材料性质有关，由表7-3查取。

表 7-3 几种吸声材料的 α_t 和 β 值

吸声材料	密度 ρ / (kg/m³)	吸声系数 α_t	β
超细玻璃棉	25～30	0.8	0.04
粗玻璃纤维	0～100	0.9	0.065
毛毡	100～400	0.87	0.04
微孔吸声砖	340～450	0.8	0.017
	620～830	0.6	0.023

对超过上限频率的噪声，可在通风机扩散器出口加装消声弯头，使声能经过多次反射衰减下来。消声弯头一般可降噪 5～10 dB。为吸收低频噪声，可选用密度大的吸声材料，也可增加吸声材料的厚度。

消声器的消声量 ΔL_{WA} 可用式（7-19）计算

$$\Delta L_{WA} = 0.815 KSL / A \qquad (7-19)$$

式中　S——消声通道断面周长，对排行式 $S=2b$，对蜂窝式 $S=4a$；

　　　A——消声通道断面面积，对排行式 $A=b_2b$，对蜂窝式 $A=a^2$；

　　　L——消声通道长度；

　　　K——系数，与吸声系数 α_t 有关，见表 7-4。

表 7-4 K 与 α_t 的关系

α_t	0.15	0.30	0.48	0.60	0.74	0.83	0.92	0.98
K	0.11	0.22	0.40	0.60	0.74	0.90	1.2	1.3

式（7-19）计算的是对各种频率噪声消声量的平均值。频率不同时消声量是不等的。图 7-23 所示为消声装置和消声弯头的降噪频谱。从图中可以看出，消声装置对不同频率噪声的消声量不等。

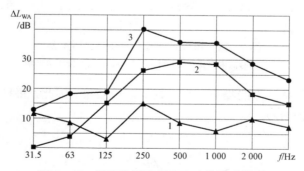

图 7-23 消声装置和消声弯头的降噪频谱

1—消声器；2—消声弯头；3—1、2 之和

矿井主通风机的消声器通常安装在扩散器之后，在出口拐弯处的周围安放由消声板构成的消声弯头，如图 7-24 所示。

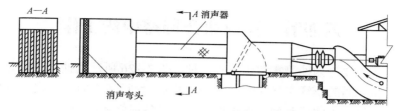

图 7-24　矿井轴流式通风机消声装置

消声板的制造也很简单，在两穿孔的薄钢板间填充吸声材料即可。穿孔的排列多为正方形和三角形，如图 7-25 所示。穿孔率 ψ 一般为 20%～30%。ψ 与孔径 d、孔间距 l 的关系如下：

正方形排列
$$\psi = \frac{\pi}{4}\left(\frac{d}{l}\right)^2 \tag{7-20}$$

三角形排列
$$\psi = \frac{\pi}{2\sqrt{3}}\frac{d}{l} \tag{7-21}$$

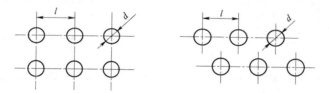

图 7-25　消声器钢板穿孔形式

为获得较好的消声效果，对消声通道的尺寸应有所限制。对排行式消声器，消声板的间距 $b_2 = 100 \sim 200$ mm；对蜂窝式消声器，通道尺寸为 $a \times a = 200$ mm $\times 200$ mm；管式消声器的通道内径 $D \leqslant 400$ mm。

气流经过消声器的压力损失 Δp_x 可按式（7-22）计算

$$\Delta p_x = \xi_x \frac{\rho v^2}{2} \tag{7-22}$$

式中　v ——通道中气流的速度，一般为 10～20 m/s；

　　　ξ_x ——消声器的阻力系数，ξ_x 与面积比 F/F_0（F_0 和 F 分别为装消声器前、后的通流面积）有关，当 $F/F_0 = 0.6 \sim 0.9$ 时，$\xi_x = 0.45 \sim 0.12$。

3）隔声

隔声就是把发声的通风机封闭在一个小的空间中，使之与周围环境隔绝开来。典型的隔声装置有隔声罩和隔声间。

4）减振

机械振动是主要的噪声源之一，因此减轻通风机振动是控制通风机噪声的重要方法。必要时，可在通风机与它的基础间安设减振构件，或者在通风机与风道间采取隔振措施，以减少噪声的传播。

第四节 通风机在网路中的工作

矿井通风方式主要分为抽出式和压入式两种。图7-26所示为抽出式矿井通风系统。通风机3工作时，将地面的新鲜空气抽吸进入进风井1，经过工作面后变成污浊空气再经回风井2和通风机3排出，由此达到为井下工作人员和设备提供新鲜空气的目的。

一、通风机在网路中的工作分析

图7-27所示为通风机在网路中的工作图。设风机的全压为p，根据不可压缩流体定常流伯努利方程式，单位体积的气体在1-1和2-2断面上的能量关系为

$$p_1 + \frac{\rho}{2}v_1^2 = p_2 + \frac{\rho}{2}v_2^2 + \Delta p_{1-2}$$

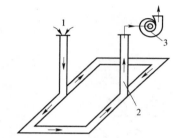

图7-26 抽出式矿井通风系统

1—进风井；2—回风井；3—通风机

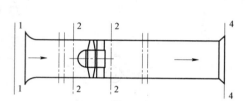

图7-27 通风机在网路中的工作图

因$p_1 = p_a$，$v_1 \approx 0$，故上式可写成

$$p_a = p_2 + \frac{\rho}{2}v_2^2 + \Delta p_{1-2} \tag{a}$$

单位体积的气体在2-2和3-3断面上的能量关系为

$$p_2 + \frac{\rho}{2}v_2^2 + p = p_3 + \frac{\rho}{2}v_3^2 \tag{b}$$

单位体积的气体在3-3和4-4断面上的能量关系为

$$p_3 + \frac{\rho}{2}v_3^2 = p_4 + \frac{\rho}{2}v_4^2 + \Delta p_{3-4} = p_a + \frac{\rho}{2}v_4^2 + \Delta p_{3-4} \tag{c}$$

将式（a）、式（b）和式（c）联立求解得

$$p = \frac{\rho}{2}v_4^2 + \Delta p_{1-2} + \Delta p_{3-4} \tag{7-23a}$$

式中 $\frac{\rho}{2}v_4^2$ ——通风网路出口断面速度能，Pa；

v_4 ——通风网路出口断面平均速度，可用v_d表示，m/s；

Δp_{1-2} ——通风网路吸入段的阻力损失，可用Δp_x表示，Pa；

Δp_{3-4} ——通风网路排出段的阻力损失，可用Δp_p表示，Pa。

式（7-23a）可改写为

$$p = \frac{\rho}{2}v_{\mathrm{d}}^2 + \Delta p_{\mathrm{x}} + \Delta p_{\mathrm{p}} = \frac{\rho}{2}v_{\mathrm{d}}^2 + \Delta p \qquad (7-23\mathrm{b})$$

式（7-23b）表明，通风机提供给空气的总能量 p 中，一部分用于克服网路流动阻力 Δp，另一部分在气体排入大气时被消耗在大气中，即网路出口处的动能 $\frac{\rho}{2}v_{\mathrm{d}}^2$。

通常，将通风机提供的总能量 p 称为全压；用于克服网路流动阻力的那部分有益能量，称为静压，用 p_{st} 表示；用于使气体在网路中以一定流速流动，并被消耗在大气中的那一部分能量，称为动压，用 p_{d} 表示。即通风机所提供的全压可表示为

$$p = p_{\mathrm{st}} + p_{\mathrm{d}} \qquad (7-24)$$

由上述分析可知，通风机提供的静压所占比例越大，克服网路阻力的能力就越大。因此在设计和使用通风机时，应尽可能地提高通风机产生的静压。

当矿井采用压入式通风时，$\Delta p_{\mathrm{x}} = 0$。式（7-23b）可写成

$$p = \Delta p_{\mathrm{p}} + \frac{\rho}{2}v_{\mathrm{d}}^2 = p_{\mathrm{st}} + p_{\mathrm{d}} \qquad (7-24\mathrm{a})$$

当矿井采用抽出式通风时，$\Delta p_{\mathrm{p}} = 0$。式（7-23b）可写成

$$p = \Delta p_{\mathrm{x}} + \frac{\rho}{2}v_{\mathrm{d}}^2 = p_{\mathrm{st}} + p_{\mathrm{d}} \qquad (7-24\mathrm{b})$$

由式（7-24b）和式（a）可知

$$p_{\mathrm{st}} = \Delta p_{\mathrm{x}} = (p_{\mathrm{a}} - p_2) - \frac{\rho}{2}v_2^2 \qquad (7-24\mathrm{c})$$

式（7-24c）表明，在抽出式通风系统中，通风机产生的静压等于通风机入口断面的负压 $(p_{\mathrm{a}} - p_2)$ 与该断面的速度能 $\frac{\rho}{2}v_2^2$ 之差。

二、通风网路的阻力特性及等积孔

1. 网路特性

空气在网路中流动时，因阻力的存在会产生能量损失，这就需要通风机给空气提供足够的能量以维持其在网路中的流动。通风网路的阻力包括沿程阻力和局部阻力，设网路中的流量为 Q，断面面积为 F，则

$$\Delta p = \left(\lambda \frac{l}{D_{\mathrm{d}}} + \sum \zeta\right)\frac{\rho}{2F^2}Q^2 = \lambda \frac{L}{D_{\mathrm{d}}}\frac{\rho}{2F^2}Q^2$$

式中　D_{d}——网路的当量直径，m；

　　L——网路计算长度，$L = l + \sum l_{\mathrm{d}}$；

　　$\sum l_{\mathrm{d}}$——局部装置的当量长度，$\sum l_{\mathrm{d}} = \dfrac{\sum \zeta}{\lambda}D_{\mathrm{d}}$。

当网路一定时，D_{d}、L 和 F 为定值，则上式可写成

$$\Delta p = RQ^2 \qquad (7-25\mathrm{a})$$

式中，$R = \lambda \dfrac{L}{D_d} \dfrac{\rho}{2F^2}$，称为通风网路阻力系数，其单位是 Pa·s^2/m^6，对一定的网路，$R =$ 常数。在抽出式通风网路中，Δp 是空气在网路吸入段中的压力损失，恰好等于网路负压，用 h 表示。于是

$$\Delta p = h = RQ^2 \qquad (7-25b)$$

此式称为通风网路的静阻力特性方程。在 $p_{st} - Q$ 坐标系中，它表示一条过原点的抛物线，称为网路静阻力特性曲线，如图 7-28 所示。

若网路出口面积为 F_d，由式（7-23b）得

$$p = \left(R + \dfrac{\rho}{2F_d^2} \right) Q^2 = bQ^2 \qquad (7-26)$$

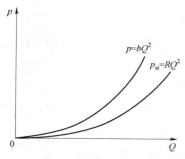

式中，$b = R + \rho/(2F_d^2)$，称为比例系数，网路一定时，$b =$ 常数。式（7-26）称为网路的全阻力特性方程，在 $p-Q$ 图中它也表示一条抛物线，叫作网路全阻力特性曲线，如图 7-28 中所示。

对于抽出式通风系统，风机提供给气体的有效能量正好等于网路负压 h，其值等于风机的全压减去网路出口动压，即

图 7-28 网路阻力特性曲线

$$h = p - \dfrac{\rho}{2F_d^2} Q^2 \qquad (7-27)$$

对于抽出式通风系统，网路出口也就是通风机的出口。所以，式（7-27）中的 h 在数值上等于通风机的静压。但应注意，网路负压与风机静压本质上是有区别的，而且只有抽出式通风系统，二者在数值上才一定相等。

2. 网路等积孔

在研究通风网路的阻力特性时，为了在概念上更形象化，经常用网路等积孔大小来代替网路阻力的大小。所谓等积孔，就是假想在薄壁上开一面积为 A_c 的孔口，当流过该孔口的流量等于网路中的流量时，孔口两侧的压差恰好等于网路的阻力，则这个孔口称为该网路的等积孔。

由流体力学知，在压差 p_{st} 的作用下，通过薄壁孔口 A_c 的流量 Q 为

$$Q = A_c \mu \sqrt{2p_{st} / \rho}$$

于是得

$$A_c = \dfrac{Q}{\mu} \sqrt{\dfrac{\rho}{2p_{st}}} \qquad (7-28)$$

式中 A_c ——孔口面积，简称等积孔，m^2；

Q ——网路中的流量，m^3/s；

μ ——流量系数，一般取 $\mu = 0.65$。

将式（7-25）代入式（7-28），并取 $\mu = 0.65$，$\rho = 1.2\,\text{kg/m}^3$，可得

$$A_c = \dfrac{1.19Q}{\sqrt{p_{st}}} = \dfrac{1.19}{\sqrt{R}} \qquad (7-29a)$$

或

$$p_{st} = \frac{1.42}{A_c^2} Q^2 \qquad (7-29b)$$

显然，式（7-29b）中 $1.42/A_c^2$ 相当于网路阻力损失系数 R。当网路风量一定时，等积孔 A_c 和风阻 R 都表征了对网路通风的难易程度。网路阻力 R 值越小，或等积孔 A_c 值越大，通风越容易，反之通风越困难。所以在判断矿井通风网路阻力大小和通风难易程度时，常习惯使用等积孔。

例 7-2 某通风网路的风阻 $R = 1.73$ Pa·s²/m⁶，出口面积 $F_d = 9.5$ m²，则

（1）计算网路的等积孔 A_c。

（2）当 $Q = 45$ m³/s 时，求网路负压和风机应产生的全压。

解 （1）网路等积孔为

$$A_c = \frac{1.19}{\sqrt{R}} = \frac{1.19}{\sqrt{1.73}} \text{ m}^2 = 0.905 \text{（m}^2\text{）}$$

（2）网路负压力为

$$p_{st} = RQ^2 = 1.73 \times 45^2 \text{ Pa} = 3\,503 \text{（Pa）}$$

通风机产生的全压应等于网路全部能量损失，则有

$$p = \left(R + \frac{\rho}{2F_2^2}\right)Q^2 = \left(1.73 + \frac{1.2}{2 \times 9.5^2}\right) \times 45^2 \text{ Pa} = 3\,517 \text{（Pa）}$$

三、通风机工况分析

1. 通风机的工况点

如前所述，每一台通风机都是和一定的网路连接在一起进行工作的。通风机所产生的风量，就是从网路中流过的风量；通风机所产生的风压，就是网路所需要的风压。所以，将通风机的风压特性曲线与网路特性曲线按同一比例尺画在同一坐标图上所得的交点，称为通风机的工况点。工况点所对应的各项参数，称为工况参数。

通常在离心式通风机的产品说明书中，只给出了全压特性曲线，因此在确定工况点时，应按式（7-25）画出网路的全阻力特性曲线；或从通风机的全压特性曲线中，按式（7-27）扣除动压 $\rho v_d^2/2$（若在通风机的出口装有扩散器，该项变为扩散器的出口动压），得到通风机的静压特性曲线。通风机的静压特性曲线需与网路的静阻力特性曲线相配。如图 7-29 所示，利用全压特性曲线确定的工况点为 M'，利用静压特性曲线确定的工况点为 M，两者的流量相等。

对于轴流式通风机，厂家提供的曲线是静压特性曲线。因此网路特性也应采用静阻力特性曲线。

2. 通风机的工业利用区

为保证通风机稳定、高效地运转，必须对通风机的工况点范围加以限定，这一限定区域就是通风机的工业利用区。划定工业利用区的原则是保证通风机工作的稳定性和经济性。

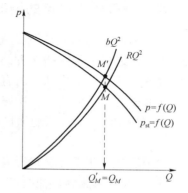

图 7-29 通风机工况点

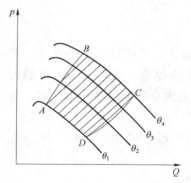

图 7-30　轴流式通风机的工业利用区

1）稳定性条件

如图 7-30 所示，轴流式通风机的特性曲线呈马鞍形。当通风机工况点进入曲线最高点左边时就会出现机器振动增大、声音异常、压力及功率参数发生波动等现象。为避免这些现象的发生，通风机应工作在曲线最高点的右边。考虑到由于某种原因，通风机转速可能下降，故规定工况风压不得超过最高静压的 90%，即稳定工作条件为

$$p_M \leqslant 0.9 p_{st \cdot max} \qquad (7-30)$$

除此之外，还应保证通风机只有单一工况点（不允许出现多工况点）。

2）经济性条件

通风机功率较大，又长时运转，耗电多为保证工作的经济性，对效率有一定要求。依据目前的制造水平，一般规定工况静效率应大于或等于通风机最大静效率的 0.8 倍，但不得低于 0.6，即经济工作条件为

$$\eta_M \geqslant 0.8\eta_{max} \text{ 或 } \eta_M \geqslant \eta_{min} = 0.6 \qquad (7-31)$$

式中　　η_{max}——通风机的最高效率；

　　　　η_{min}——人为规定的最低效率。

根据式（7-30）和式（7-31）的要求，可以在通风机的特性曲线上找出一个既满足稳定性条件又满足经济性条件的工作范围，此范围称为通风机的工业利用区。轴流式通风机的工业利用区如图 7-30 中 *ABCD* 所限定的范围，其中 *AB* 线为不同安装角时，在静压特性曲线上的各 0.9 倍最大静压值点之间的连线；*CD* 线为静效率等于 0.6 时的等效率曲线（由效率相等的点所构成的曲线）。离心式通风机的工业利用区，如图 7-31 中的阴影部分，其中 p_{st}、N、η_{st} 分别为离心式通风机的静压、轴功率和静效率特性曲线。

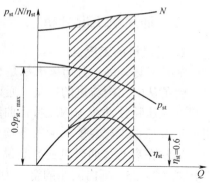

图 7-31　离心式通风机的工业利用区

四、通风机工况点的调节

当通风机产生的风量不能满足要求时，就需要改变通风机的工况点以满足通风要求。因工况点是由通风机和网路二者的风压特性曲线共同决定的，其中任何一个发生变化，工况点都将改变，所以调节方法也就有两种，即改变网路特性和改变通风机特性。

随着矿井开采的进行，网路阻力将不断增加，但所需风量在各个时期或要求保持不变，或要求有所增加。因此，通风机的工况点必须根据实际需要及稳定、经济条件，进行必要的调节。

调节通风机工况点的途径有两条：一是改变网路特性曲线；二是改变通风机特性曲线。

（一）改变网路特性曲线

在通风机进风道上都装有调节风门。通过调节风门的开度使网路阻力发生变化，进而使

工况点改变，以达到调节流量的目的，这种方法称为闸门节流法或风门调节法。

如图7-32所示，开采初期和末期的网路特性曲线分别用1和2表示。在开采初期，如不进行调整，通风机送入井下的风量Q_1比矿井需要的风量Q_2大得多，因此多消耗功率$N_1 - N_2$，为了节省电能，应将风道中的闸门适当关小，使网路特性曲线由1变为2。随着巷道的延长和网路阻力的增加，再将闸门逐渐开大，使网路特性曲线始终对应于曲线2，以保持通风机的供风量等于矿井所需风量Q_2。

这种调节方法操作简便，设备简单，调整容易而且均匀。但因有附加能量损失，所以是一种不经济的调节方法。一般情况下只作为辅助性的微调或暂时的应急方法使用。

（二）改变通风机特性曲线

1. 改变叶轮转速调节法

1）改变叶轮转速调节原理

由比例定律知，当通风机的转速变化时，特性曲线将相应地上下移动。

在图7-33中，曲线1、2、3、4分别为开采初期、中期和末期的网路特性曲线。在矿井开采初期，通风机若以最大转速n_{max}运转，所产生的风量Q_1将大大超过矿井所需风量Q_2，为了避免浪费，将转速由n_{max}减至n_{min}。在n_{min}时，通风机的特性曲线为5；工况点为1，此时的风量正好满足要求。但当网路阻力不可避免地增大时，工况点将左移，使通风机的风量小于Q_2。因此，在开采初期，通风机需以转速n_1运转，此时通风机的风量稍大于矿井所需风量Q_2，经过一段时间后，由于网路阻力的增加，工况点将由Ⅱ点移至Ⅲ点。为不使通风机风量的继续减小，必须将通风机的转速由n_1增至n_2，使通风机的特性曲线由6变为7，工况点由Ⅲ点移至Ⅳ点。依次调节，直到采掘终了为止，此时转速为n_{max}，通风机的特性曲线为8，工况点为Ⅵ。采用这种调节方法时，为满足网路特性的不断变化，相应地使通风机的转速由$n_1 \rightarrow n_2 \rightarrow n_{max}$，工况点则由Ⅱ→Ⅲ→Ⅳ→Ⅴ→Ⅵ→Ⅶ。

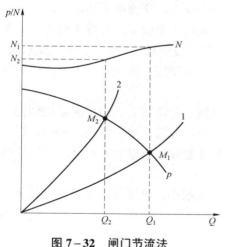

图7-32　闸门节流法

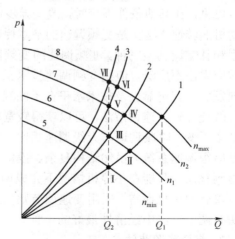

图7-33　改变叶轮转速调节法

2）改变叶轮转速的方法

改变叶轮转速的方法有阶段调速和无级调速之分，若为阶段调速，对于皮带传动的离心式通风机，可采用更换皮带轮或电动机的方法实现；对于轴流式通风机和直联的离心式通风机，可更换转速不同的电动机或采用多速电动机，但应注意不得使叶轮圆周速度大于允许

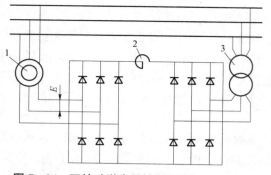

图 7-34 可控硅逆变器控制的串级调速原理

1—电动机；2—逆变器；3—变压器

值。若为无级调速，可采用调速型液力耦合器、串级调速系统、变频调速和汽轮机驱动。

可控硅逆变器控制的串级调速原理如图 7-34 所示。转差电动势 E 经二极管后加到逆变器 2 上，由可控硅控制的逆变器再将直流电变成交流电，经过变压器 3 后把转差功率返回到交流电网中，从而大大提高了系统的效率。改变逆变器中可控硅的控制角就可改变电动机 1 外加电动势的大小，从而使电动机的转速改变。串级调速系统可以在 1.5～2 的调速范围内实现无级调速。

变频调速是一种有良好发展前景的调速方法。其原理是通过改变输入电动机的交流电的频率，来改变电动机的转速。因为电动机的同步转速，即定子旋转磁场的转速为

$$n_0 = \frac{60 f_1}{p}$$

式中　　n_0——电动机的同步转速，r/min；

　　　　f_1——电动机定子频率，Hz；

　　　　p——电动机的磁极对数。

电动机转子的转速为

$$n = n_0(1-S) = \frac{60 f_1(1-S)}{p}$$

式中　　S——异步电动机的转差率。

可见，在其他条件不变时，改变异步电动机定子端输入的交流电源的频率，就可以改变电动机的转速，这就是变频调速的基本原理。用于通风机的变频调速装置主要有电压型、电流型和脉宽调制型三种。变频调速的变频器较复杂，初步投资较大，使用、维护技术水平高，目前应用还不广泛。但是变频调速技术正在向高性能、高精度、响应快、大容量化、微型化方向发展，其可靠性及技术水平在不断提高和完善。

改变叶轮转速调节法，可以获得较宽广的调节范围。若调节前后的工况是相似的，则效率基本不变。阶段调速与无级调速相比，前者机构简单，但需在停机情况下操作；后者（尤其是串级调速系统）虽然结构复杂、投资大，但调节性能好，节电效果明显，其投资很快可以得到补偿，且能在不停机情况下完成调节工作。

仅就通风机而言，采用变速调节则效率不变或变化很小，故可保证通风机高效运转。它是所有调节方法中经济性最好的一种。

2. 前导器调节法

由流体力学中的理想流体的全压计算理论知，离心式通风机和轴流式通风机的理论风压与通风机入口处的绝对速度 c_1 在圆周速度方向的投影 c_{1u}（入口旋绕速度）的大小有关。当 c_{1u} 的方向与叶轮旋转方向一致时，c_{1u} 本身为正，使风压减小；反之，c_{1u} 为负，风压增加。根据这个原理，可在离心式或轴流式通风机的入口处加一个预旋空气的前导器，以调整通风机的压力。

G4－73－11 型离心式通风机的前导器如图 7－35 所示。前导器是由扇形叶片组成的，各叶片可以同时绕自身轴旋转。旋转的角度可用装在前导器外壳上的操作手柄（图中未画出）的定位装置确定。叶片偏离轴面的角度决定了气流进入叶轮的方向，即决定了 c_{1u} 的方向和大小。当前导器叶片角为负值时，c_{1u} 本身为正，使风压降低，叶片角负值越大，风压下降越大；叶片角为正值时，风压增加。可见，

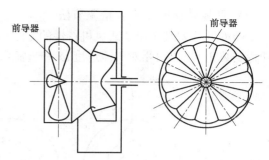

图 7－35　G4－73－11 型离心式通风机的前导器

调节前导器叶片角，可以改变通风机的特性曲线，达到调节工况的目的。图 7－36 所示为 G4－73－11 型离心式通风机的轴向前导器在不同叶片安装角下的类型特性曲线。由图中可看出，随着安装角的增大（c_{1u} 增加），流量、压力变小，效率也有所下降。

图 7－37 所示为装有前导器的两级轴流式通风机示意图。前导叶多呈机翼形，通过联动机构可将叶片同时调到所需角度。前导叶可分为两种，一种叶片是直的，如图 7－38（a）所示，可左右偏转，产生正预旋或负预旋；另一种叶片是弯的，只能使气流产生单向偏转，如图 7－38（b）所示。

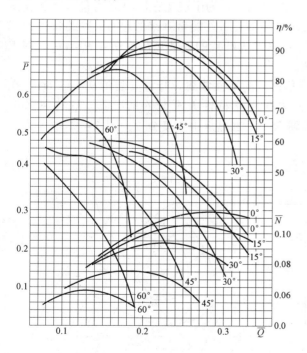

图 7－36　G4－73－11 型离心式通风机的轴向前导器
在不同叶片安装角下的类型特性曲线

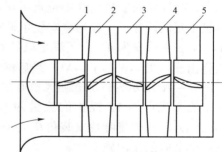

图 7－37　装有前导器的两级轴
流风机示意图

1—前导器；2—第一级叶轮；3—中导器；

4—第二级叶轮；5—后导器

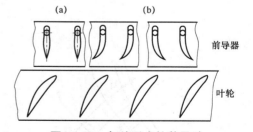

图 7－38　各种形式的前导叶

用前导器调节工况时，通风机效率略有降低，它的经济性比改变转速调节法差，而优于闸门节流法。但这种调节方法结构简单，调节操作方便，使用可靠，还可在不停机的情况下调节，易实现自动控制。因此，作为辅助调节措施在通风机调节中得到广泛应用。

3. 改变叶轮叶片安装角调节法

改变叶片安装角调节通风机特性的方法多用于轴流式通风机。由图 7-39 可以看出，改变叶片安装角 θ，出口相对气流速度 ω_2 和气流角 β_2 都要发生变化，出口旋绕速度 c_{2u} 也随之变化。

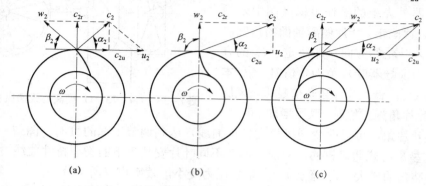

图 7-39　叶片的三种形式

θ 角越大，β_2 也越大，c_{2u} 增加越多，通风机产生的风压就越高，反之风压越低。所以这种调节方法实质上是改变通风机的特性曲线，其调节过程如图 7-40 所示。在矿井开采初期，叶片可在安装角 θ_1 的位置工作，其工况点为 I。为了避免在网路阻力稍有增加就出现风量不足的现象，一般均将安装角调整到 θ_2 的位置工作。随着开采的进行，网路特性曲线由 1、2、3 最后变为 4。为了满足风量 Q，可逐渐增大叶片的安装角，由 $\theta_2 \rightarrow \theta_3 \rightarrow \theta_4$，其工况点将由 II → III → IV → V → VI，最后移至 VII。

图 7-41 所示为轴流式通风机叶片安装角调节的特性曲线。叶片安装角 $\theta = 45°$ 时，在网路中的工况点为 1，提供的流量为 Q_1。如果在网路特性 R 不变的情况下，欲将风量由 Q_1 减至 Q_2，只需将叶片安装角 θ 从 45° 调到 35°，工况点由 1 变到 2。图 7-41 中 3 为采用风门调节时的工况点。

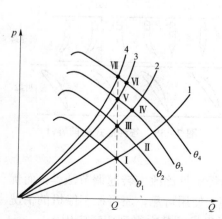

图 7-40　改变叶轮叶片安装角调节法

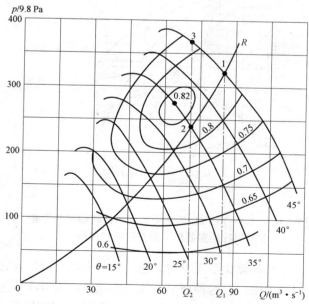

图 7-41　轴流式通风机叶片安装角调节的特性曲线

改变叶片安装角的方法很多。最原始的方法是在停止通风机的情况下，旋松固定叶片的锁紧螺母，然后人工搬动叶片，使其绕自身轴旋转到所需的角度，调节定位后，再拧紧螺母，如图 7-42 所示。这样一片一片地调节，所需时间一般为 1.5~2 h，而且很难保证调节精度。

目前一些新型通风机采用了叶片同时调节机构，如图 7-43 所示。在各叶片的叶柄上装有圆锥齿轮 3，它与圆锥齿轮 4 啮合，齿轮 2 与蜗杆机构 6 相连。停机后，从机壳上的窗孔中伸入操作手柄转动蜗杆，各叶片便同时转动。这种机构的优点是可保证各叶片的转角相同，而且调节简便。

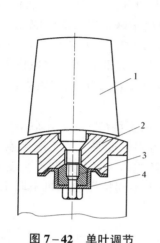

图 7-42　单叶调节

1—叶片；2—轮毂；3—锁紧螺母；4—防松簧片

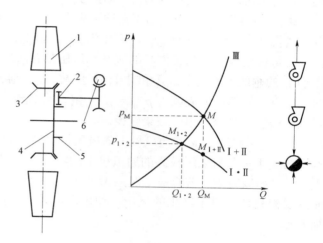

图 7-43　叶片同时调节机构

1—叶片；2，5—圆柱齿轮；3，4—圆锥齿轮；6—蜗杆机构

在风量变化频繁的系统（如锅炉送风系统），风机还采用了动叶调节机构进行调节，其最大的优点是能够在运转中任意改变叶片安装角，其操作方式有油压式、机械式和电气式等。

改变叶片安装角（$\theta = 15° \sim 45°$）的方法具有调节范围大和效率较高等优点，被广泛应用于轴流式通风机的调节中。

4. 改变叶轮级数和叶片数目调节法

改变叶轮级数和叶片数目调节法只限于轴流式通风机。如采用的是两级轴流式通风机时，若通风机产生的风压大大超过实际需要，则可把后一级叶轮上的叶片全部去掉，使通风机的特性曲线下降，以达到调节风量的目的。在通风机叶片数为偶数的情况下，也可将叶片均匀对称地拿掉几片，使通风机的特性曲线下降。利用这种调节方法时，必须高度注意叶片取下后的叶轮平衡问题。因此，对各个叶片质量及外形尺寸的误差要有严格控制。

改变通风机级数的调节范围，比改变叶轮叶片数目的调节范围大，但两者的效率都有所降低，且都需在停机情况下进行。

五、通风机的联合工作

当单台通风机不能满足通风要求时，可以采用多台通风机联合工作。联合工作的形式很多，最基本的是简单串联和并联，复杂的联合运转都是以此为基础的。

1. 通风机的串联工作

通风机串联工作的主要任务是增加风压，但网路中的流量也有所增加。图 7-44 所示为两台相同通风机在同一地点串联工作的示意图和曲线图。

通风机串联工作时，每台通风机的风量是相等的，但总风压为每台通风机产生的风压之和。所以，若已知两台通风机的特性曲线 I、II，将两曲线在相同流量下的风压相加，即得串联后的合成特性曲线 I + II。

网路特性曲线 III 与串联后的合成特性曲线 I + II 的交点 M 即为串联工作时的工况点。此时，通风机的合成流量为 Q_M，风压为 p_M。

由图 7-44 可以看出，当每台通风机在同一网路 III 上单独工作时，其工况点为 $M_{1,2}$，每台通风机所产生的风量为 $Q_{1,2}$，风压为 $p_{1,2}$。显然，两台通风机串联工作时的合成流量和风压，比每台通风机单独工作时的流量和风压都有所增加，即 $Q_M > Q_{1,2}$，$p_M > p_{1,2}$。过 M 点作 Q 轴的垂线分别交曲线 I 和 II 于 M_I 和 M_{II} 点，则 M_I 和 M_{II} 分别是联合工作时风机 I 和 II 的工况点。显然，合成风压 $p_{I+II} = p_I + p_{II}$，合成流量 $Q_{I+II} = Q_I + Q_{II}$。在网路阻力较小时，其风压增加不显著，串联效果较差。

如图 7-44 所示，若通风机 I 的风压特性高于通风机 II 的风压特性，它们串联后的合成特性曲线 I + II 与风压较高的通风机 I 的特性曲线必有一交点 C。如果合成工况点 M 在 C 点左侧，串联有效；若合成工况点 M 在 C 点右侧，则风压较低的通风机 II 不但不产生风压，而且要消耗通风机 I 产生的风压，使串联失效。因此，C 点为不同特性通风机串联工作的临界点。

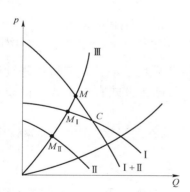

图 7-44　两台相同通风机在同一地点
串联工作的示意图和曲线图

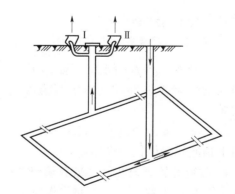

图 7-45　不同特性通风机的串联

串联可分两种情况，串联通风机首尾紧密相接的称为紧密串接；串联通风机之间有一段管道或其他设备的称为间隙串联。

锅炉的送、引风系统就属于两通风机间隔串联系统。矿井生产中，串联通风机一般只用在掘进通风中，主通风机很少采用。

2. 通风机的并联工作

通风机并联工作的主要任务是增加网路中的风量。当网路阻力不大时，其风量增加最为显著。图 7-46 所示为两台相同通风机安装在风井附近同一机房中并联工作的示意图和曲线图。

在同一风压下，把曲线Ⅰ、Ⅱ的横坐标相加，即得Ⅰ、Ⅱ号通风机并联工作时的合成特性曲线Ⅰ+Ⅱ。

并联工作时的合成特性曲线Ⅰ+Ⅱ与网路特性曲线Ⅲ的交点 M，即为并联工作时的工况点。此时，通风机的合成流量为 Q_M，风压为 p_M。

过 M 点作 Q 轴的平行线分别与曲线Ⅰ和Ⅱ相交就确定出风机Ⅰ和Ⅱ的工况点 M_I 和

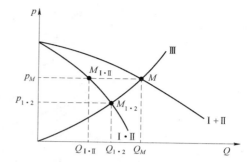

图 7-46　两台相同通风机安装在风井附近同一机房中并联工作的示意图和曲线图

M_{II}，工况参数为 $p_I = p_{II} = p_M$，$Q_I + Q_{II} = Q_M$。由图可知，两台相同的通风机并联工作时，每台通风机的流量 $Q_I = Q_{II} = Q_M/2$，风压为 $p_I = p_{II} = p_M$。当一台通风机在此网中单独工作时，其工况点为 $M_{1,2}$，流量为 $Q_I = Q_{II}$，风压为 $p_{1,2}$，显然 $Q_{1,2} < Q_M < 2Q_{1,2}$，$p_M > p_{1,2}$，即并联后，通风机的总流量增加了，因而达到了并联工作的目的。

从图 7-46 还可看出，通风机并联工作的效果与网路阻力的大小有关。当网路阻力过大时，并联后的流量与单机运转时的流量相差不大。显然，这样的并联工作意义不大。

通风机并联工作时，需注意运转的稳定性问题。并联工作的不稳定，是由于通风机特性有马鞍形起伏、网路阻力突变、通风机转速下降和自然风压等因素的影响，使通风机特性曲线与网路特性曲线交点不唯一而引起的。如果并联工作的通风机选择合理，各区段的风量分配和风压损失计算正确，且无转速和阻力突变，则通风机不会产生不稳定工作状态。由于 4-72 型和 G4-73 型离心式通风机的叶片是强后倾的，其特性曲线呈单调下降，这对通风机并联工作的稳定是有利的；而轴流式通风机的特性曲线一般均呈马鞍形，当叶片安装角大于 25° 后，马鞍形更显著，这对通风机并联工作的稳定是极为不利的。

3. 对角通风系统中通风机的联合工作

图 7-47 所示为两台通风机在矿井对角式通风系统中联合工作（亦称两翼并联工作）。风机Ⅰ和Ⅱ除分别有各自的网路 OA 和 OB 外，还共有一条网路 OC。为求得各通风机的工况点，设想将通风机Ⅰ和Ⅱ变位到 O 点得变位通风机Ⅰ′和Ⅱ′，按并联工作求出Ⅰ′和Ⅱ′的工况点后，再反向求取原通风机Ⅰ和Ⅱ的工况点。具体步骤如下。

（1）先求变位通风机的风压曲线。将通风机Ⅰ变位到 O 点后，变位通风机Ⅰ′的压力比通风机Ⅰ的降低了 R_1Q^2（即网路 OA 的压力损失）。所以通风机Ⅰ′的压力应为 $p' = p_1 - R_1Q^2$。先作出网路 OA 的特性曲线 OA，再按"流量相等，压力相减"的方法即可作出变位通风机Ⅰ′的风压曲线Ⅰ′，如图 7-47 所示。

同理可作出变位通风机Ⅱ′的风压曲线Ⅱ′。

（2）按"风压相等，风量相加"的办法，作出变位通风机Ⅰ′和Ⅱ′的并联"等效通风机"风压特性曲线Ⅰ′+Ⅱ′。再作公共网路特性曲线 b 与曲线Ⅰ′+Ⅱ′相交可得等效单机工况点 M。过 M 点作 Q 轴的平行线分别交曲线Ⅰ′和Ⅱ′于 M_1' 和 M_2' 点，再过这两点作 Q 轴的垂线，分别与曲线Ⅰ和Ⅱ相交，交点 M_1 和 M_2 就是原通风机Ⅰ和Ⅱ的工况点。

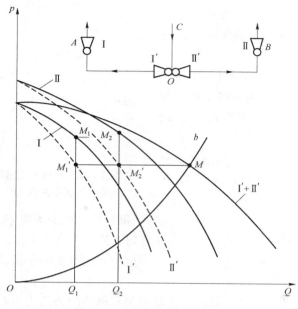

图 7-47　风机两翼并联工作

第五节　通风机及反风的操作

一、通风机的操作

1. 通风机的运转

通风机在安装和检修后要进行调整与试运转。运转前要对通风机做详细的检查，如皮带或联轴器连接情况、各部螺丝的紧固程度及自动控制轴承温度装置是否良好，润滑油是否足够等；运转过程中，应注意机器的响声和振动，检查轴承的温度，观察和记录各种仪表的读数，如发现有撞击声、叶轮与机壳内壁的摩擦声、不正常的振动及其他故障时，应立即停止运转，经修理后再重新启动。

在选择通风机的启动工况时（选择启动方式），应尽量选在功率最低处并尽量避免出现不稳定现象。为此，对于风压特性曲线没有不稳定段的离心式通风机，因流量为零时功率最小，故应在闸门完全关闭的情况下进行启动。对于风压特性曲线上有不稳定段的轴流式通风机，当由于不稳定而产生的风压波动量不大时，也可选择功率最低点为启动工况，此时闸门应半开，流量为正常流量的 30%～40%；若不稳定时风压波动太大，也允许在全开闸门情况下启动，启动工况应落在稳定区域内。

离心式通风机试运转时，在运转 8～10 min 后，即便未发现什么问题，也应暂时停运，然后进行第二次启动。此时要将闸门逐渐开启，让通风机带负荷运转约 30 min，再将闸门完全打开，使其在额定负荷下运转 45 min，然后停机。待将所有零件重新检查一遍后，重新投入运转 8 h，再停机检查。确认无问题后，即可正式投入运转。

轴流式通风机在试运转时，应首先将叶片安装角调整为零度，试运转 2 h 后，如一切正常，则将叶片安装角调整到需要的角度上，再试运转 2 h，如情况良好，即可正式投入运转。

2. 通风机日常维护注意事项

通风机日常维护中应注意以下事项。

（1）只有在设备完全正常的情况下才能运转。

（2）加强机器在运转期间的外部检查，注意机体有无漏风和不正常振动。

（3）每隔 10～20 min 检查一次电动机和通风机的轴承温度、电动机和励磁机的温度，以及 U 形压差计、电流表、功率因数表的读数。

（4）定期检查轴承内的润滑油量、轴承的磨损情况、叶片有无弯曲和断裂以及叶片的紧固程度。

（5）机壳内部和叶轮上的灰尘应每季度清扫一次，以防锈蚀。对轴流式通风机，为了防止支撑叶片的螺杆日久锈蚀，在螺帽四周应涂石墨油脂。

（6）在检查机壳内部时，应严防工具和杂物掉入。

（7）注意检查皮带的松紧程度或联轴器的连接螺丝，必要时应进行调整或更换。

（8）按规定时间检查风门及其传动装置是否灵活。

（9）在处理电气设备的故障时，必须首先断开检查地点的电源；清扫电动机，尤其是绕组时更应注意。

（10）露在外面的机械传动部分和电气裸露部分，要加装保护罩或遮栏。

（11）备用通风机和电动机必须经常处于完好状态，并保证能在 10 min 内启动。

二、通风机的反风

1. 反风的意义及要求

矿井通风有时需要改变风流的方向，如将抽出式通风临时改为压入式通风。例如，当采用抽出式通风时，在进风口附近、井筒或井底车场等处发生火灾或瓦斯、煤尘爆炸时，必须立即改为压入式通风，以防灾害的蔓延。人为地临时改变通风系统中的风流方向，称为反风。用于反风的各种装置，叫作反风设施。

《煤矿安全规程》规定，主要通风机必须装有反风设施，且必须能在 10 min 内改变巷道中的风流方向。当风流方向改变后，主要通风机的供给风量不应小于正常风流的 40%。每季度应当至少检查 1 次反风设施，每年应当进行 1 次反风演习；矿井通风系统有较大变化时，应当进行 1 次反风演习。

当通风机不能反转反风时，必须采用反风道反风；当通风机能反转反风时，可采用反转反风，但供给风量必须满足《煤矿安全规程》要求。

反风风门的起重力大于 1 t 时，应采用电动、手摇两用绞车，并集中操作；起重力小于 1 t 时，可用手摇绞车，风门绞车应集中布置。

近年来，国产矿用轴流式风机（如 2K60、GAF 以及 KZ 系列等）都具有叶轮反转反风的功能，且反风量不低于正常风量的 60%。

2. 离心式通风机反风道反风

图 7-48 所示为两台离心式通风机作矿井主要通风设备及其反风系统布置图。两台对称布置，一台左旋，一台右旋，扩散器由屋顶穿出。正常通风时，电动机驱动叶轮旋转，使井下风流由回风井经进风道进入通风机入口，然后由通风机经扩散器排出，风流按实线箭头方向流动。

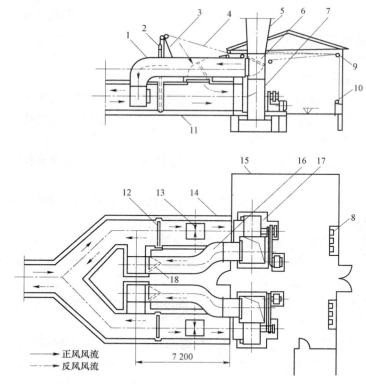

图 7-48　两台离心式通风机布置图
1，16—反风道；2，12—垂直风门；3—闸门架；4—钢丝绳；5—扩散器；6—反风门；7，17—通风机；
8，10—手摇绞车；9—滑轮组；11，14—进风道；13—水平风门；15—通风机房；18—检查门

当矿井需要反风时，首先用手摇绞车或电动绞车，通过钢丝绳关闭垂直闸门，打开水平风门，并将扩散器中的反风门提起，堵住扩散器出口，使通风机与反风道相通。此时，大气由水平风门进入进风道和通风机入口，再由通风机出口进入反风道，然后下行压入风井，达到反风目的。风流在此过程中按虚线箭头方向流动。

3. 轴流式通风机的反风

1）反转反风

反转反风是通过改变叶轮的旋转方向来改变风流方向的。但仅仅改变叶轮的旋转方向，一般不能保证反风后的风量要求，因而还需同时改变导叶的安装角。如 2K60 型通风机反转反风时，需将中、后导叶转动 150°。

2）反风道反风

这种方法适用于不能反转反风的通风机。图 7-49 所示为两台同型号轴流式通风机并排安装的机房布置和反风系统布置图。风机一台工作，一台备用。反风绕道与风硐平行并列在地表下面，断面尺寸相同。正常通风时，反风门 3 提到上方位置，使通风机与风硐 6 连通，同时把反风门 4 放到水平位置，使通风机出口与反风绕道 5 隔开，而与扩散器 7 连通。这样来自井下的风流经风硐 6、通风机 1、扩散器 7 排至大气；气流按实线箭头方向流动。

反风时，先停止通风机，将反风门 3、4 和水平风门 8 放到图中所示位置（3、8 由一台绞车操作，4 由另一台绞车操作），然后再启动通风机。风流在通风机并未改变转动方向的

情况下，由水平风门孔流入风硐 6，经通风机 1 和扩散器风道前端的反风门孔，进入反风绕道 5 而压入井下。风流路线按虚线箭头方向流动。

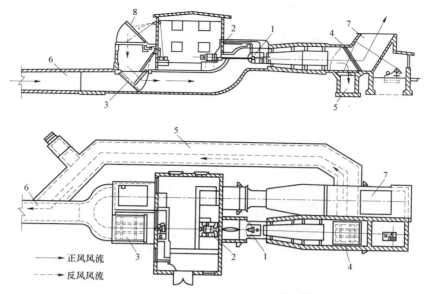

图 7-49　两台轴流式通风机布置图

1—通风机；2—电动机；3，4—反风门；5—反风绕道；6—风硐；7—扩散器；8—水平风门

用反转反风法无须构筑反风绕道，土建工程量小，基建费用低。但这种方法只适用于反转反风量能满足要求的通风机，而且通风机反转时，其性能将发生一定的变化。用反风道反风时，通风机的性能不变，反风量大，适用于各种通风机，但它的基建费和维护费用高，且反风闸门维护量大，漏风严重。

第六节　通风设备的检测、检修

在通风机运转过程中，可能发生某些故障，对于所发生的故障，必须迅速查明原因，及时处理，避免事故的扩大。在运转中，通风机常见故障现象、产生原因及排除方法见表 7-5。

表 7-5　通风机常见故障现象、产生原因及排除方法

故障现象	产生原因	排除方法
叶轮变形或损坏	1. 叶片表面或铆钉头磨损或腐蚀 2. 叶片和铆钉松动 3. 叶轮变形或歪斜，使叶轮径跳和端跳过大	1. 只是个别损坏时可个别更换，损坏过半应更换叶轮 2. 重新将铆钉铆紧或更换新铆钉 3. 卸下叶轮，用铁锤或其他方法将叶轮矫正
机壳过热	在风门或阀门关闭情况下运转时间过长	停机，待冷却后再开动
密封圈磨损或损坏	1. 密封圈与轴套不同心，在正常运转中磨损 2. 机壳变形，使密封圈一侧磨损 3. 转子振动过大，其径向振幅大于密封径向间隙 4. 密封齿槽内进入硬质杂物 5. 推力轴衬熔化，使密封圈与密封齿接触而磨损	1. 调整或更换轴套或密封圈 2. 修整机壳 3. 先将转子修整平衡，再调整或更换密封圈 4. 清除杂物 5. 更换轴衬与密封圈

故障现象	产生原因	排除方法
皮带轮滑下或皮带跳动	1. 两皮带轮位置不正，彼此不在一条中心线上 2. 两皮带中心距较小或皮带过长	1. 重新找正皮带轮 2. 调整皮带轮中心距或更换合适的皮带
转子不平衡，通风机与电动机发生同样的振动，振动频率与转速相符合	1. 轴与密封圈发生强烈的摩擦，产生局部高热，使轮轴弯曲 2. 叶片重量不对称，或一部分叶片腐蚀或严重磨损 3. 叶片附有不均匀的附着物，如铁锈、石灰等 4. 平稳块重量与位置不对，或位置移动，或检修后没找平稳 5. 检修后叶片与轮毂上的插孔不对号	1. 更换新轮轴，并同时更换新的密封圈 2. 更换坏损叶片或调换叶轮，并找平找正 3. 清除叶片上的附着物 4. 重找平稳，并将平稳固定 5. 将叶片与轮毂上的插孔重新对号
轴的安装不良，振动为不定性的，空转时轻，满载时大	1. 联轴器安装不正，通风机轴和电动机轴中心未对正，或基础下沉 2. 皮带轮安装不正或两轮不平行 3. 减速机轴与通风机和电动机轴在找正时未考虑位移和补偿量，或虽考虑过但不符合要求	1. 进行调整，重新找正 2. 进行调整，重新找正 3. 进行调整，留出适当的位移补偿量
转子固定部分松动，或活动部分间隙过大，发生局部振动现象	1. 轴衬或轴颈磨损使间隙过大，轴衬与轴承箱之间的紧力过小或有间隙而松动 2. 转子的叶轮、联轴器或皮带轮与轴的配合松动 3. 联轴器的螺栓松动，滚动轴承的固定圆螺母松动	1. 补焊轴衬合金，调整垫片，或刮研轴承箱中分面 2. 修理轴和叶轮，重新配键 3. 拧紧圆螺母
基础或机座的刚度不够，产生机房邻近的共振现象；电动机和通风机整体振动，而且在各种负荷情形时都一样	1. 基础灌浆不良，地脚螺母松动，垫片松动；机座连接不牢，地脚螺丝螺母松动 2. 基础或机座刚度不够，促使转子不平稳，引起剧烈的强制共振 3. 管道未留膨胀余地，与通风机连接处的管道未加支撑或安装固定不良	1. 查明原因后适当补修和加固，拧紧螺母，填充间隙 2. 查明原因，施以适当的补修和加固，如拧紧螺母、填充间隙 3. 进行调整和修理，加装支撑装置
通风机内部有摩擦声，发生的振动不规则，在启动和停车时可以听到金属碰撞声	1. 叶轮歪斜后与机壳内壁相碰或机壳刚度不够，左右晃动 2. 叶轮歪斜与进气口圈相碰 3. 推力轴衬歪斜、不平或磨损 4. 密封圈与密封齿相碰	1. 检修叶轮或推力轴衬 2. 修理叶轮机进气口圈 3. 修理或更换推力轴衬 4. 更换或调整密封圈
通风机运转中带有噪声，且振动频率与转速不相符合	1. 油膜不良，供油不足或完全停止，轴承密封不良 2. 润滑油的温度太高 3. 润滑油质量不良，或不适合转速的要求	1. 查明原因，进行清洗机修理，加润滑油 2. 停机或更换新的润滑油 3. 调换优质润滑油，并定期化验
轴衬磨损和损坏过快	1. 轴与轴承歪斜，主轴与电动机轴不同心，推力轴承与支承轴承不垂直使磨损过多，顶隙、侧隙和端隙过大 2. 轴衬刮研不良，使接触弧度过小或接触不良，上方及两侧有接触痕迹，下半轴衬中分面处的存油沟斜度太小 3. 表面出现裂纹、破损、损伤、剥落、磨纹及脱壳等缺陷 4. 合金成分质量不良或浇铸不良 5. 轴承中残留或进入杂物	1. 进行焊补或重新浇铸 2. 重新刮研并找正 3. 重新浇铸或进行焊补 4. 重新浇铸 5. 清除杂物

续表

故障现象	产生原因	排除方法
轴承温升过高	1. 润滑油（脂）质量低劣或变质（如黏度不适、杂物过多抗乳化能力差） 2. 轴承与轴的安装位置不正 3. 轴承与轴承箱孔之间的间隙过大或轴承箱螺栓过紧或过松，使轴衬与轴的间隙过小或过大 4. 滚动轴承损坏，轴承保护架与其他机件碰撞 5. 机壳内密封间隙增大使轴间推力增大	1. 更换润滑油（脂） 2. 重新调整、找正 3. 调整轴承与轴承箱孔间的垫片和轴承箱盖与座之间的垫片 4. 修理或更换轴承 5. 修复或更换密封片
转速相符，压力偏低，流量增大	1. 气体温度过高，重度减小 2. 进、出风管道破裂或法兰不严，造成风流短路	1. 降低气体温度 2. 修补管道、紧固法兰
转速符合，压力过高，流量减小	1. 通风机转向错误 2. 气体温度过低或含有杂质，使气体重度增大 3. 进风管或出风管堵塞 4. 叶轮入口间隙过大或叶片严重磨损 5. 通风机轴上的叶轮松动 6. 导向器装反 7. 通风机选择时压力不足	1. 改变通风机旋转方向 2. 提高气体温度，减少气体杂质 3. 清除堵塞物 4. 检修叶轮 5. 紧固叶轮 6. 卸下并重新安装 7. 改变通风机转速或叶片安装角，若仍达不到要求应另选通风机
通风机压力降低	1. 网路阻力增大，使工况点落在不稳定工作区 2. 通风机制造质量不良或通风机严重磨损 3. 通风机转速降低	1. 设法减小网路阻力 2. 检修通风机 3. 提高转速
噪声大	1. 无消声装置或隔声设施 2. 管道或其上附件松动 3. 消声板上的小孔严重堵塞	1. 加消声装置或隔声设施 2. 紧固 3. 拆下消声器清理，或更换
通风系统调节失误	1. 测压仪表失准，阀门或风门失灵或卡死，以致调节失误或不能调节 2. 由于需要小流量而将风门关得过小，或管道堵塞使通风机不稳定工作而发生喘振现象	1. 修理或更换测压仪表，修复阀门或风门 2. 如需要小流量，应打开旁路阀门，或降低转速；如堵塞应清理

第七节 通风设备的选型设计

为了使矿井有足够新鲜的气流通过，新建矿井都需要装设通风设备。而改建或延深的矿井，一般需要更换或增设通风机。根据矿井的具体条件，选择合适的通风机，对于矿井的正常通风和保证通风机的经济合理运转，有着十分重要的意义。

一、通风设备选型设计的任务和要求

（一）通风设备选型设计的任务
根据提供的矿井通风方式、沼气等级、所需风量和矿井最大、最小负压等资料，确定选用合适的矿井通风设备、通风机台数及有无反风方式等，并绘制出设备布置图。

（二）通风设备选型设计的要求
（1）矿井主要通风系统必须装置两套同等能力的通风机（包括电动机），其中一套工作，一套备用。备用通风机必须能在 10 min 内开动。
（2）在一个井筒中应尽量采用单一通风机工作制。如因规格限制、设备供应困难，或在所需风量较大、网路阻力较小的矿井，可考虑两台同等能力的通风机（包括电动机）并联运转。另备有一台相同规格的通风机，但必须校验通风机工作的稳定性且作出并联运转的特性曲线。

（3）所选通风机应满足第一水平各个时期的负压变化，并适当照顾下一水平的通风要求。当负压变比较大时，可考虑分期选择电动机，但初装电动机的使用年限不宜少于 10 年。

（4）所选用的通风机在整个服务年限内，不但能供给矿井所需风量，还应使其在较高效率下经济运转，并有一定的余量。轴流式通风机在最大设计负压和风量时，叶片安装角一般至少比允许范围小 5°；离心式通风机的设计转速一般应小于允许最大转速的 90%。

（5）通风设备（包括风道、风门）的漏风损失，当风井不作提升用途时，按需风量的 10%～15%计算；以箕斗井回风时，按 15%～20%计算；以罐笼井回风时，按 25%～30%计算。通风设备各部阻力之和一般取 100～200 Pa。采用无风机式空气加热装置时，应计入该装置的负压损失。轴流式通风机采用消声装置后，应将风阻值增加 50～80 Pa。

（6）电动机的备用能力依轴功率的大小而异。当轴功率在 150 kW 以下时，宜采用 1.2 倍计；当轴功率在 150 kW 以上时，宜采用 1.1 倍计。在计算电动机容量时，还需计入机械传动效率（2K60 型通风机例外），当用联轴器直联时，$\eta_c = 0.98$；用三角皮带传动时，$\eta_c = 0.95$。

二、通风设备选型设计的方法和步骤

选型设计的方法和步骤与通风机的性能曲线有关。因轴流式通风机随机已配置扩散器，厂家主要提供静压特性曲线（新型轴流式风机也提供相应类型特性曲线）；而对离心式通风机，扩散器一般由用户自行配置，厂家只提供全压特性曲线或相应类型特性曲线。因此，根据通风机不同特性曲线，其选型设计的方法和步骤也不完全相同。离心式通风机一般按全压进行计算，而轴流式通风机一般按静压计算。

（一）按个体特性曲线选择通风机

1. 通风机风量的计算

若已知矿井所需风量为 Q_k，则通风机必须产生的风量为

$$Q_b = KQ_k \tag{7-32}$$

式中　　K——通风设备的漏风系数。当风井不做提升井时，$K = 1.1 \sim 1.15$；兼作箕斗时，
$K = 1.15 \sim 1.20$；作罐笼井时，$K = 1.25 \sim 1.30$。

2. 通风机风压的计算

当已知风机的静压特性时，通风机必须产生的静压为

开采初期

$$p_{st1} = h_{min} + \sum \Delta p \tag{7-33a}$$

开采末期

$$p_{st2} = h_{max} + \sum \Delta p \tag{7-33b}$$

当已知风机的全压特性时，通风机必须产生的全压为

开采初期

$$p_1 = h_{min} + \sum \Delta p + p_d \tag{7-34a}$$

开采末期

$$p_2 = h_{max} + \sum \Delta p + p_d \qquad (7-34b)$$

式中　p_{st1}，p_{st2}——通风机必须产生的最小静压和最大静压，Pa；

p_1，p_2——通风机必须产生的最小全压和最大全压，Pa；

$\sum \Delta p$——通风设备各辅助装置的阻力损失之和，一般取 100～200 Pa；若井筒保暖采用无风机式空气加热装置，还应计入该装置的阻力；若装置有消声器，还应另加 50～80 Pa。

p_d——通风系统出口动能，Pa。一般为离心式风机扩散器总损失。

3. 预选通风机

（1）对于提供静压特性曲线的轴流式风机，根据 p_{st1}、p_{st2} 和 Q_b，从通风机产品样本中预选出较为合适的通风机。如同时有几种通风机都能满足要求，则应作方案比较。

（2）对于提供全压特性曲线的离心式风机，因国内离心式通风机的制造厂不供应扩散器，且产品样本上提供的全压特性曲线，所以在选型设计中应先进行扩散器设计，确定扩散器出口面积，并计算扩散器的阻力损失。因此，离心式通风机必须产生的最小全压和最大全压为

$$p_1 = h_{min} + \sum \Delta p + p_{qz} \qquad (7-35a)$$

$$p_2 = h_{max} + \sum \Delta p + p_{qz} \qquad (7-35b)$$

一个设计合理的离心式通风机的扩散器，其总损失 p_{qz} 一般不大于通风机全压的 10%。根据 $1.1(h_{max} + \sum \Delta p)$ 和 $1.1(h_{min} + \sum \Delta p)$，可初步确定通风机的类型和机号，查出该通风机的出口面积 F_d（即扩散器的入口面积），根据式（7-6）可知，扩散器的总损失为

$$p_{qz} = \varepsilon_k \frac{\rho}{2} \left(\frac{Q_b}{F_d} \right)^2 \qquad (7-36)$$

式中　ε_k——扩散器损失比，即扩散器总损失与风机出口动压损失的比值。由式（7-7）和式（7-13）知，当扩散角 θ 和扩散器出口与进口面积比 n 值一定时，ε_k 为定值。因此，设计时要使扩散器各部尺寸配合恰当，以获得最小的 p_{qz} 值。

当确定出 p_{qz} 后，按式（7-35a）和式（7-35b），即可求得 p_1 和 p_2。

4. 确定通风机的工况点

（1）按 p_{st1}、p_{st2} 和 Q_b 求出网路阻力系数 R_1 和 R_2 为

$$R_1 = \frac{p_{st1}}{Q_b^2} \quad （初期） \qquad (7-37a)$$

$$R_2 = \frac{p_{st2}}{Q_b^2} \quad （末期） \qquad (7-37b)$$

由 R_1 和 R_2 可以确定相应的通风网路静阻力特性方程式为

$$p_{st1} = R_1 Q^2 \quad （初期） \qquad (7-38a)$$

$$p_{st2} = R_2 Q^2 \quad （末期） \qquad (7-38b)$$

（2）按 p_1、p_2 和 Q_b 求出网路比例系数 b_1 和 b_2 为

$$b_1 = \frac{p_1}{Q_b^2} \quad （初期） \qquad (7-39a)$$

$$b_2 = \frac{p_2}{Q_b^2} \quad （末期） \tag{7-39b}$$

由 b_1 和 b_2 可以确定网路全阻力特性方程式为

$$p_1 = b_1 Q^2 \quad （初期） \tag{7-40a}$$

$$p_2 = b_2 Q^2 \quad （末期） \tag{7-40b}$$

按式（6-14）和式（6-15），用描点作图法在所预选的通风机特性曲线图上，绘出末期和初期网路特性曲线，即得初期和末期的工况点。工况参数应满足矿井风量和负压的要求。选择得当，工况点应在通风机的高效区内。

由于轴流式通风机的叶片安装角度的间隔为 5°，因此当工况点不在 5° 的整数倍角度上时，应偏大取与 5° 成倍数的安装角。如图 7-50 所示，若根据矿井条件工况点应为 A 点，其安装角为 20°～25°，按上述规定，应取安装角为 25° 的工况点 B。

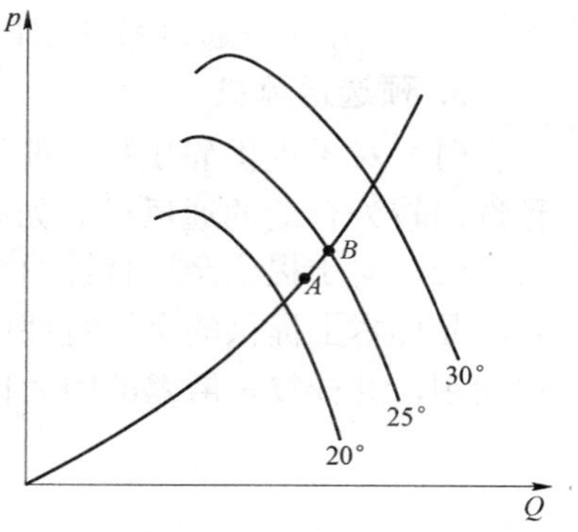

图 7-50 叶片安装角的确定

5. 功率的计算

1）通风机的轴功率

$$N_1 = \frac{p_1 Q_1}{1\,000\eta_1} \text{ 或 } N_1 = \frac{p_{st1} Q_1}{1\,000\eta_{st1}} \tag{7-41a}$$

$$N_2 = \frac{p_2 Q_2}{1\,000\eta_2} \text{ 或 } N_2 = \frac{p_{st2} Q_2}{1\,000\eta_{st2}} \tag{7-41b}$$

式中，下标"1"和"2"分别表示初期和末期的工况点参数。

2）电动机的输出功率

$$N_{d1} = \frac{N_1}{\eta_c} \tag{7-42a}$$

$$N_{d2} = \frac{N_2}{\eta_c} \tag{7-42b}$$

式中 η_c ——传动效率，$\eta_c = 0.98$。

3）电动机容量及台数确定

当 $N_{d1}/N_{d2} \geqslant 0.6$ 时，说明通风机在整个服务年限内的轴功率变化不大，选用一台电动机。其容量为

$$N_d = (1.1\sim1.2)N_{d2} \tag{7-43a}$$

式中 1.1～1.2——容量备用系数。

当 $N_{d1}/N_{d2} \leqslant 0.6$ 时，说明在通风机的整个服务年限内，轴功率变化较大，若采用一台大容量的电动机，则长期不能满载运行。为了改善功率因数，可选取两台容量不同的电动机，但初装电动机的服务年限不得少于 10 年。其初期和末期的电动机容量可分别为

$$N_d' = (1.1\sim1.2)\sqrt{N_{d1}N_{d2}} \tag{7-43b}$$

$$N_d'' = (1.1\sim1.2)N_{d2} \tag{7-43c}$$

当选用同步电动机时，无论何种情况，电动机容量都按式（7－43a）确定。

6. 年耗电量的计算

通风机的年耗电量一般按平均值计算。其估算式为

$$E = \frac{N_{d1} + N_{d2}}{2\eta_d\eta_w} rT \qquad (7-44)$$

式中　E ——年耗电量，kW·h/a；

　　　η_d ——电动机的效率，$\eta_d = 0.85 \sim 0.9$，或从电动机产品样本上查取；

　　　η_w ——电网效率，$\eta_w = 0.9 \sim 0.95$；

　　　r ——每天工作时数，一般取 24 h；

　　　T ——每年工作昼夜数，一般取 365 天。

7. 吨煤通风耗电量计算

$$E_{tm} = \frac{E}{A} \qquad (7-45)$$

式中　E_{tm} ——吨煤通风耗电量，kW·h/t；

　　　A ——矿井年产量，t/a。

（二）按类型特性曲线选型计算

1. 通风机风量的计算

与按个体特性曲线选型计算中风量计算式相同。

2. 通风机风压的计算

与按个体特性曲线选型计算中的风压计算式相同。

3. 预选通风机

与按个体特性曲线选型计算中的预选通风机相同。

4. 确定叶轮的外圆周速度

由泵与风机的比转数定律可知，通风机叶轮的外圆周速度

$$u = \sqrt{\frac{p_2}{\rho \bar{p}_M}} \qquad (7-46)$$

式中　p_2 ——通风网路阻力最大的风机必须产生的风压，Pa；

　　　ρ ——空气密度，可取 $\rho = 1.2$ kg/m³；

　　　$\bar{p}_M$ ——所选类型通风机在最高效率时的风压系数可由类型特性曲线查取。

5. 确定通风机叶轮直径

由泵与风机的比转数定律知，通风机叶轮的直径为

$$D' = \sqrt{\frac{4Q_b}{\pi \cdot u\bar{Q}_M}} \qquad (7-47)$$

式中　$\bar{Q}_M$ ——所选类型通风机在最高效率时的风量系数，可由类型特性曲线查得；

　　　Q_b ——风机必须产生的风量，m³/s。

由式（7－46）计算得到叶轮直径 D' 后，再根据通风机性能规格表选取标准通风机的叶轮直径 D，但必须注意所选的通风机应与前面预选的机号一致。如不一致，则通风机的出口面积 F_d 与前述不同，因而使通风机的出口速度和扩散器的损失均有所变化。

若通风机给出的是静压类型特性曲线,只需将式(7-46)中的 $\bar{p}$ 换成 $\bar{p}_{st}$,p 换成 p_{st} 即可。

6. 确定通风机的工况点

由于使用的是通风机的类型特性曲线,故需先求得无因次网路特性曲线,然后才能求得工况点。

按通风网路特性曲线方程式有

$$p_1 = bQ^2$$

$$\frac{p_1}{\rho u^2}\rho u^2 = b_1\frac{Q^2}{\left(\frac{\pi}{4}D^2 u\right)^2}\left(\frac{\pi}{4}D^2 u\right)^2$$

$$\bar{p}_1 = b_1\left(\frac{\pi}{4}\right)^2\frac{D^4}{\rho}\bar{Q}^2$$

令

$$\bar{b}_1 = b_1\left(\frac{\pi}{4}\right)^2\frac{D^4}{\rho} \qquad (7-48)$$

则

$$\bar{p}_1 = \bar{b}_1\bar{Q}^2 \qquad (7-49)$$

式中 $\bar{p}_1$ ——对应于通风机必须产生的最小全压 p_1 下的风压系数;

$\bar{b}_1$ ——对应于最小网路比例系数 b_1 下的无因次比例系数;

$\bar{Q}$ ——通风机的风量系数。

同理可得

$$\bar{p}_2 = \bar{b}_2\bar{Q}^2 \qquad (7-50)$$

式中 $\bar{p}_2$ ——对应于通风机必须产生的最大全压 p_2 下的风压系数;

$\bar{b}_2$ ——对应于最大网路比例系数 b_2 下的无因次比例系数,显然有

$$\bar{b}_2 = b_2\left(\frac{\pi}{4}\right)^2\frac{D^4}{\rho} \qquad (7-51)$$

式(7-49)和式(7-50)为对应于最小网路阻力和最大网路阻力的无因次网路特性曲线方程式。用描点作图法将它们绘于通风机的类型特性曲线图上,所得的两交点 A、B(图7-50)为通风机的无因次工况点。

7. 通风机转速的计算

为了提高离心式通风机运转的经济性,应尽可能使用改变转速法来调节通风机的工况点。因此,必须计算出对应于最小全压与最大全压的工况点时的转速。

在图7-51中,对应于工况点 A 的叶轮外圆周速度为

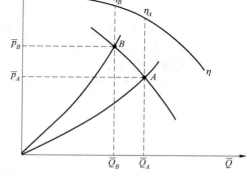

图7-51 通风机的无因次工况点

$$u_A = \sqrt{\frac{p_1}{\rho\bar{p}_A}} \qquad (7-52)$$

式中　$\overline{p}_A$——最小全压 p_1 时，通风机无因次工况点 A 的风压系数。

对应于工况点 A 的通风机转速为

$$n_A = \frac{60u_A}{\pi D} \qquad (7-53)$$

对应于工况点 B 的叶轮外圆周速度为

$$u_B = \sqrt{\frac{p_2}{\rho \overline{p}_B}} \qquad (7-54)$$

式中　$\overline{p}_B$——最大全压 p_2 时，通风机无因次工况点 B 的风压系数。

按式（7-54）所求得的叶轮外圆周速度 u_A 应小于所选通风机最大允许速度 u_y 的 0.9 倍。对 4-72-11 型离心式通风机，当叶轮用的是锰钢材料时，u_y 为 110 m/s。

对应于工况点 B 的通风机转速为

$$n_B = \frac{60u_B}{\pi D} \qquad (7-55)$$

8. 功率的计算

1）通风机轴功率

A 点通风机轴功率　　　$$N_A = \frac{p_A Q_A}{1\ 000 \eta_A} \qquad (7-56)$$

B 点通风机轴功率　　　$$N_B = \frac{p_B Q_B}{1\ 000 \eta_B} \qquad (7-57)$$

式中　p_A，p_B——开采初期与末期工况点 A 和 B 所对应的全压，Pa；

　　　Q_A，Q_B——开采初期与末期工况点 A 和 B 所对应的风量，m³/s；

　　　η_A，η_B——开采初期与末期工况点 A 和 B 所对应的效率。

2）电动机输出功率

A 点电动机输出功率　　　$$N_{d1} = \frac{N_A}{\eta_c} \qquad (7-58)$$

B 点电动机输出功率　　　$$N_{d2} = \frac{N_B}{\eta_c} \qquad (7-59)$$

式中　η_c——传动效率。用联轴器直联时，$\eta_c = 0.98$；用三角皮带传动时，$\eta_c = 0.95$。

3）电动机容量

按前述原则确定，即按式（7-43a）、式（7-43b）和式（7-43c）进行计算。

9. 年电耗量的计算

通风机的平均年耗电量按式（7-44）计算。

10. 吨煤通风电耗量计算

吨煤通风耗电量按式（7-45）计算。

例 7-3　某矿井为低沼气矿井，采用中央式通风系统。矿井年产量为 1.5 Mt，服务年限为 45 年。矿井所需风量为 95 m³/s，矿井最大负压为 2 100 Pa，最小负压为 1 750 Pa，试按个体特性曲线选择通风机。

解 1）通风机风量的计算

$$Q_b = KQ_k = 1.1 \times 95 \text{ m}^3/\text{s} = 104.5 \text{ m}^3/\text{s}$$

2）通风机风压的计算

$$p_{st1} = h_{min} + \Delta p = (1\,750 + 150) \text{ Pa} = 1\,900 \text{ Pa}$$

$$p_{st2} = h_{max} + \Delta p = (2\,100 + 150) \text{ Pa} = 2\,250 \text{ Pa}$$

3）预选通风机

根据 $p_{st1} = 1\,900$ Pa、$p_{st2} = 2\,250$ Pa 和 $Q_b = 104.5$ m³/s，预选两台 2K60－No24（$z_1 = 14$、$z_2 = 14$）型轴流式通风机，一台工作，一台备用，转速 $n = 750$ r/min。

4）确定通风机的工况点

$$R_1 = \frac{p_{st1}}{Q_b^2} = \frac{1\,900}{104.5^2} = 0.174$$

$$R_2 = \frac{p_{st2}}{Q_b^2} = \frac{2\,250}{104.5^2} = 0.206$$

则矿井在开采初期和末期的网路特性曲线方程式分别为

初期 $\qquad\qquad\qquad p_{st1} = R_1 Q^2 = 0.174 Q^2$

末期 $\qquad\qquad\qquad p_{st2} = R_2 Q^2 = 0.206 Q^2$

根据上述两方程式，用描点作图法在所选的 2K60－No24（$z_1 = 14$、$z_2 = 14$）的性能曲线图上，绘出初期与末期的网路特性曲线，即得两工况点 A、B，如图 7－52 所示。

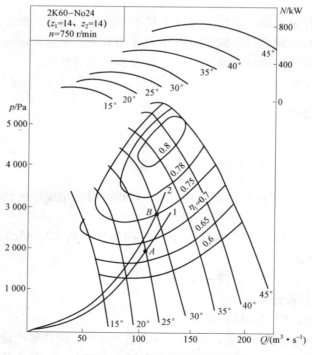

图 7－52 通风机的工况点

A 点　　　　$\theta = 25°$，　$Q_A = 105.3 \text{ m}^3/\text{s}$，　$p_{stA} = 2\,000 \text{ Pa}$，　$\eta_A = 0.68$；

B 点　　　　$\theta = 30°$，　$Q_B = 115.8 \text{ m}^3/\text{s}$，　$p_{stB} = 2\,893 \text{ Pa}$，　$\eta_B = 0.75$。

5）功率的计算

（1）电动机输出功率。因 2K60 型通风机的效率和功率曲线中，已包括传动机械损失，所以在计算电动机功率时，无须再考虑传动效率 η_c。

A 点电动机输出功率　　$N_{dA} = \dfrac{p_{stA}Q_A}{1\,000\eta_A} = \dfrac{2\,000 \times 105.3}{1\,000 \times 0.68} \text{ kW} = 309.7 \text{ kW}$

B 点电动机输出功率　　$N_{dB} = \dfrac{p_{stB}Q_B}{1\,000\eta_B} = \dfrac{2\,893 \times 115.8}{1\,000 \times 0.75} \text{ kW} = 446.7 \text{ kW}$

（2）电动机容量的确定。因 $N_A = 309.7 \text{ kW} > 0.6 N_B = 0.6 \times 446.7 \text{ kW} = 268 \text{ kW}$，故在整个服务年限内选用一台电动机，其容量为

$$N_d = (1.1 \sim 1.2)N_{dB} = (1.1 \sim 1.2) \times 446.7 \text{ kW} = 491.4 \sim 536 \text{ kW}$$

根据 $N_d = 491.4 \sim 536 \text{ kW}$ 和 $n = 750 \text{ r/min}$，确定选用 JR－1512－8 型绕线式电动机，其功率为 570 kW，转速为 750 r/min，额定电压为 6 000 V。

6）年耗电量的计算

$$E = \frac{N_{d1} + N_{d2}}{A} = \frac{309.7 \times 446.7}{2 \times 0.9 \times 0.95} \times 24 \times 365 \text{ kW} \cdot \text{h/a} = 3\,874\,891 \text{ kW} \cdot \text{h/a}$$

7）吨煤通风耗电量的计算

$$E_{tm} = \frac{E}{A} = \frac{3\,874\,891}{15 \times 10^5} = 2.583 \text{ kW} \cdot \text{h/t}$$

例 7－4　某低沼气矿井，其年产量为 0.45 Mt。矿井所需风量为 2 442 m^3/min，矿井最大负压为 1 860 Pa，最小负压为 1 410 Pa，试按类型特性曲线选择通风机。

解　1）通风机风量的计算

$$Q_b = KQ_k = 1.1 \times 2\,442 / 60 \text{ m}^3/\text{s} = 44.8 \text{ m}^3/\text{s}$$

2）通风机风压的计算

按通风机的风量 $Q_b = 44.8 \text{ m}^3/\text{s}$ 及 $1.1(h_{min} + \Delta p) = 1.1 \times (1\,860 + 150) \text{ Pa} = 2\,211 \text{ Pa}$ 和 $1.1(h_{min} + \Delta p) = 1.1 \times (1\,410 + 150) \text{Pa} = 1\,716 \text{ Pa}$，查图 7－53，初步确定选用 4－72－11 No20B 型离心式通风机，并查得该机号通风机出口面积 $S = B_1 \times B_4 = 1.4 \times 1.6 \text{ m}^2 = 2.24 \text{ m}^2$，若取扩散面积比 $n = 3$，长度 $L = 3 \text{ m}$，按式（7－7）求得扩散器损失系数 $\varepsilon_k = 0.36$，则

$$p_{qz} = \varepsilon_k \frac{\rho}{2}\left(\frac{Q_b}{F_d}\right)^2 = 0.36 \times \frac{1.2}{2} \times \left(\frac{44.8}{2.24}\right)^2 \text{ Pa} = 86.4 \text{ Pa}$$

$$p_1 = h_{min} + \sum\Delta p + p_{qz} = 1\,410 + 150 + 86.4 \text{ Pa} = 1\,646.4 \text{ Pa}$$

$$p_2 = h_{max} + \sum\Delta p + p_{qz} = 1\,860 + 150 + 86.4 \text{ Pa} = 2\,096.4 \text{ Pa}$$

3）确定叶轮的外圆周速度

$$u = \sqrt{\frac{p_2}{\rho \bar{p}_M}} = \sqrt{\frac{2\,096.4}{1.2 \times 0.438}} \text{ m/s} = 63.2 \text{ m/s}$$

式中　$\bar{p}_M$——4－72－11 型通风机最高效率点的全压系数，由图 7－6 查得 $\bar{p}_M = 0.438$。

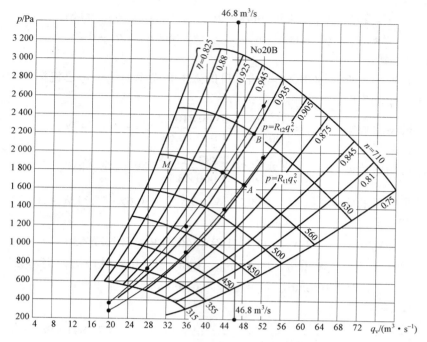

图 7-53 工况点

4）确定通风机叶轮的直径

$$D' = \sqrt{\frac{4Q_b}{\pi \cdot u Q_M}} = \sqrt{\frac{4 \times 44.8}{3.14 \times 63.2 \times 0.222}}\ \text{m} = 2.02\ \text{m}$$

式中　$\overline{Q}_M$——4-72-11 型通风机最高效率点的流量系数，由图 7-6 查得 $\overline{Q}_M = 0.222$。

由 4-72-11 型通风机产品样本查得，叶轮直径接近 $D' = 2.02$ m 的为 $D = 2$ m，与前面预选机号相同，故确定选用 2 台 4-72-11 No20B 型离心式通风机，一台左旋、一台右旋，出风口位置均为 90°。

5）确定通风机的工况点

因
$$b_1 = \frac{p_1}{Q_b^2} = \frac{1\ 646.4}{44.8^2} = 0.820\ 3$$

所以
$$\overline{b}_1 = b_1 \left(\frac{\pi}{4}\right)^2 \frac{D^4}{\rho} = 0.820\ 3 \times \left(\frac{3.14}{4}\right)^2 \frac{2^4}{1.2} = 6.74$$

同理
$$b_2 = \frac{p_2}{Q_b^2} = \frac{2\ 096.4}{44.8^2} = 1.044\ 5$$

$$\overline{b}_2 = b_2 \left(\frac{\pi}{4}\right)^2 \frac{D^4}{\rho} = 1.044\ 5 \times \left(\frac{3.14}{4}\right)^2 \frac{2^4}{1.2} = 8.58$$

网路的无因次特性曲线方程为

初期
$$\overline{p}_1 = \overline{b}_1 \overline{Q}^2 = 6.74\ \overline{Q}^2$$

末期 $$\bar{p}_2 = \bar{b}_2\bar{Q}^2 = 8.58\,\bar{Q}^2$$

在 4-72-11 型离心式通风机的类型特性曲线上，画出上述两条无因次网路特性曲线，即得初期和末期的无因次工况点 A 和 B，如图 7-54 所示。

A 点：$\bar{Q}_A = 0.245\ \mathrm{m^3/s}$，$p_A = 0.41\ \mathrm{Pa}$，$\eta_A = 0.925$

B 点：$\bar{Q}_B = 0.225\ \mathrm{m^3/s}$，$p_B = 0.43\ \mathrm{Pa}$，$\eta_B = 0.935$

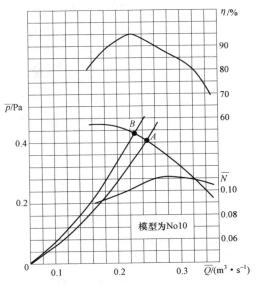

图 7-54　通风机的无因次工况点

6）通风机转速的计算

对应于 A 点的叶轮外圆周速度和转速为

$$u_A = \sqrt{\frac{p_1}{\rho\bar{p}_A}} = \sqrt{\frac{1\,646.4}{1.2\times0.41}}\ \mathrm{m/s} = 57.8\ \mathrm{m/s}$$

$$n_A = \frac{60u_A}{\pi D} = \frac{60\times57.8}{3.14\times2}\ \mathrm{r/min} = 552\ \mathrm{r/min}$$

对应于 B 点的叶轮外圆周速度和转速为

$$u_B = \sqrt{\frac{p_2}{\rho\bar{p}_B}} = \sqrt{\frac{2\,096.4}{1.2\times0.43}} = 63.7\ \mathrm{m/s}$$

$$n_B = \frac{60u_B}{\pi D} = \frac{60\times63.7}{3.14\times2}\ \mathrm{r/min} = 609\ \mathrm{r/min}$$

根据 $n_A = 552\ \mathrm{r/min}$ 和 $n_B = 609\ \mathrm{r/min}$，查风机产品目录，可决定开始通风机采用 $n = 560\ \mathrm{r/min}$ 的转速，工作一定时期后再采用 $n = 630\ \mathrm{r/min}$ 的转速。可采用皮带轮调速或其他调速方法。

7）功率的计算

在 $n_1 = 560\ \mathrm{r/min}$ 的情况下，利用闸门节流法将通风机风量调到 $Q = 44.8\ \mathrm{m^3/s}$，于是

$$\bar{Q} = \frac{Q}{\frac{\pi}{4}D^2u_1} = \frac{4\times44.8}{\pi\times2^2\times\dfrac{\pi\times2\times560}{60}}\ \mathrm{m^3/s} = 0.243\ \mathrm{m^3/s}$$

按 $\bar{Q} = 0.243\ \mathrm{m^3/s}$ 查类型曲线得 $\bar{p} \approx 0.415\ \mathrm{Pa}$，$\eta = 0.93$，则

$$p_A = \bar{p}\rho u_1^2 = 0.415\times1.2\times\left(\frac{\pi\times2\times560}{60}\right)^2\ \mathrm{Pa} = 1\,711\ \mathrm{Pa}$$

在 $n_2 = 630\ \mathrm{r/min}$ 的情况下，利用闸门节流法将通风机风量调到 $Q = 44.8\ \mathrm{m^3/s}$，于是

$$\bar{Q} = \frac{Q}{\frac{\pi}{4}D^2u_2} = \frac{4\times44.8}{\pi\times2^2\times\dfrac{\pi\times2\times630}{60}}\ \mathrm{m^3/s} = 0.216\ \mathrm{m^3/s}$$

按 $\bar{Q} = 0.216\ \mathrm{m^3/s}$ 查类型曲线得 $\bar{p} \approx 0.44\ \mathrm{Pa}$，$\eta = 0.94$，则

$$p_B = \bar{p}\rho u_2^2 = 0.44\times1.2\times\left(\frac{\pi\times2\times630}{60}\right)^2\ \mathrm{Pa} = 2\,296\ \mathrm{Pa}$$

（1）通风机轴功率。

初期
$$N_A = \frac{p_A Q_A}{1\,000\eta_A} = \frac{1\,711 \times 44.8}{1\,000 \times 0.93}\,\text{kW} = 82.42\,\text{kW}$$

末期
$$N_B = \frac{p_B Q_B}{1\,000\eta_B} = \frac{2\,296 \times 44.8}{1\,000 \times 0.94}\,\text{kW} = 109.43\,\text{kW}$$

（2）电动机输出功率。

$$N_{d1} = \frac{N_A}{\eta_c} = \frac{82.42}{0.95}\,\text{kW} = 86.76\,\text{kW}$$

$$N_{d2} = \frac{N_B}{\eta_c} = \frac{109.43}{0.95}\,\text{kW} = 115.19\,\text{kW}$$

（3）电动机容量的确定。

因 $N_A = 86.86\,\text{kW} > 0.6\,N_B = 0.6 \times 115.19\,\text{kW} = 69.11\,\text{kW}$，故在整个服务年限内选用一台电动机，其容量为

$$N_d = (1.1 \sim 1.2)N_{d2} = (1.1 \sim 1.2) \times 115.19\,\text{kW} = 126.7 \sim 138.2\,\text{kW}$$

根据 $N_d = 126.7 \sim 138.2\,\text{kW}$ 和 $n_{max} = 630\,\text{r/min}$，确定选用 JS－127－8 型绕线式电动机，其功率为 130 kW，转速为 750 r/min。

8）年耗电量的计算

$$E = \frac{N_{d1} + N_{d2}}{2\eta_d\eta_w} = \frac{86.76 + 115.19}{2 \times 0.9 \times 0.95} \times 24 \times 365\,\text{kW} \cdot \text{h/a} = 1\,034\,550\,\text{kW} \cdot \text{h/a}$$

9）吨煤通风耗电量的计算

$$E_{tm} = \frac{E}{A} = \frac{1\,034\,550}{45 \times 10^4}\,\text{kW} \cdot \text{h/t} = 2.3\,\text{kW} \cdot \text{h/t}$$

思考题与习题

1. 简述离心式风机的工作原理和轴流式通风机的工作原理。

2. 通风机的工作参数有哪些？

3. 什么叫通风机的全压、静压和动压？它们之间有何关系？

4. 为什么我国煤矿常用抽出式通风？

5. 通风机在网路中工作时的全压与其位置有无关系？为什么？

6. 为什么水泵的网路特性曲线不通过坐标原点，而通风机的网路特性曲线通过坐标原点？当网路阻力损失系数 R 发生变化时，其特性曲线如何变化？

7. 什么是网路等积孔？等积孔与网路阻力的大小有何关系？

8. 如何确保通风机工作的稳定性和经济性？通风机的工业利用区是怎样划定的？

9. 通风机串联和并联工作各有何特点？通风机串联工作一定能提高风压吗？试用图示法说明两台通风机两翼并联时工况点的求法。

10. 试比较通风机各种工况点调节方法的特点和适用情况。

11. 4－72－11 型离心式通风机由哪几部分组成？这种通风机效率较高的原因是什么？

12. 2K60 型和 K66 型轴流式通风机的结构、性能有何异同？

13. 通风机辅助装置有哪些？各有何作用？

14. 如何选取离心式通风机的扩散器参数？

15. 通风机的噪声是如何产生的？常见的消声措施有哪几种？

16. 为什么要进行反风？试用简图说明离心式通风机和轴流式通风机反风道反风的过程。

17. 已知某矿井初期通风网路的等积孔面积 $A_{c1} = 2$ m²，末期等积孔面积 $A_{c2} = 1.2$ m²，试计算不同时期的网路静阻力损失常数 R，并绘制出该矿井的初期及末期通风网路特性曲线。

18. 某通风机入口断面的负压为 900 MPa，风速为 25 m/s，出口断面的风速为 13 m/s，求该通风机产生的全压、静压和动压。

19. 某矿为低瓦斯矿井，采用中央式通风系统，矿井年产量为 0.45 Mt，服务年限为 40 年，矿井所需风量为 36.4 m³/s，矿井最大负压为 1 300 Pa、最小负压为 800 Pa，风井不作提升用。试选择满足通风要求的通风机和电动机。

20. 已知某矿井通风所需最大负压为 1 962 Pa、最小负压为 1 569.6 Pa，矿井所需风量为 28 m³/s，试选用离心式通风机的型号，确定通风机的转速，计算电动机的功率。

21. 某矿井通风所需最大负压为 3 433.5 Pa、最小负压为 2 452.5 Pa，所需风量为 120 m³/s，试选合适的通风机。

第八章　矿山压气设备

第一节　概　　述

1. 压缩空气的应用

自然界的空气是可以被压缩的，经压缩后压力升高的空气称为压缩空气。空气经压缩机压缩后，体积缩小，压力升高，消耗外界的功。其一经膨胀，体积增大，压力降低，并对外做功。利用压缩空气膨胀对外做功的性质驱动各种风动工具和机械，可以从事生产活动，因此压缩空气作为动力源得到了广泛的应用。

在工业生产和建设中，压缩空气是一种重要的动力源，用于驱动各种风动机械和风动工具，如风钻、风动砂轮机、空气锤、喷砂、喷漆、溶液搅拌、粉状物料输送等；压缩空气也可用于控制仪表及自动化装置、科研试验、产品及零部件的气密性试验；压缩空气还可分离生产氧、氮、氩及其他稀有气体等。上述应用，都是以不同压力的压缩空气作为动力或原料的。在煤矿输出建设中使用压缩空气作为动力的工具设备有风动扳手、风镐、风钻、风动水泵以及风动道岔等。除此之外，压风自救系统更是必不可少的煤矿六大系统之一，在煤矿安全工作中发挥着重大作用。

2. 空气压缩机

压缩机是一种使气体体积压缩，提高气体的压力并输送气体的机器。压缩机之所以能提高气体的压力，是借助机械作用增加单位容积内的气体分子数，使分子互相接近的方法来实现的。

工业上，应用最广泛的压缩机按作用原理不同可分为容积式和速度式两大类。

1）容积式压缩机

容积式压缩机的原理是用可以移动的容器壁来减小气体所占据的封闭工作空间的容积，以达到使气体分子接近的目的，使气体压力升高。容积式压缩机在结构上又分往复式和回转式。

往复式压缩机主要有活塞式，它是靠活塞在气缸中做往复运动，通过吸、排气阀的控制，实现吸气、压缩、排气的周期变化的。实现活塞往复运动的机构是曲柄连杆机构。

回转式压缩机主要有滑片式压缩机和螺杆式压缩机等。

2）速度式压缩机

速度式压缩机的原理是使气体分子在机械高速转动中得到一个很高的速度，然后又让它减速运动，使动能转化为压力能。速度式压缩机又分为离心式和轴流式两种。它们都是靠高速旋转的叶片对气体的动力作用，使气体获得较高的速度和压力，然后在蜗壳或导叶中扩压，得到高压气体的。

生产并输送压缩空气的机器，称为空气压缩机（简称"空压机"）。国产空压机有活塞式、滑片式、螺杆式、轴流式和离心式（或透平式）。目前，在一般空气压缩机站中，最广泛采用的是活塞式；螺杆式空压机最近几年也在大力发展中；在大型空气压缩机站中，较多采用离心式和轴流式空压机。

矿山生产中常用活塞式和螺杆式空气压缩机。

3. 空压机在矿山生产中的作用

在矿山生产中，除电能外，压缩空气是比较重要的动力源之一。目前矿山使用着各种风动机械，如凿岩机、风镐、锚喷机及空气锤等，都是利用空压机产生的压缩空气来驱动机器做功。利用压缩空气作动力源比用电能有以下优点。

（1）在有沼气的矿井中，使用压缩空气做动力源可避免产生电火花引起爆炸，比电力源安全。

（2）矿山使用的风动机械，如凿岩机、风镐等大部分是冲击式机械，往复速度高、冲击强，适宜切削尖硬的岩石。

（3）压缩空气本身具有良好的弹性和冲击性能，适应于变负载条件下作动力源，比电力有更大的过负荷能力。

（4）风动机械排出的废气可帮助通风和降温，改善工作环境。

压缩空气为动力源的缺点是压气设备本身的效率较低，而压缩空气又是二次能源，所以运行费较高。但由于矿山生产的特殊条件，如温度高、湿度大、粉尘多，还有沼气等有害气体，为确保矿山安全生产，目前以及将来很长一段时间，压缩空气仍是矿山不可缺少的动力。

4. 矿山压气设备的组成

矿山压气设备主要由空压机、拖动电机、附属装置（滤风器、风包、冷却装置等）和输气管路等组成。

图8-1所示为矿山压气系统示意图。空气由进气管1吸入，经空气过滤器2进入低压缸4，进行第一级压缩。此时气体体积缩小，压力增高，然后进入中间冷却器5使气体的温度下降。此后再进入高压缸6进行第二级压缩。当达到额定压力时，压缩空气经后冷却器7、逆止阀8和管路送入风包9中。最后通过压气管路10送到井下各用气地点。

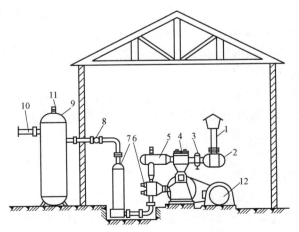

图8-1 矿山压气系统示意图

1—进气管；2—空气过滤器；3—调节阀片；4—低压缸；5—中间冷却器；6—高压缸；
7—后冷却器；8—逆止阀；9—风包；10—压气管路；11—安全阀；12—电动机

第二节 矿用空气压缩机的工作原理及主要结构

一、活塞式空压机

1. 活塞式空压机的工作原理

活塞式空压机属于容积式，空气的压缩是依靠在气缸内做往复运动的活塞来完成的。图8-2（a）所示为单缸单作用活塞式空压机示意图。它由曲轴6、连杆5、十字头4、活塞杆3、气缸1、活塞2、吸气阀7和排气阀8等组成。

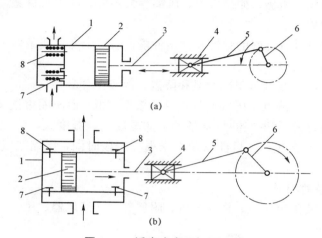

(a)

(b)

图8-2 活塞式空压机原理图

1—气缸；2—活塞；3—活塞杆；4—十字头；5—连杆；6—曲轴；7—吸气阀；8—排气阀

当电动机带动曲轴以一定的转速旋转时，通过连杆和十字头把转动变为活塞在缸内的往复直线运动。活塞向右运动时，气缸内容积增大，压力降低。若气缸左侧的压力略低于大气压力一定值时，吸气阀被打开，空气在大气压力作用下进入气缸，此即为吸气过程；当活塞返回向左移动时，缸内容积减小，压力逐渐升高（此时吸气阀关闭），气体在缸内被压缩，此过程称为压缩过程；当气缸内气体压力升高至某一额定值时，排气阀打开，压缩空气被活塞排出缸外，此过程称为排气过程。

双作用空压机如图8-2（b）所示。气缸的右端与左端工作相似，但其工作过程恰好相反，即左端为吸气过程，右端为压缩和排气过程；右端为吸气过程，左端为压缩和排气过程，每一端均各自完成自己的工作循环。

2. 活塞式空压机的类型

（1）按气缸中心线位置分类。

立式空压机：气缸中心线铅垂布置［图8-3（a）］。

卧式空压机：气缸中心线水平布置［图8-3（b）］，图8-3（c）所示为对称平衡式，图8-3（d）所示为对置式。

角度式空压机：气缸中心线与水平线成一定角度布置，按气缸排列所呈形状又分为L型、V型、W型、S型等，分别如图10-3（e）～图10-3（h）所示。

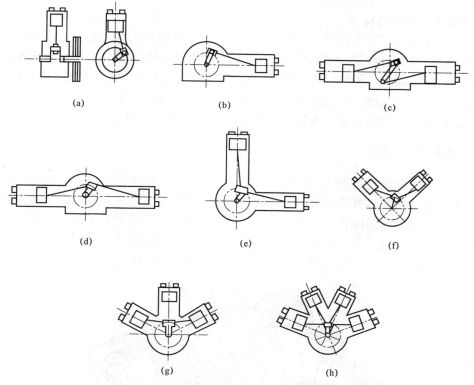

图 8-3 气缸中心线相对地平面不同位置的各种配置

（2）按活塞在气缸中的作用分类。

单作用式（单动式）空压机：气缸内只有活塞一侧进行压缩循环 [图 8-2（a）]。

双作用式（双动式）空压机：气缸内活塞两侧同时进行压缩循环 [图 8-2（b）]。

（3）按气体到达终了压力的压缩级数分类。

单级空压机：气体经一级压缩到达终了压力。

两级空压机：气体经两级压缩到达终了压力。

多级空压机：气体经两级以上压缩到达终了压力。

（4）按气缸的冷却方式分类。

水冷式空压机：用水对空压机各部分进行冷却，多用于大型空压机上。

风冷式空压机：用大气对空压机进行自然冷却，多用于小型空压机上。

（5）按气缸内有无润滑油分类。

有油润滑空压机：气缸内注入润滑油对气缸和活塞环间进行润滑。

无油润滑空压机：气缸内不注入润滑油对气缸和活塞环间进行润滑，采用充填聚四氟乙烯自润滑材料制作密封元件——活塞环和密封环。

无油润滑空压机与有油润滑空压机相比，可节省大量的润滑油；由于充填聚四氟乙烯材料的摩擦系数小，故改善了气缸相关件的磨损情况，延长了使用寿命；净化了压缩空气，保证了风动机械的安全使用，并且改善了环境卫生；气缸实现了无油润滑，避免了由于气缸过热引起润滑油燃烧、气缸爆炸的危险，有利于安全运转；取消了注油器润滑系统，避免了跑油、漏油事故，减少了维修量。

3. 活塞式空压机的特点

活塞式空压机具有背压稳定、压力范围广泛、在一般压力范围内空压机对材料的要求低（多用普通钢材和铸铁材料）的特点。但由于采用曲柄滑块传动机构，故转速不高；单机排气量大于 500 m³/min 时，机器显得大而重；结构复杂，易损件多，维修量大；运转时有振动；输气不连续，压力有脉动，所以活塞式空压机一般适用于中、小排气量。

目前矿山主要使用固定式、两级、双作用、水冷、活塞式的 L 型空压机。

二、螺杆式压缩机

螺杆式压缩机的结构如图 8－4 所示。在"∞"形的气缸中，平行地配置着一对相互啮合的螺旋形转子。通常将节圆外具有凸齿的转子称为阳转子，或阳螺杆；在节圆内具有凹齿的转子称为阴转子，或阴螺杆。一般阳转子与原动机连接，并由阳转子带动阴转子转动。因此，阳转子又称为主动转子，阴转子又称为从动转子。在压缩机机体的两端，分别开设一定形状和大小的孔口，一个供吸气用，称作吸气孔口；另一个供排气用，称作排气孔口。

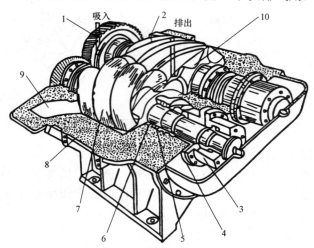

图 8－4　螺杆式压缩机的结构

1—同步齿轮；2—阴转子；3—推力轴承；4—轴承；5—挡油环；6—轴封；7—阳转子；8—气缸；9—吸入口；10—排出口

1. 螺杆式压缩机的工作原理

螺杆式压缩机的基元容积是由阳、阴转子和气缸内壁面之间形成的一对齿间容积，随着转子的旋转，基元容积的大小和空间位置都在不断变化。螺杆式压缩机的工作过程如图 8－5 所示。

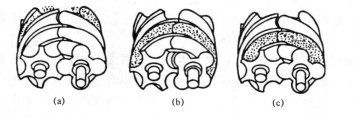

(a)　　　　　　(b)　　　　　　(c)　　　　　　(d)

图 8－5　螺杆式压缩机的工作过程

吸气过程开始时，气体经吸气孔口分别进入阳、阴转子的齿间容积，随着转子的旋转，这两个齿间容积各自不断扩大。当这两个容积达到最大值时，齿间容积与吸气孔口打开，吸气过程结束。随着转子继续旋转，因转子齿的相互挤入，呈"V"字形的基元容积的容积值逐渐缩小，从而实现气体的压缩过程，直到该基元容积与排气孔口相连通为止。在基元容积与排气孔口连通后，即开始排气过程。随着基元容积的不断缩小，具有排气压力的气体逐渐通过排气孔口被完全排出。螺杆式压缩机中不存在穿通容积。

从图 8-5 中还可看出，螺杆式压缩机中，阳、阴转子转向互相迎合的一侧，基元容积在缩小，气体受到压缩，是高压力区；转子转向彼此相背离的一侧，基元容积在扩大，处在吸气过程，是低压力区。为了在机器中实现内压缩过程，螺杆压缩机的吸、排气孔口应呈对角线布置。

2. 螺杆式压缩机的类型

按其运行方式的不同，螺杆式压缩机可分为无油螺杆压缩机和喷油螺杆压缩机两类。

无油螺杆压缩机又称为干式螺杆压缩机，在这类机器的吸气、压缩和排气过程中，被压缩的气体介质不与润滑油相接触，两者之间有着可靠的密封。另外，无油机器的转子并不直接接触，相互间存在一定的间隙。阳转子通过同步齿轮带动阴转子高速旋转，同步齿轮在传输动力的同时，还确保了转子间的间隙。

在喷油螺杆压缩机中，大量的润滑油被喷入所压缩的气体介质中，起着润滑、密封、冷却和降低噪声的作用。喷油机器中不设同步齿轮，一对转子就像一对齿轮一样，由阳转子直接带动阴转子。所以，喷油机器的结构更为简单。

3. 螺杆式压缩机的特点

螺杆式压缩机具有一系列独特的优点。

（1）可靠性高。螺杆式压缩机零部件少，没有易损件，因而其运转可靠，寿命长，无故障运行时间可高达 4 万～8 万 h。

（2）动力平衡好。螺杆式压缩机没有往复运动零部件，不存在不平衡惯性力，可使机器平稳地高速工作，实现无基础运转，从而可与原动机直联，并且体积小、重量轻、占地面积少，特别适合用作移动式压缩机。

（3）适应性强。螺杆式压缩机有强制输气的特点，排气量几乎不受排气压力的影响，不会发生喘振现象，可适应多工况的要求，在宽广的范围内能保持较高的效率。

（4）多相混输。螺杆式压缩机的转子齿面间实际上留有间隙，因而能耐液体冲击，可压送含粉尘气体、易聚合气体等。

（5）可实现无油压缩。无油螺杆压缩机可实现绝对无油地压缩气体，能保持气体洁净，可用于输送不能被油污染的气体。

由于螺杆式压缩机造价高、系统复杂、不能用于高压场合及噪声大等缺点，故制约了它的应用，有待于不断改进。

4. 螺杆式压缩机的发展和应用

螺杆式压缩机是由瑞典 Alf Lysholm 在 1934 年发明的，由于制造上的困难，早期的螺杆式压缩机仅用作低压比、大流量的无油压缩机。1960 年后，随着喷油技术的逐渐成熟、转子型线的不断改进和专用转子加工设备的开发成功，螺杆式压缩机获得了越来越广泛的应用。

目前，螺杆压缩机广泛应用于矿山、化工、动力、冶金、建筑、机械、制冷等工业部门。无油螺杆压缩机的排气量范围为 $3\sim1\,000\ m^3/min$，单级压比为 $1.5\sim3.5$。喷油螺杆压缩机的排气量范围为 $0.2\sim100\ m^3/min$，单级压比可达 14，排气压力可达 $2.5\times10^6\ Pa$。

三、滑片式空压机

1. 滑片式压缩机的工作原理

滑片式压缩机的构造及工作原理如图 8-6 所示。

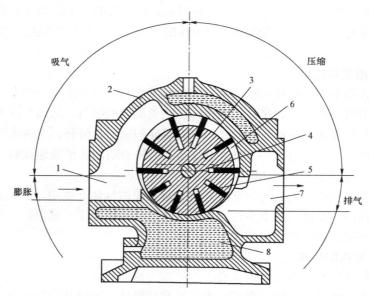

图 8-6　滑片式压缩机的构造及工作原理

1—吸气管；2—外壳；3—转子；4—转子轴；5—转子轴上的滑片；6—气体压缩室；7—排气管；8—水套

滑片式压缩机是由气缸部件、壳体和冷却器等主要部分组成的。气缸部件的主要零件为气缸、转子和滑片。气缸是圆筒形的，上面开有进、排气孔口，气缸内有一个偏心安置的转子，转子上开有若干径向的滑槽，内置滑片，滑片在其中做相对滑动。转子轴通过联轴器与电动机轴直连，当转子旋转时，滑片在离心力的作用下紧压在气缸圆周的内壁上。气缸、转子、滑片和气缸前后气缸盖组成了若干封闭的小室，依靠这些小室，容积在旋转中周期性地变化，完成容积式压缩机所必需的几个工作过程，即吸气、压缩、排气和膨胀等。也就是说，转子旋转时产生容积变化，实现空气的压缩。因此，它与活塞式压缩机一样均属于容积式类型。

转子中心与气缸中心的偏心距为 $(0.05\sim0.1)D$，气缸长度为 $(1.5\sim2)D$（D 为气缸直径），滑片厚度为 $1\sim3\ mm$，片数为 $8\sim24$ 片。

目前我国生产的滑片式压缩机多数为二级。压缩机由电动机直接驱动，且装在同一个机座上。一级转子通过齿轮联轴器直接带动二级转子；二级气缸吸入端与一级气缸压出端连通。

2. 滑片式压缩机的特点

优点：结构比较简单，由于易损件少，因此使用、维护和运转方便，检修工作量少，使用寿命长，结构紧凑，重量较轻。

缺点：密封较困难，效率较低。

滑片式空压机的排气量为 0.5～500 m³/min，排气压力可达 4.5 MPa。在低压、中小流量范围内有很广泛的应用前景。

第三节　活塞式空压机的工作理论及构造

一、活塞式空压机的理论工作循环

活塞式空压机是靠活塞在气缸中往复运动来进行工作的。活塞在气缸中往复运动一次，气缸对空气即完成一个工作循环。

活塞式空压机在完成每一个工作循环时，气缸内气体的变化过程是很复杂的。为了便于问题研究，简化次要因素的影响，从理论上提出几个假定条件，在假定条件下活塞式空压机完成的工作循环称为理论工作循环。

1. 假定条件

（1）气缸没有余隙容积。气缸在排气终了，即活塞移动到端点位置时，气缸内没有残留的气体。

（2）吸、排气通道及气阀没有阻力。吸气和排气过程中没有压力损失。

（3）气缸与各壁面间不存在温差。进入气缸的空气与各壁面间没有热量交换，压缩过程中的压缩指数不变。

（4）气缸绝对密封，没有气体泄漏。

2. 理论工作循环

按上述假定，活塞式空压机在工作时，其理论工作循环如图 8-7 所示，曲轴转一周，活塞在气缸中往复一次，完成吸气、压缩和排气三个基本过程。当活塞自左向右移动时，气体以压力 p_1 进入气缸，线 4-1 表示吸气过程；当活塞自右向左移动时，气体被压缩，线 1-2 表示压缩过程；当气体压力达到排气压力 p_2 后，气体被活塞推出气缸，线 2-3 为排气过程。

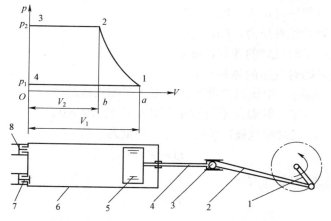

图 8-7　活塞式空压机理论工作循环示功图

图 8-7 又称为空压机理论工作循环示功图（ $p-V$ 图）。值得注意的是，在空压机示功

图上，其横坐标用气缸的容积 V，而不能用比体积 v。因为在吸气和排气过程中，气体的容积是变化的，但压力和温度不变，比体积也不变，即在吸气和排气两个过程中，气体的状态并未改变，不是真正的热力过程，因此用比体积作横坐标无法表示这两个过程。

空压机把空气从低压压缩至高压，需要消耗能量。空压机完成一个理论工作循环所消耗的理论循环总功 W 等于吸气过程的功 W_x、压缩过程的功 W_y 和排气过程的功 W_p 的总和。

在研究空压机工作循环时，通常规定：活塞对空气做功为正值；空气对活塞做功为负值，按此规定，压缩过程和排气过程的功为正，吸气过程的功为负。各功的大小为：

（1）吸气功 $W_x = -p_1 V_1$，相当于图中线 $4-1$ 下面所包围的面积 $41aO4$。

（2）压缩功 $W_y = -\int_{V_1}^{V_2} p \mathrm{d}V = \int_{V_2}^{V_1} p \mathrm{d}V$（因 $\mathrm{d}V$ 在压缩时为负，为使其为正，故在积分号前加负号），相当于图中线 $1-2$ 下面所包围的面积 $23Ob2$。

（3）排气功 $W_p = p_2 V_2$，相当于图中线 $2-3$ 下面所包围的面积 $12ba1$。

（4）理论循环总功 $W = W_x + W_y + W_p = -p_1 V_1 + \int_{V_2}^{V_1} p \mathrm{d}V + p_2 V_2$，相当于吸气、压缩和排气三个过程线所包围的面积 4123。

3. 不同压缩过程的空压机理论工作循环

在空压机理论工作循环中，只有压缩过程是真正的热力过程。气体在压缩时，可按等温、绝热和多变过程进行。按不同的压缩过程压缩时，空压机的循环总功、空气被压缩时放出的热量以及压缩终了时空气的温度不相同。

1）等温压缩

在等温压缩过程中，气体的温度始终保持不变，$T = C$，其过程方程式为 $pV = C$，故有 $p_1 V_1 = p_2 V_2$，循环总功为

$$W = -p_1 V_1 + \int_{V_2}^{V_1} p \mathrm{d}V + p_2 V_2 = p_1 V_1 \ln \frac{V_1}{V_2} = p_1 V_1 \ln \frac{p_2}{p_1} \qquad (8-1)$$

或

$$W = 2.303 p_1 V_1 \lg \frac{p_2}{p_1} \qquad (8-2)$$

式中　　p_1 ——吸气时的绝对压力，Pa；

　　　　p_2 ——排气时的绝对压力，Pa；

　　　　V_1 ——吸气终了时气体的体积，m³；

　　　　V_2 ——排气开始时气体的体积，m³。

可见，按等温压缩时，空压机的循环总功等于压缩过程的功。

根据热力学第一定律，等温压缩过程中气体的内能 $\Delta U = 0$，则对气体所做的压缩功相当于气体放出的热量，此时空气被压缩时放出的热量为

$$Q = W \qquad (8-3)$$

压缩终了时，空气的温度为

$$T_1 = T_2 \qquad (8-4)$$

2）绝热压缩

绝热压缩过程是不与外界进行热交换的过程。根据过程方程式 $pV^k = C$，故 $\dfrac{p_1}{p_2} = \left(\dfrac{V_2}{V_1}\right)^k$，

循环总功为

$$W = -p_1V_1 + \int_{V_2}^{V_1} p\,\mathrm{d}V + p_2V_2 = -p_1V_1 + \frac{1}{k-1}(p_2V_2 - p_1V_1) + p_2V_2$$

$$= \frac{k}{k-1}(p_2V_2 - p_1V_1) \tag{8-5}$$

或

$$W = \frac{k}{k-1} p_1V_1 \left[\left(\frac{p_2}{p_1}\right)^{\frac{k-1}{k}} - 1 \right] \tag{8-6}$$

可见，按绝热压缩时，空压机的循环总功等于绝热压缩过程的功的 k 倍。

空气被压缩时放出的热量为

$$Q = 0 \tag{8-7}$$

压缩终了时，空气的温度为

$$T_2 = T_1 \left(\frac{p_2}{p_1}\right)^{\frac{k-1}{k}} \tag{8-8}$$

3）多变压缩

多变压缩过程，其方程式为 $pV^n = C$ ，故 $\dfrac{p_1}{p_2} = \left(\dfrac{V_2}{V_1}\right)^n$ ，循环总功为

$$W = -p_1V_1 + \int_{V_2}^{V_1} p\,\mathrm{d}V + p_2V_2 = -p_1V_1 + \frac{1}{n-1}(p_2V_2 - p_1V_1) + p_2V_2$$

$$= \frac{n}{n-1}(p_2V_2 - p_1V_1) \tag{8-9}$$

或

$$W = \frac{n}{n-1} p_1V_1 \left[\left(\frac{p_2}{p_1}\right)^{\frac{n-1}{n}} - 1 \right] \tag{8-10}$$

可见，多变压缩时，空压机的循环总功等于绝热压缩过程的功的 n 倍。

空气被压缩时放出的热量为

$$Q = Mc_V \frac{k-n}{n-1}(T_2 - T_1) = Mc_V(T_2 - T_1) \tag{8-11}$$

压缩终了时，空气的温度为

$$T_2 = T_1 \left(\frac{p_2}{p_1}\right)^{\frac{n-1}{n}} = T_1 \varepsilon^{\frac{n-1}{n}} \tag{8-12}$$

4）三种压缩过程的理论工作循环比较

（1）循环总功的比较。把相同进气温度和进气压力下的容积 V_1 的空气，按不同的压缩过程压缩到相同终了压力 p_2 时的理论工作循环示功图画在一起，即如图 8-8 所示，其中 1-2 是等温压缩线，1-2' 是多变压缩线，1-2″ 是绝热压缩线。由图 8-8 所示可知，等温压缩时所消耗的循环总功最小（面积 1234），绝热压缩时所消耗的循环总功最大（面积 12″34），多变压缩时介于二者之间（面积 12′34）。因此，等温的循环总功最小。

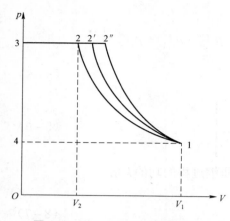

图 8-8 不同压缩过程的循环功

（2）压缩终了温度的比较。在空压机循环中，压缩过程所消耗的外功全部变成热量。如采用等温压缩，这些热量全部传给外界，空气的内能和温度没有改变；如采用绝热压缩，这些热量全部转换为空气的内能，使空气温度升高；如采用多变压缩，这些热量的一部分传给外界，一部分变成空气的内能，所以多变压缩终了的温度低于绝热压缩终了的温度，但高于等温压缩终了的温度。因此，等温压缩的终了温度最低，其安全性也最高。

从以上比较可知，等温压缩是最有利的压缩过程。所以，在空压机的工作中，应最大可能地提高冷却效果，使实际压缩过程接近等温压缩过程，即使多变压缩指数接近 1。

二、活塞式空压机的实际工作循环

1. 实际工作循环示功图

空压机实际工作中的示功图（$p-V$ 图）是用专门的示功仪（机械式和压电式）测绘出来的。图 8-9 所示为用示功仪测出的空压机实际工作循环示功图。该图反映出空压机在实际工作循环中，空气压力和容积的变化情况。

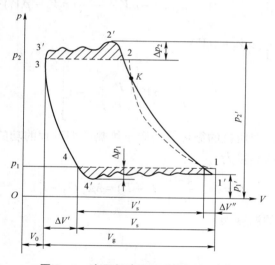

图 8-9 空压机实际工作循环示功图

从实际工作循环示功图中可以看出实际工作循环和理论工作循环的区别。

1）实际压缩过程

当活塞由内止点向外止点移动时，空气被压缩，容积逐渐缩小，压力不断升高，此时空气状态沿 $1'-2'$ 曲线变化，而不是沿 $1-2$ 曲线变化，这是受到在气缸内压缩时温度升高而产生热交换的影响造成的。当压力升至排气压力 p_2 时，由于阀本身具有一定的惯性阻力和弹簧力，排气阀还不能被顶开，活塞还要继续压缩到点 $2'$，当气缸内压力达到 p_2' 时，排气阀才被顶开。显然，图中压差 $p_2' - p_2 = \Delta p_2$（压缩终了缸内空气压力与排气腔压力之差），为用以克服排气阀上弹簧力及惯性力所需要的压力。

2）实际排气过程

排气阀一旦被打开，惯性阻力消失，故气缸内压缩空气压力下降，但仍须保持有一定的压差来克服弹簧力及气流通过气阀缝隙的阻力，以维持排气阀处于开启状态。由于活塞运动速度是变化的，致使排出气体的流速也不均匀，另外弹簧也有振动，因而造成排气腔气流脉动，所以实际排气过程的压力是波动的。

3）实际膨胀过程

当排气终了、活塞返回时，排气阀立即关闭。由于缸内残留的空气压力比吸气腔中的空气压力高，故吸气阀暂不打开。这部分高压空气随着活塞运动而膨胀，直至压力降到低于吸气腔的压力时，即产生了一个压差 $\Delta p_1 = p_1 - p_1'$，以克服吸气阀惯性力及弹簧力，此时吸气阀才打开，开始进行吸气。

4）实际吸气过程

吸气阀打开后，惯性力消失，压力差很快减小，但是吸气过程线始终低于大气压力线，原因是需保持一定的压差以克服弹簧力和吸气管、滤风器、减荷阀、吸气阀的阻力。吸气过程末期，由于活塞线速度降低，气流速度也随之降低，于是缸内空气压力回升，直到压差减小到不能克服弹簧力时，吸气阀就立即关闭，吸气过程结束，下一个循环又重复进行。

2. 影响空压机实际工作循环的因素分析

1）余隙容积的影响

余隙容积是气缸排气终了时，剩余在气缸中的压缩空气所占有的容积。它是在活塞处于气缸端部时，由活塞与气缸盖之间的容积和气缸与气阀连接通道的容积所构成的。值得注意的是气缸中必须留有余隙容积，以避免曲轴连杆机构工作中热膨胀伸长时，活塞撞击气缸盖而造成气缸损坏事故。

如果不考虑其他因素的影响，并假定吸气压力等于理论吸气压力（大气压力）、排气压力等于理论排气压力（风包压力），则余隙容积对空压机实际工作循环的影响如图 8－10 所示。

由于余隙容积的存在，排气终止于点 4 时，仍有体积等于余隙容积 V_0 的压缩空气存留于气缸中。当活塞由端点向回移动时，因气缸内剩余的高压气体压力大于吸气腔中的空气压力，气缸不能立即进气，而是气缸内压力降低，即活塞从起点 4 移动到点 1 时，才开始吸气。这样，活塞由点 1 至点 4 之间，余隙容积 V_0 中的气体经过一个膨胀过程。因此，吸入气缸的空气体积不是气缸的工作容积 V_g 而是吸气容积 V_s。显然，余隙容积的存在，减少了空压机的排气量。

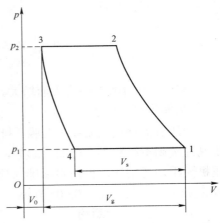

图 8－10　余隙容积对空压机实际工作循环的影响

余隙容积对空压机排气量的影响，常用气缸的容积系数 λ_v 表示，它等于气缸的吸气容积 V_s 与气缸工作容积 V_g 之比，即 $\lambda_v = V_s / V_g$。一般二级空压机的

$\lambda_V = 0.82 \sim 0.92$。

余隙容积的存在，使空压机实际吸入容积 V_s 小于气缸工作容积 V_g，但因压缩余隙容积中残留气体所消耗的功在膨胀时可以收回来，所以在理论上余隙容积不影响空压机的耗功量。

2）吸、排气阻力的影响

在吸气过程中，外界大气需要克服滤风器、进气管道及吸气阀通道内的阻力后才能进入气缸，所以实际吸气压力低于理论吸气压力；而在排气过程中，压气需克服排气阀通道、排气管道和排气管道上阀门等处的阻力后才能向风包排气，所以实际排气压力高于理论排气压力。

由于气阀阀片和弹簧的惯性作用，使实际吸、排气线的起点出现尖峰；又由于吸、排气的周期性，气体流经吸、排气阀及通道时，所受阻力为脉动变化，因而实际吸、排气线呈波浪状。

如前所述，吸气终了压力 p_1' 低于理论吸气压力 p_1（如图 8−9 中的 1 点），所以欲使缸内压力由 p_1' 上升到 p_1，必须经过一段使吸气容积 V_s 缩小为 V_s' 的预压缩，故而使实际的吸气能力和排气能力下降。一般用压力系数 λ_p 来考虑吸气阻力对排气能力的影响，$\lambda_p = p_1' / p_1$，其值为 $\lambda_p = 0.95 \sim 0.98$。

吸气压力的降低和排气压力的升高，使压缩相同质量空气的循环功增加，其增加部分可用图 8−9 中的阴影面积表示。

3）吸气温度的影响

在吸气过程中，吸入气缸的空气与缸内残留压气相混合、高温的缸壁和活塞对空气加热及克服流动阻力而损失的能量转换为热能等原因，使得吸气终了的空气温度 T_1 高于理论吸气温度 T_s（相当于吸气管外的空气温度），从而降低了吸入空气的密度，减少了空压机以质量计算的排气量。吸气温度对排气量的影响，常以温度系数 λ_t 来考虑，$\lambda_t = T_s / T_1$，一般 $\lambda_t = 0.92 \sim 0.98$。

吸气温度的升高，对压缩质量为 M 的空气所需的循环功也有影响。现将 $p_1 V_1 = MRT_1$ 代入式（8−10），则有

$$W = \frac{n}{n-1} MRT_1 \left[\left(\frac{p_2}{p_1} \right)^{\frac{n-1}{n}} - 1 \right] \tag{8−13}$$

显然，W 将随 T_1 的增大而增大。通常温度升高 3℃，功耗约增加 1%。

4）漏气的影响

空压机的漏气主要发生在吸、排气阀，填料箱及气缸与活塞之间。气阀的漏气主要是由于阀片关闭不严和不及时而引起的，其余地方的漏气则大部分是由机械磨损所致。漏气使空压机无用功耗增加，也使实际排气量减少。考虑漏气使排气量减少的系数，叫作漏气系数，以 λ_l 表示，一般取 $\lambda_l = 0.90 \sim 0.98$。

5）空气湿度的影响

含有水蒸气的空气称为湿空气。自然界中的空气实际上都是湿空气，只是湿度大小不同而已。由湿空气性质可知，在同温同压下，湿空气的密度小于干空气，且湿度越大，密度越

小。和吸入干空气相比，空压机吸入空气的湿度越大，以质量计的排气量就越小，而且吸入空气中所含的水蒸气，有一部分在冷却器、风包和管道中被冷却成凝结水而析出，这既减少了空压机的实际排气量，又浪费了功耗。考虑空气湿度使空压机排气量减少的系数，叫作湿度系数，以 λ_{ϕ} 表示，一般 λ_{ϕ} 为 0.98 左右。

综上所述，空压机实际工作循环要受余隙容积，吸、排气阻力，吸气温度，漏气和空气湿度等因素的影响。除余隙容积外，其余因素都将使空压机的循环功增加，且所有因素都会使排气量减少。它们对排气量的影响可用排气系数 λ 表示，显然 $\lambda = \lambda_{v} \lambda_{p} \lambda_{t} \lambda_{l} \lambda_{\phi}$。

另外，在空压机工作过程中，因气体与气缸壁面间始终存在着温差，使气体在压缩初期从高温缸壁获得热量，称为吸热压缩；待空气被压缩到一定程度后又向缸壁放热，称为放热压缩，故在压缩过程中，多变指数为一变数。实际压缩过程线与绝热压缩线有相交点 K，$1-K$ 比绝热线陡，$K-2$ 比绝热线缓。

三、活塞式空压机的排气量、功率和效率

1. 排气量

排气量是指每分钟内空压机最末一级排出的气体体积换算到第一级额定吸气状态下的气体体积量，常用单位为 m^3/min。

1）理论排气量

理论排气量是指空压机按理论工作循环工作时的排气量，即每分钟内活塞的行程容积。它可由气缸的尺寸和曲轴的转速确定。

对于单作用空压机：

$$Q_T = nV_g = \frac{\pi}{4} D^2 Sn \qquad (8-14)$$

对于双作用空压机：

$$Q_T = \frac{\pi}{4}(2D^2 - d^2)Sn \qquad (8-15)$$

式中　　D ——一级气缸直径，m；

$\qquad$ d ——一活塞杆直径，m；

$\qquad$ S ——活塞行程，m；

$\qquad$ n ——空压机曲轴转速，r/min。

对于多级压缩的空压机，上式中的结构参数应按第一级气缸的结构尺寸计算。

2）实际排气量

实际排气量是指空压机按实际工作循环工作时的排气量。由于影响空压机排气量的主要因素有余隙容积，吸、排气阻力，吸气温度，漏气和空气湿度等，实际排气量比理论排气量要小，其大小为

$$Q = \lambda Q_T = \lambda_{v} \lambda_{p} \lambda_{t} \lambda_{l} \lambda_{\phi} Q_T \qquad (8-16)$$

式中　　λ ——排气系数，它等于实际排气量和理论排气量之比。国产动力用空压机的排气系数见表 8-1。

表 8-1　国产动力用空压机的排气系数 λ

类型	排气量/ $(m^3 \cdot min^{-1})$	排气压力/ 1×10^{-5} Pa	级数	排气系数 λ
微型	<1	6.87	1	0.58～0.60
小型	1～3	6.87	2	0.60～0.70
V、W 型	3～12	6.87	2	0.76～0.85
L 型	10～100	6.87	2	0.72～0.82

2. 功率和效率

空压机的功率和效率是评价空压机经济性能的指标之一。

空压机消耗的功率，一部分直接用于压缩空气，另一部分用于克服机械摩擦。前者称为指示功率，后者称为机械功率，两者之和为主轴所消耗的总功率，称为轴功率。

1）理论功率

空压机按理论工作循环压缩气体所消耗的功率称为理论功率，用 N_T 表示。可由下式求得

$$N_T = \sum N_{Ti} = \sum \frac{W_{Vi}Q}{10^3 \times 60} \tag{8-17}$$

式中　W_{Vi}——第 i 级气缸按一定压缩过程（等温、绝热或多变过程）压缩 1 m³ 空气所消耗的循环功，J/m³。可按式（8-2）、式（8-6）和式（8-10）计算。

2）指示功率

空压机按实际工作循环压缩气体所消耗的功率称为指示功率，用 N_j 表示。由于影响空压机指示功率的主要因素有吸、排气阻力，吸气温度，漏气和空气湿度等，这些因素使指示功率比理论功率要大。

理论功率与指示功率的比值，称为指示效率，用 η_j 表示，即

$$\eta_j = \frac{N_T}{N_j} \tag{8-18}$$

式中　η_j——指示效率。考虑吸、排气阻力，吸气温度，漏气和空气湿度等因素引起的功率损失，当 N_T 为等温压缩时的功率时，η_j 为 0.72～08；当 N_T 为绝热压缩时的功率时，η_j 为 0.9～0.94。

3. 轴功率

原动机传递给空压机主轴的功率，称为轴功率，用 N 表示。

$$N = \frac{N_j}{\eta_m} \tag{8-19}$$

式中　η_m——机械效率。它考虑了传动机构各摩擦部位所引起的摩擦损失和曲轴带动的附属机构所消耗的功率，对于小型空压机，$\eta_m = 0.85～0.9$；对于大、中型空压机，$\eta_m = 0.9～0.95$。

理论功率和轴功率的比值，称为空压机的工作效率或总效率，即

$$\eta = \frac{N_T}{N} = \frac{N_T}{N_j} \frac{N_j}{N} = \eta_j \eta_m \tag{8-20}$$

空压机的总效率是用来衡量空压机本身经济性的一个重要指标，根据理论功率的计算方

法，又分为等温总效率和绝热总效率。一般水冷式空压机的经济性常用等温总效率衡量，而风冷式空压机则用绝热总效率来衡量。表 8-2 列出了空压机不同排气量时的等温全效率，供计算参考。

表 8-2　空压机不同排气量时的等温全效率

介质	主要参数			等温全效率
	排气量/（m³·min⁻¹）	排气压力/1×10⁵ Pa	级数	
空气	<3 3～12 10～100	7.85 7.85 7.85	1 2 2	0.35～0.42 0.53～0.60 0.65～0.70

4. 电动机（驱动）功率

电动机与空压机之间若有传动装置，则电动机的输出功率为

$$N_d = K \frac{N}{\eta_c} \qquad (8-21)$$

式中　K ——功率备用系数，$K = 1.10～1.15$；

　　　η_c ——传动效率，对于皮带轮传动，$\eta_c = 0.96～0.99$。

5. 比功率

在一定排气压力下，单位排气量所消耗的功率，称为比功率，用 N_b 表示，单位为 kW/（m³/min）

$$N_b = \frac{N}{Q} \qquad (8-22)$$

比功率是评价工作条件相同、介质相同的空压机经济性好坏的重要指标。据统计，国产空压机排气量小于 10 m³/min 时，$N_b = 5.8～6.3$ kW/（m³/min）；排气量大于 10 m³/min 而小于 100 m³/min 时，$N_b = 5.0～5.3$ kW/（m³/min）。

例 8-1　设有一台单级双作用活塞式空压机，已知直径 $D = 420$ mm，活塞杆直径 $= 45$ mm，活塞行程 $= 240$ mm，曲轴转速 $n = 400$ r/min，吸气绝对压力 $p_1 = 0.981×10^5$ Pa，排气绝对压力 $p_2 = 7.85×10^5$ Pa，排气系数 $\lambda = 0.6$。试计算空压机的排气量、轴功率及比功率。

解　（1）排气量 Q。

$$Q = \lambda Q_T = \lambda \frac{\pi}{4} (2D^2 - d^2) S_n = 0.6 \times \frac{\pi}{4} \times (2 \times 0.42^2 - 0.045^2) \times 0.24 \times 400 \, \text{m}^3/\text{min}$$

$$= 15.87 \, \text{m}^3/\text{min}$$

（2）轴功率 N。

$$N = \frac{N_T}{\eta_j \eta_m} = \frac{W_v Q}{1\,000 \times 60 \eta_j \eta_m}$$

按绝热压缩过程计算循环功 W_v，即

$$W_v = \frac{k}{k-1} p_1 \left[\left(\frac{p_2}{p_1} \right)^{\frac{k-1}{k}} - 1 \right] = \frac{1.4}{1.4-1} \times 0.981 \times 10^5 \times \left[\left(\frac{7.85 \times 10^5}{0.981 \times 10^5} \right)^{\frac{1.4-1}{1.4}} - 1 \right] \text{J/m}^3$$

$$= 2.79 \times 10^5 \, \text{J/m}^3$$

取 $\eta_j = 0.92$，$\eta_m = 0.90$，则有

$$N = \frac{2.79 \times 10^5 \times 15.87}{1\,000 \times 60 \times 0.92 \times 0.9} \text{kW} = 89.125\ \text{kW}$$

（3）比功率 N_b。

$$N_b = \frac{N}{Q} = \frac{89.125}{15.87} \text{kW/(m}^3/\text{min)} = 5.62\ \text{kW/(m}^3/\text{min)}$$

四、活塞式空压机的构造

我国煤矿使用的活塞式空压机，多数为大型固定式空气压缩机，L 型空压机最为常见，如 4L－20/8 和 5L－40/8 等。

以 4L－20/8 和 5L－40/8 为例说明 L 系列活塞式空压机的型号意义。

4——L 型系列产品序号；

L——高、低压气缸为直角形布置（低压缸立置、高压缸卧置）；

5.5——新 L 型系列产品活塞力为 5.5 t；

20、40——额定排气量，m³/min；

8——额定排气压力（表压力），kg/cm²（工程单位制），约为 0.8 MPa。

图 8－11 所示为 4L－20/8 型空压机的结构。L 型空压机是两级、双缸、双作用、水冷、固定式空压机，它主要由动力传动系统、压缩空气系统、润滑系统、冷却系统、调节系统和安全保护系统 6 大部分组成。

（1）动力传动系统。动力传动系统主要由曲轴、连杆、十字头、飞轮及机架等组成，其作用是传递动力，把电动机的旋转运动转变成活塞的往复运动。

（2）压缩空气系统。压缩空气系统由空气过滤器、吸气阀、排气阀、气缸、活塞组件、密封装置和风包等组成。

（3）润滑系统。润滑系统由齿轮油泵、注油器和滤油器等组成。

（4）冷却系统。冷却系统由中间冷却器、气缸冷却水套、冷却水管、后冷却器和润滑油冷却器等组成。

（5）调节系统。调节系统主要由减荷阀、压力调节器等组成。

（6）安全保护系统。安全保护系统主要由安全阀、油压继电器、断水开关和释压阀等组成。

由图 8－11 可看出，其主要系统的流程如下。

压气流程：外界大气→滤风器→减荷阀→一级吸气阀→一级气缸→一级排气阀→中间冷却器→二级吸气阀→二级气缸→二级排气阀→（后冷却器）→风包。

动力传递流程：电动机→三角皮带轮→曲轴→连杆→十字头→活塞杆→活塞。

1. 活塞式空压机的主要部件

1）机身

机身起连接、支撑、定位和导向等作用，图 8－12 所示为机身剖面图。机身与曲轴箱用灰铸铁铸成整体，外形为正置的直角 L 形，在垂直和水平颈部装有可拆的十字头滑道，颈部

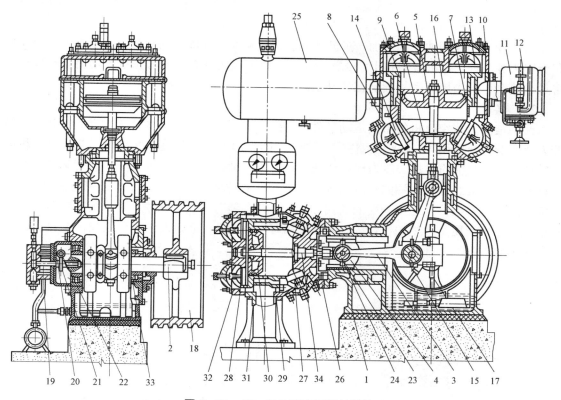

图 8-11　4L-20/8 型空压机的结构

1—机身；2—曲轴；3—连杆；4—十字头；5—活塞杆；6——级填料函；7——级活塞环；
8——级气缸座；9——级气缸；10——级气缸盖；11—减荷阀组件；12—负荷调节器；13——级吸气阀；
14——级排气阀；15—连杆轴瓦；16——级活塞；17—螺钉；18—三角皮带轮；19—齿轮泵组件；20—注油器；21，22—蜗轮
及电蜗杆；23—十字头销铜套；24—十字头销；25—中间冷却器；26—二级气缸座；27—二级吸气阀组；28—二级排气阀组；
29—二级气缸；30—二级活塞；31—二级活塞环；32—二级气缸盖；33—滚动轴承组；34—二级填料函

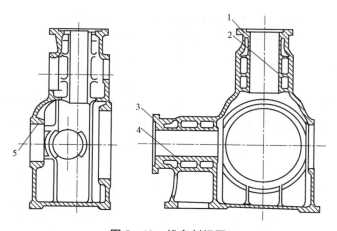

图 8-12　机身剖视图

1—立列贴合面；2—立列十字头导轨；3—卧列贴合面；4—卧列十字头导轨；5—滚动轴承孔

端面以法兰与一、二级气缸组件相连,机身相对的两个侧壁上开有安装曲轴轴承的大小两孔,机身的底部是润滑油的油池。

为了观察和控制油池的油面,在机身侧壁上装有安放测油尺的短管。为了便于拆装连杆和十字头等部件,在机身后和十字头滑道旁,分别开有方形窗口和圆形孔,均用有机玻璃盖密封。整个机身用地脚螺栓固定在地基上。

2)曲轴

曲轴是活塞式空压机的重要运动部件,它接收电动机以扭矩形式输入的动力,并把它转变为活塞的往复作用力,以此压缩空气而做功。图 8-13 所示为 4L-20/8 型活塞式空压机的曲轴部件图,曲轴的材料一般为球墨铸铁,它由两段轴颈、两个曲臂和一个并列装置的两个连杆的曲拐组成。曲轴两端的轴颈上各装有双列向心球面滚珠轴承,支承在机身侧壁孔上。曲轴的两个曲臂上分别连接一端的曲拐和轴颈,并各装有一块平衡铁,以平衡旋转运动和往复运动时不平衡质量产生的惯性力。曲轴上钻有中心油孔,通过此油孔使齿轮油泵排出的润滑油能流动到各润滑部位。

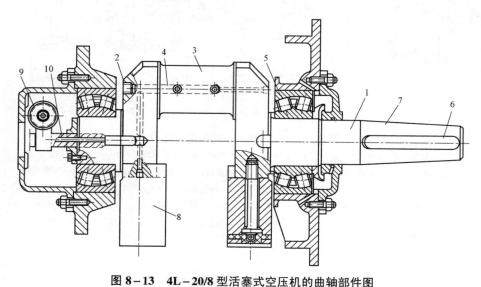

图 8-13 4L-20/8 型活塞式空压机的曲轴部件图

1—主轴颈;2—曲臂;3—曲拐;4—曲轴中心油孔;5—双列向心球面小滚珠轴承;6—键槽;

7—曲轴外伸端;8—平衡铁;9—蜗轮;10—传动小轴

3)连杆

连杆是将作用在活塞上的推力传递给曲轴,并且将曲轴的旋转运动转换为活塞的往复运动的部件。由图 8-14 可知,连杆由大头、大头盖、杆体、小头等部分组成。杆体呈圆锥形,内有贯穿大小头的油孔,从曲轴流来的润滑油由大头通过油孔到小头润滑十字头销。连杆材料为球墨铸铁。

连杆大头采用剖分结构,大头盖与大头用螺栓连接,安装于曲拐上,螺栓上有防松装置。大头孔内嵌有巴氏合金衬层的大头瓦,其间有两组铜垫,借助铜垫可调整大头瓦和曲拐的径向间隙。连杆小头孔内衬一铜套以减少摩擦,磨损后可以更换。连杆小头瓦内穿入十字头销与十字头相连,可从机身侧面圆形窗口拆卸。

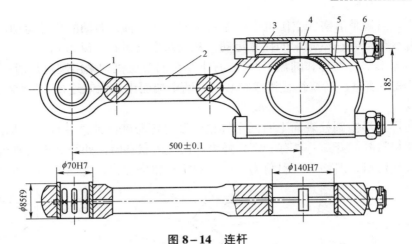

图 8-14 连杆

1—小头；2—杆体；3—大头；4—连杆螺栓；5—大头盖；6—连杆螺母

4）十字头

十字头部件如图 8-15 所示。它是连接活塞杆与连杆的运动机件，在十字头滑道上做往复运动，具有导向作用。其材质为灰铸铁。

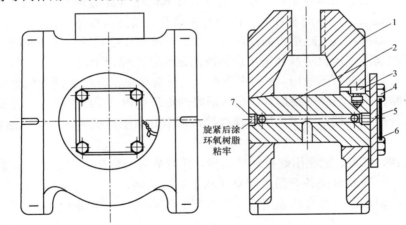

图 8-15 十字头部件

1—十字头体；2—十字头销；3—螺钉键；4—螺钉；5—盖；6—止动垫片；7—螺塞

十字头主要有十字头体和十字头销两部分。十字头体的一端有内螺纹孔与活塞杆连接，借助于调节螺纹的拧入深度，可以调节气缸的余隙容积大小。两侧装有十字头销的锥形孔，十字头销用螺钉键固定在十字头上，并与连杆小头相配合。十字头销和十字头摩擦面上分别有油孔和油槽，则连杆流来的润滑油经油孔和油槽，润滑连杆小头瓦与十字头的摩擦面。

5）活塞组件

活塞组件包括活塞、活塞环和活塞杆，如图 8-16 所示。

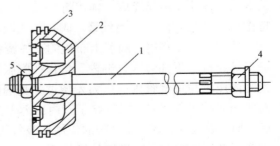

图 8-16 活塞组件

1—活塞杆；2—活塞；3—活塞环；4—螺母；5—冠形螺母

（1）活塞。活塞是活塞式空压机中压缩系统的主要部件，曲轴的旋转运动，经连杆、十字头、活塞杆变为活塞在气缸中的往复运动，从而对空气进行压缩做功。

常见的活塞形状有筒形和圆盘形两种。有十字头的空压机均采用圆盘形活塞，如图8-16中的2。为了减小质量，活塞往往铸成空心的，两个端面用加强筋连接，以增加刚度。活塞材质为灰铸铁。

（2）活塞环。活塞圆柱表面上有两个环槽，装有矩形断面的活塞环（又称涨圈），活塞环一般用铸铁材料制成开口，具有一定的弹力。在自由状态时，外径大于气缸内径。活塞环的切口形式有直切口、斜切口（斜角为45°或60°）和搭切口，如图8-17所示。

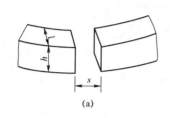
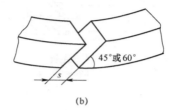
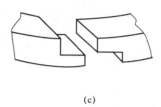

(a)   (b)   (c)

图8-17　活塞环的切口形式

活塞环的作用是利用本身张紧力使环的外表面紧贴在气缸镜面上，以防止气体泄漏。为避免气体从切口处窜流，各活塞环的开口应互相错开，错开角度不小于120°。由于活塞环和气缸壁之间有摩擦，故气缸壁内需使用润滑油，一般用压缩机油，活塞环同时也起布油和导热作用。无油润滑空压机活塞环采用自润滑的聚四氟乙烯。

（3）活塞杆。活塞杆一般用45钢锻造而成。杆身摩擦部分经表面硬化处理，具有良好的耐磨性。活塞杆的一端制成锥形体，插入活塞的锥形孔内，用螺母固接，并插有开口销以防松动。活塞杆的另一端与十字头用螺栓连接，调节好余隙容积后，用螺母锁紧。

6）气缸

气缸由缸体、缸盖、缸座用螺栓连接而成，接缝处有石棉垫以保证密封。整个气缸组件连接在机身上，缸盖和缸座各有四个阀室（两个装吸气阀，两个装排气阀）。气缸为双层壁结构，中间为冷却水套，水套将吸气室和排气室的气路隔开，如图8-18所示。

7）气阀

气阀包括吸气阀和排气阀，它是空压机最关键也是最容易发生故障的部件。

图8-19所示为4L-20/8型空压机低压气缸的吸气和排气阀，两阀均为单层环状阀。它由阀座、阀片、阀盖、弹簧、连接螺栓和螺帽等组成。阀座是由一组直径不同的同心圆环所组成的，各环间用筋连成一体（图8-20）。阀座与阀片贴合面制有凸台，以便阀片与阀座保持密封，考虑到阀片启闭频繁，阀片制成圆环状的薄片。

环状阀在工作时，阀盖上布置的小弹簧将阀片紧压在阀座的通气孔道上，吸气阀上部与进气管连接，下部装入气缸内。气体在膨胀过程中，活塞继续运动，缸内压力进一步降低，当缸内压力与进气管内的压力差超过弹簧的预压力时，阀片向气缸内移动，空气通过阀片和阀座的间隙进入气缸。吸气终了缸内压力上升，当缸内压力与弹簧一起能将阀片抬起压回阀座上时，吸气阀关闭。排气阀的作用和吸气阀相似，但阀座和阀盖的位置正好与吸气阀相反，阀座下部通缸内，上部通缸外排气管，阀盖上的弹簧将阀片向下压在阀座的通气孔道上。当气缸内压力高于排气管的压力，并且两者的压力差大于弹簧的压力时，阀片向上运动，压缩

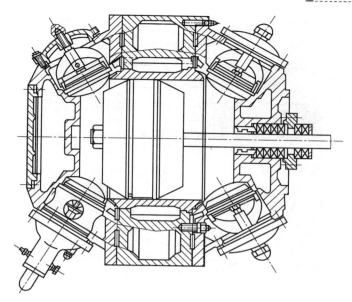

图 8－18　双层壁气缸

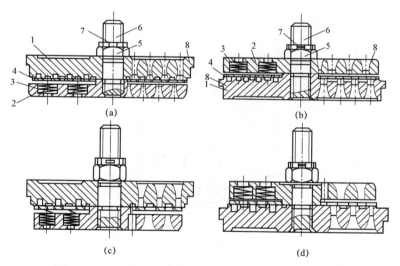

(a)　　　　　　　　　　　　　(b)

(c)　　　　　　　　　　　　　(d)

图 8－19　4L－20/8 型空压机低压气缸的吸气和排气阀

（a），（c）Ⅰ、Ⅱ级吸气阀；（b），（d）Ⅰ、Ⅱ级排气阀

1—阀座；2—阀盖；3—弹簧；4—阀片；5—螺帽；6—螺栓；7—开口销；8—石棉垫

空气通过阀片与阀座的缝隙由缸内向外排气。排气完毕且活塞向回运动时，缸内压力下降，排气阀的阀片被弹簧压回阀座，排气阀被关闭。

8）填料装置

为了阻止活塞杆与气缸间的气体泄漏，通常设置填料密封。目前空压机填料密封多使用金属密封。图 8－21 所示为高压缸的金属密封结构，其由垫圈、隔环、密封圈、挡油圈、弹簧等组成。两个垫圈和隔环分隔成两室，前室（靠近气缸侧）内放置两道密封圈，后室（靠近机架侧）放置两道挡油圈，以防止传动系统的润滑油进入气缸。

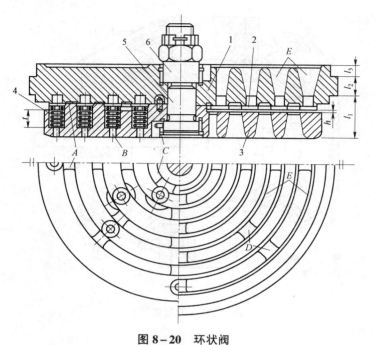

图 8-20　环状阀

1—阀座；2—阀片；3—升程限制器；4—弹簧；5—螺钉；6—螺母

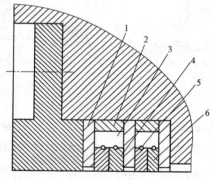

图 8-21　高压缸的金属密封结构

1—垫圈；2—隔环；3—小室；4—密封圈；5—弹簧；6—挡油圈

密封圈采用三瓣等边三角形结构，如图 8-22 所示。外缘沟槽内放有拉力弹簧将其扣紧，

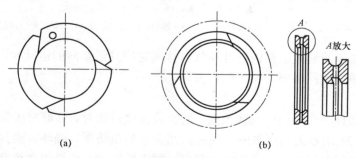

(a)　　　　　　　　　(b)

图 8-22　三瓣斜口密封圈和挡油圈

（a）密封圈；（b）挡油圈

使它们的内圆面紧贴在活塞杆上，当内圈磨损后，借助弹簧的力量，使密封圈自动收紧，确保密封。密封室内的两个密封圈，其切口方向相反，放置时切口互相错开。

挡油圈的结构形式和密封圈相似，只是内圆处开有斜槽，以便把活塞杆上的油刮下来，不使其进入气缸。

由于这种填料是自紧式的，因此允许活塞杆产生一定的挠度，而不会影响密封性能。

2. 活塞式空压机的附属设备

1）滤风器

滤风器的作用是过滤空气，以阻止空气中的灰尘和杂质进入气缸。因为灰尘和杂质被吸入气缸后，将与高温气体和润滑油混合而黏附在气阀、气缸壁和活塞环等处，从而使气阀不严密；加快气缸镜面和活塞组件的磨损；增大吸、排气阻力和提高排气温度，增加功耗和降低效率。

滤风器主要由外壳和滤芯组成。4L－20/8 型空压机的金属网滤风器如图 8－23 所示，其外壳由筒体 1 和封头 2、5 组成，筒体内装有圆筒形滤芯 3，它是由多层波纹状金属网组成的，其上涂有黏性油（一般用 60%的气缸油和 40%的柴油混合而成），黏性油的黏度为 3.3～3.7°E。当污浊空气通过时，灰尘和杂质便黏附在金属网上，使空气得以过滤。

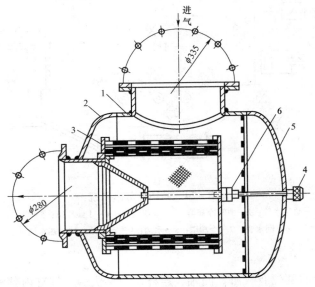

图 8－23 4L－20/8 型空压机的金属网滤风器
1—筒体；2，5—封头；3—滤芯；4，6—螺母

滤风器应安装在室外进风管道上，它与空压机的距离应不超过 10 m，并处于清洁、干燥、通风良好的阴凉处为宜。滤风器的吸气口向下布置，以免掉进杂物，并设防雨设施。

2）风包

风包是大、中型活塞式空压机必须配置的设备，一般竖立装在室外距机房 1.2～1.5 m 处。空压机排出的压缩气体通过排气管输入风包。风包有三个作用：一是稳压作用，做往复运动的活塞，排出的气体量是脉动的，风包能减缓其压力脉动，从而达到稳压的目的；二是储存一定量压气，对风动机械用气的不均衡性起一定的调节作用；三是风包可分离压缩空气中的油、水，提高气体质量。

3）冷却系统

冷却系统的主要作用是降低压气的温度，从而节省功率消耗，提高空压机工作的经济性和安全性。

空压机内起冷却作用的主要部位是气缸水套和中间冷却器两大部分。

气缸用水套进行冷却，由于接触散热面小，故对缸内气体冷却效果不显著，其主要作用是限制气缸和压气的温度不要太高，使得气缸内压缩机油维持一定黏度，以保证活塞与气缸间的润滑效果。

中间冷却器主要由外壳和一束水管组成，冷却水在管内流，压气在管外流，压气的热量通过管壁传递给冷却水。由于接触面积较大，故散热较快，冷却效果较好。

为了节约用水，大型空压机站都采用循环冷却水系统，如图 8-24 所示，经冷却塔 7 冷却后的水顺水沟 8 流入冷水池 9，由图中的 3 号冷水泵经总进水管 1 将冷却水首先打入中间冷却器 2，从中间冷却器 2 流出的水再分两路分别引入Ⅰ、Ⅱ级气缸水套 4 和 3，从中流出的热水经漏斗 5 及回水管 6 流回热水池 10。图 8-24 中实线表示冷水，虚线表示热水，2 号泵为备用泵。

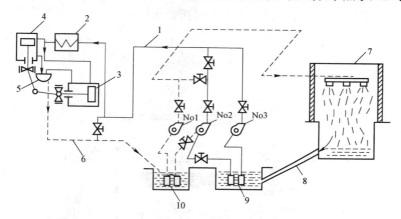

图 8-24　循环冷却水系统

1—总进水管；2—中间冷却器；3—Ⅱ级气缸；4—Ⅰ级气缸；5—漏斗；
6—回水管；7—冷却塔；8—水沟；9—冷水池；10—热水池

4）润滑系统

空压机需要润滑的部位有气缸、曲轴、连杆、十字头等。气缸内部润滑禁止使用一般机械油，一定要使用黏度高、热稳定性好、闪点较高的压缩机油。天热时多采用 19 号压缩机油，天冷时采用 13 号压缩机油。曲轴、连杆、十字头传动机构只要用机油润滑即可，一般采用 30 号、40 号、50 号机油。因此可将其润滑系统分为气缸内润滑系统和传动机构润滑系统（图 8-25）。

气缸内润滑系统，由曲轴 1 上的蜗杆带动蜗轮 3 及凸轮 17，驱动注油器的柱塞上、下运动，将油箱中的压缩机油定量注入气缸壁上的小孔，润滑气缸及活塞。

传动机构润滑系统，装在曲轴 1 上的传动空心轴 2 带动齿轮泵，经过滤器、油管、冷却器从油池中将油吸入齿轮泵，加压后，再经过过滤器，注入曲轴中心油孔，润滑连杆大头轴瓦，再经连杆中心油孔进入连杆小头轴瓦及十字头销油孔，最后经十字头滑道流回油池。

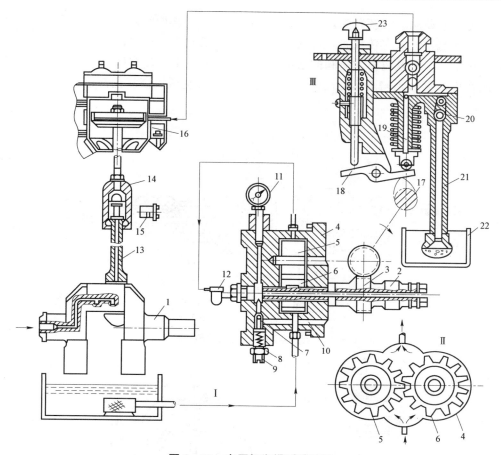

图 8 - 25　空压机润滑系统原理

1—曲轴；2—传动空心轴；3—蜗轮；4—外壳；5—从动轮；6—主动轮；7—油压调节阀；

8—螺帽；9—调节螺钉；10—回油管；11—压力表；12—滤油器；13—连杆；14—十字头；

15—十字头销；16—气缸；17—凸轮；18—杠杆；19—柱塞泵；20—球阀；

21—吸油管；22—油槽；23—顶杆

5）调节系统

由于电动机的转速一定，则空压机产生的压气量是一定的，而使用的风动工具和风动机械台数是经常变化的，因此耗气量也是变化的。当耗气量大于运转着的空压机的总排气量时，输气管中的压力就降低，这时可启动备用空压机。当耗气量小于空压机的排气量时，多余的压气使输气管中的压力升高，若压力升高太多，则容易产生危险。这种情况持续时间较长时，可以暂停部分运转着的空压机；当持续时间较短时，空压机启、停太频繁，因此必须采取措施，调节空压机的排气量。

（1）关闭进气管调节。关闭进气管调节简单地说是关闭空压机的进气通道，使空压机没有低压空气吸入，从而也就没有高压空气排出。用这种方法调节空压机的排气量简便、经济。

关闭进气管调节装置主要由压力调节器和卸荷阀两个部件组成，其结构如图 8 - 26 和图 8 - 27 所示。压力调节器有两个接口：一个接风包，另一个接卸荷阀。在正常情况下，两个接口不相通，当风包中的气体压力超过压力调节器的设定压力时，压缩空气顶开压力调节器的阀，进入卸荷阀的活塞缸中，推动活塞向上移动关闭蝶形阀，把进气管路堵塞，从而使空压机不能吸气，进入空转状态。当风包中的压力降低到某一值时，压力调节器中的阀在弹簧力的作用下，切断风包与卸荷阀的通道，卸荷阀活塞缸下部没有压缩空气供给，同时上部有弹簧的作用，蝶形阀向下运动，使阀处于开启状态，空压机恢复正常运转。

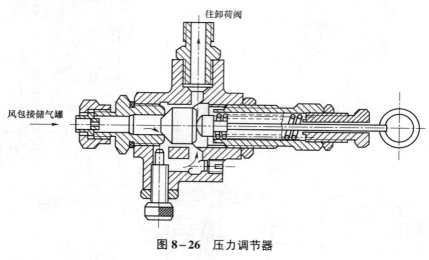

图 8-26　压力调节器

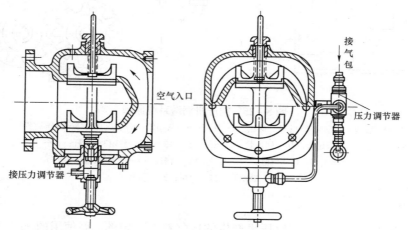

图 8-27　卸荷阀结构

　　为了使空压机不带负荷启动，启动前转动卸荷阀上的手轮，顶起活塞向上移动，使蝶形阀关闭，空压机可以空载启动。启动完毕后，再转动手轮退回，利用弹簧使蝶形阀恢复原位，进入正常运行。

　　（2）压开吸气阀调节。压开吸气阀调节是目前普遍采用的方法，实现其动作的结构形式较多，它既可使空压机在空载状态下启动，又可以使空压机在工作状态下卸荷。

　　压开吸气阀调节装置由制动垫圈、小弹簧、压叉、导轴、大弹簧、销、弹簧座、指针、手轮等组成，如图 8-28 所示，其中导轴 4 替代吸气阀上的连接螺钉，压叉 3 在导轴上做轴向滑动。当空压机吸气终了时，吸气阀借助大弹簧 5 的弹簧力，通过压叉 3 压开吸气阀的阀片，保持一定的开度，使吸气阀处于开启状态；当活塞返行时，气缸内的部分气体又经吸气阀返回吸气管内，活塞继续运行，气缸内的压力上升；当作用于阀片上的气流压力的合力超过大弹簧 5 的作用力时，阀片开始向阀座运动，最终吸气阀关闭，从而起到调节排气量的作用。指针 8 与手轮 9 固接，给出手轮 9 的旋转角度，旋转手轮 9 就可调节大弹簧的预压力，从而调节吸气阀的开启程度，这样即改变了气体经吸气阀返回进气管的空气量，从而达到连续调节排气量的目的。

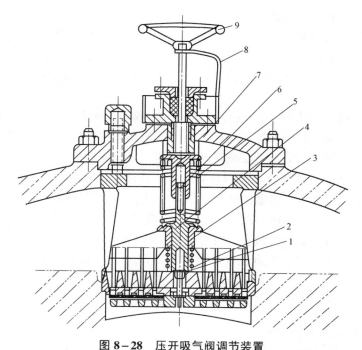

图 8-28 压开吸气阀调节装置

1—制动垫圈；2—小弹簧；3—压叉；4—导轴；5—大弹簧；6—销；7—弹簧座；8—指针；9—手轮

（3）改变余隙容积调节。改变余隙容积的调节原理是在主气缸上设置余隙缸，当需要减少排气量时，通过加大余隙容积，使气缸容积系数减小，则排气量也相应减小。

图 8-29 所示为其原理图，气缸上安装余隙缸，其中缸内部分为附加的余隙容积，平常附加余隙容积由阀 2 与气缸隔开。活塞腔经压力调节器（图中未画出）与风包相通，当风包中的压力增大，超过整定值时，压力调节器打开，压缩空气通过压力调节器后，沿风管进入减荷气缸 4 内，推动活塞 5 克服弹簧力向上移动，将阀 2 打开使附加余隙容积与气缸相通；排气时部分气体进入附加容积，吸气时气缸中的剩余气体与留在附加余隙容积中的气体一起膨胀，使吸入气缸的气体量减少，从而使空压机的排气量减小。

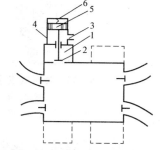

图 8-29 改变余隙容积调节原理

1—余隙缸；2—阀；3—进气管；4—减荷气缸；
5—活塞；6—弹簧

采用改变余隙容积调节法，气缸上装有四个附加余隙缸和一个五位压力调节器。压力调节器的每个位置整定成不同的动作压力，调节器的四个位置各控制一个余隙容积，当每个余隙容积依次和气缸连通时，空压机的排气量将逐次减少25%左右，于是能进行五级调节，分别给出100%、75%、50%、25%、0%的排气量。

这种调节法能实现多级调节，但其冷却效果差，结构较复杂，加大了气缸的尺寸，故目前多用于大型空压机。

6）安全保护装置

空压机是大型设备，关系到生产的安全，为了及时发现空压机运行中的不正常现象，防止事故发生，保证压气设备安全运行，在大、中型空压机上必须设置下列安全保护装置。

（1）安全阀。安全阀是压气设备的保护装置。当系统压力超过某一整定值时，安全阀动作，把压缩气体泄于大气，使系统压力下降，从而保证压气设备运行中其系统压力在整定值以下。

安全阀的种类很多，图8-30所示为弹簧式安全阀。当系统压力大于弹簧3的预压力时，阀芯2向上运动，压缩气体经阀座1与阀芯2的环形间隙排向大气；当系统压力下降，对阀芯2的总压力小于弹簧力时，阀芯2向下落在阀座1上，停止排气。因此调整螺丝4可调整弹簧3的预压力，从而可调节安全阀的开启压力。通过手把6可进行人工放气。

（2）压力继电器。压力继电器的作用是保障空压机有充足的冷却水和润滑油，当冷却水水压或润滑油油压不足时，继电器动作，断开控制线路的接点，发出声、光信号或自动停机。图8-31所示为压力继电器的原理图。当油（或水）管接头1中的压力低于某一值时，薄膜2上部的弹簧4使推杆5下降，电开关在本身弹簧力作用下，电接点6断开。

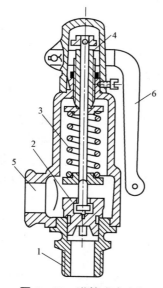

图8-30　弹簧式安全阀

1—阀座；2—阀芯；3—弹簧；4—调整螺丝；
5—排气口；6—手把

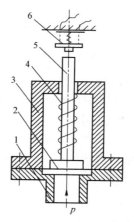

图8-31　压力继电器的原理

1—管接头；2—薄膜；3—继电器外壳；4—弹簧；
5—推杆；6—电接点

（3）温度保护装置。温度保护装置的作用是保障空压机的排气温度及润滑油的温度不致超过设定值。此类装置有带电接点的水银温度计或压力表式温度计，当温度超限时，电接点接通，发出报警信号或切断电源。

（4）释压阀。释压阀的作用是防止压气设备爆炸而装设的保护装置。当压缩空气温度或压力突然升高时，安全阀因流通面积小，不能迅速将压缩气体释放。而释压阀流通面积很大，可以迅速释压，对人身和设备起到保护作用。

　　释压阀的种类较多，图8-32（a）是常用的一般活塞式释压阀，主要由气缸、活塞、保险螺杆和保护罩等部件组成。释压阀装在风包排气管正对气流方向上，如图8-32（b）所示，当压气设备由于某种原因，压缩空气压力上升到（1.05±0.05）MPa时，保险螺杆立即被拉断，活塞冲向右端，使管路内的高压气体迅速释放。

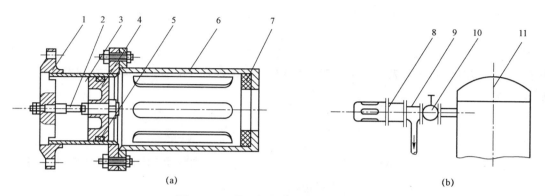

图 8-32　释压阀的构造和安装位置

1—卡盘；2—保险螺杆；3—气缸；4—活塞；5—密封圈；6—保护罩；7—缓冲垫；
8—释压阀；9—排气管；10—闸阀；11—风包

第四节　活塞式空压机的两级压缩

一、采用两级压缩的原因

　　矿用压机的相对排气压力一般为（6.87～7.85）×10⁵ Pa，通常采用两级压缩。其原因主要有以下两方面。

1. 压缩比受余隙容积的限制

　　如图8-33所示，由于余隙容积的存在，随着排气压力的提高，吸气量将不断减少。当排气压力增大到某一值时，吸气过程就完全被残留在余隙容积中的压气的膨胀过程所代替，使吸气量为零。因此，为保证有一定的排气量，压缩比不能过大，即终了压力不宜过高。否则，空压机的工作效率就会过低。

2. 压缩比受气缸润滑油温度的限制

　　为保证活塞在气缸内的快速往复运动和减少机械摩擦损失，必须向缸内注油。但随着压缩比的增加，压缩终了时的空气温度也将增高，当增高到润滑油燃点温度（一般为215～240℃）时，便有发生爆炸的危险。为了避免这类事故发生，《煤矿安全规程》第438条规定："空气压缩机的排气温度单缸不得超过190℃，双

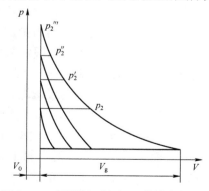

图 8-33　压缩比对气缸工作容积的影响

缸不得超过 160 ℃。"据此可求得在最不利条件下（按绝热压缩），单级压缩的极限压缩比。

根据式（8-8），压缩终了时空气温度为

$$T_2 = T_1 \left(\frac{p_2}{p_1} \right)^{\frac{k-1}{k}} = T_1 \varepsilon^{\frac{k-1}{k}}$$

于是，压缩比 $\left(\varepsilon = \frac{p_2}{p_1} \right)$ 为

$$\varepsilon = \left(\frac{T_2}{T_1} \right)^{\frac{k}{k-1}} \qquad (8-23)$$

取 $T_1 = 20 + 273 = 293 \text{ K}$，$T_2 = 190 + 273 = 463 \text{ K}$，并代入式（8-23），即得受油温限制的极限压缩比为

$$\varepsilon = \left(\frac{463}{293} \right)^{\frac{1.4}{1.4-1}} = 4.96$$

由此可见，欲得到较高的终压力 p_2，并具有较高的排气量和较低的排气温度，只能采用两级压缩或多级压缩。

二、两级活塞式空压机的工作循环

两级压缩一般是在两个气缸中完成的。

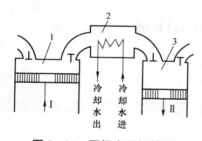

图 8-34 两级空压机简图
1—低压气缸；2—中间冷却器；3—高压气缸

两级压缩的工作原理与单级压缩的工作原理相同，只是在高低压气缸之间加一个中间冷却器，如图 8-34 所示。空气经低压吸气阀进入低压气缸 1 内，被压缩至中间压力 p_z，再经低压排气阀进入中间冷却器 2 进行冷却，同时分离出油和水。在中间冷却器内冷却后的压气，经高压吸气阀进入高压气缸 3 内继续被压缩至额定排气压力后，经高压排气阀排出。

两级空压机的理论工作循环除遵循单级压缩时的假定条件外，还假定有：

（1）各级压缩过程相同，即压缩指数 n 相等。

（2）在中间冷却器内把空气冷却至低压气缸的吸气温度，即 $T_1 = T_2$。

（3）压气在中间冷却器内按定压条件进行冷却。

图 8-35 所示为在上述假定条件下得出的两级空压机理论工作循环图。图 8-36 所示为考虑各种因素后的两级空压机实际工作循环图。

具有中间冷却器的两级压缩，与在同样条件下获得相同终了压力的单级压缩相比，有以下优点。

（1）节省功耗。从图 8-35 可以看出，当压力由 p_1 直接变化到 p_2 时，其示功图面积为 01 2′3。而采用两级压缩时，第 I 级压缩到某一中间压力 p_z 后，排入中间冷却器进行冷却，故第 I 级的示功图面积为 01 z′4。在中间冷却器内冷却至初始温度 T_1 时，气体体积也就由 V_z' 减小至 V_z，然后再进入第 II 级气缸压缩至终了压力 p_2。点 z 表示第 II 级气缸的进气终了

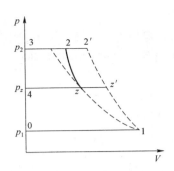

图 8-35 两级空压机理论工作循环图

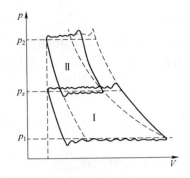

图 8-36 两级空压机实际工作循环图

状态，它与点 1 在同一等温线上（图中虚线）。第 Ⅱ 级气缸示功图面积为 $4z23$，两级压缩总功为 $01z'4+4z23$，它比单级压缩节省面积为 $zz'2'2$ 的功耗。

实现两级压缩之所以省功，主要是进行了中间冷却。从图 8-35 还可看出，若不进行中间冷却，从第 Ⅰ 级气缸排出的压气体积就不会由 V_z' 减小为 V_z，而是仍以 V_z' 的体积进入第 Ⅱ 级气缸，这样两级压缩与单级压缩的功耗相同。

（2）降低排气温度。由式（8-12）知，压气的终温不仅与初始温度成正比，而且和压缩比有关，即与 $\varepsilon^{[(n-1)/n]}$ 成正比。显然，在初始状态和终压相同的条件下，两级压缩比单级压缩的终温有明显下降。

（3）提高容积系数。随着压缩比的上升，余隙容积中压气膨胀所占的容积增大，使得气缸的进气条件恶化。采用两级压缩后，降低了每一级的压缩比，从而提高了气缸的容积系数，增大了空压机的排气量。

（4）降低活塞上的作用力。在转速、行程和气体初始状态及终压相同的条件下，采用两级压缩时，低压气缸活塞面积 A_1 虽与单级压缩时的活塞面积相等，但高压缸活塞面积 A_2 比 A_1 要小很多（一般 $A_2 \approx A_1/2$）；又因为每一级气缸的压缩比均小于单级压缩的压缩比，故两级压缩时，两个活塞所受到的总作用力小于单级压缩时一个活塞上的作用力。如已知 $p_1=1\times10^5\,\text{Pa}$，$p_2=9\times10^5\,\text{Pa}$，$p_z=3\times10^5\,\text{Pa}$，低压气缸活塞面积为 A_1，高压气缸活塞面积为 A_2，若不考虑活塞杆的影响，则有

单级压缩时的活塞力

$$F_1=(9-1)\times10^5 A_1=8\times10^5 A_1$$

两级压缩时的总活塞力

$$F_2=(3-1)\times10^5 A_1+(9-3)\times10^5 A_2$$

取 $A_2=A_1/2$，则有

$$F_2=2\times10^5 A_1+6\times10^5 A_1/2=5\times10^5 A_1$$

可见，两级压缩时的活塞力远小于单级压缩时的活塞力。由于活塞力的减小，活塞的质量和惯性也都减小，机械强度和机械效率得以提高。

三、压缩比的分配

压缩比的分配是按最省功的原则进行的。使空压机循环总功最小的中间压力，称为最有

利的中间压力。

设有 1 台两级空压机，被压缩空气的初始压力为 p_1，容积为 V_1，温度为 T_1；中间压力为 p_z，容积为 V_z，终了压力为 p_2。由公式（8-10）可求出各级气缸所需的循环功。

（1）低压气缸所需循环功为

$$W_1 = \frac{n}{n-1} p_1 V_1 \left[\left(\frac{p_z}{p_1} \right)^{\frac{n-1}{n}} - 1 \right]$$

（2）高压气缸所需循环功为

$$W_2 = \frac{n}{n-1} p_z V_z \left[\left(\frac{p_2}{p_z} \right)^{\frac{n-1}{n}} - 1 \right]$$

（3）两级空压机的总循环功为各级循环功之和，即

$$W = W_1 + W_2 = \frac{n}{n-1} p_1 V_1 \left[\left(\frac{p_z}{p_1} \right)^{\frac{n-1}{n}} - 1 \right] + \frac{n}{n-1} p_z V_z \left[\left(\frac{p_2}{p_z} \right)^{\frac{n-1}{n}} - 1 \right]$$

若中间冷却器冷却完善，空气进入高压气缸时的温度与进入低压气缸的初始温度相同，即 $T_1 = T_2$，则有

$$p_1 V_1 = p_z V_z$$

$$W = \frac{n}{n-1} p_1 V_1 \left[\left(\frac{p_z}{p_1} \right)^{\frac{n-1}{n}} + \left(\frac{p_2}{p_z} \right)^{\frac{n-1}{n}} - 2 \right] \qquad (8-24)$$

为确定最有利的中间压力，取 W 对 p_z 的一阶导数并令其为零，即

$$\frac{\mathrm{d}W}{\mathrm{d}p_z} = \frac{n}{n-1} p_1 V_1 \left(\frac{n}{n-1} p_1^{-\frac{n-1}{n}} p_z^{-\frac{1}{n}} - \frac{n-1}{n} p_2^{\frac{n-1}{n}} p_z^{-\frac{2n-1}{n}} \right) = 0$$

则有

$$p_1^{-\frac{n-1}{n}} p_z^{-\frac{1}{n}} = p_2^{\frac{n-1}{n}} p_z^{-\frac{2n-1}{n}}$$

$$p_z^{\frac{2n-1}{n}} = (p_1 p_2)^{\frac{n-1}{n}}$$

$$p_z^2 = p_1 p_2$$

或

$$\frac{p_z}{p_1} = \frac{p_2}{p_z}$$

即

$$\varepsilon_1 = \varepsilon_2$$

设空压机的总压缩比 $\varepsilon = \dfrac{p_2}{p_1}$，则

$$\varepsilon = \frac{p_2}{p_1} = \frac{p_2}{p_z} \frac{p_z}{p_1} = \varepsilon_1 \varepsilon_2 = \varepsilon_1^2 = \varepsilon_2^2$$

即

$$\varepsilon_1 = \varepsilon_2 = \sqrt{\varepsilon} = \sqrt{\frac{p_2}{p_1}}$$

该式说明，在两级压缩的空压机中，为获得最小的功耗，两级压缩比应相等，并等于总压缩比的平方根。

实际压缩比的分配，可通过空压机的结构来实现。在冷却器冷却完善的条件下，$T_1 = T_z$，$p_1V_1 = p_zV_z$，则

$$\sqrt{\varepsilon} = \varepsilon_1 = \frac{p_z}{p_1} = \frac{V_1}{V_z} = \frac{S_1A_1}{S_2A_2}$$

当一、二级气缸中的活塞行程 S_1 和 S_2 相等时，则有

$$\sqrt{\varepsilon} = \frac{V_1}{V_z} = \frac{A_1}{A_2} = \frac{D_1^2}{D_2^2} \tag{8-25}$$

式中　A_1、A_2——一、二级气缸的面积，m²；

　　　D_1、D_2——一、二级气缸的直径，m。

实际设计中，在确定空压机各级压缩比时，除了要考虑耗功量的大小，还要根据空压机的排气量和温度等因素对压缩比做适当调整。通常，为了增加排气量而又不使气缸尺寸过大，往往将一级压缩比适当降低，一般比最有利压缩比低（5～10）%，即

$$\varepsilon_1' = (0.9\sim0.95)\sqrt{\varepsilon} \tag{8-26}$$

如 4L-20/8 型空压机的一级气缸和二级气缸的直径分别为 $D_1 = 420$ mm，$D_2 = 250$ mm。若额定吸、排气压力为 0.981×10^5 Pa 和 8.83×10^5 Pa，则最有利压缩比为

$$\varepsilon_1 = \varepsilon_2 = \sqrt{\varepsilon} = \sqrt{\frac{8.83\times10^5}{0.981\times10^5}} = 3$$

而实际上，按设计的结构尺寸计算，该空压机的压缩比为

$$\varepsilon_1' = \frac{D_1^2}{D_2^2} = \left(\frac{420}{250}\right)^2 = 2.82$$

它只有最有利压缩比的 94%。

第五节　螺杆式空压机

螺杆式空压机是一种工作容积做回转运动的容积式压缩机械，气体的压缩依靠容积的变化来实现，而容积的变化又是以压缩机的一个或几个转子在气缸内做回转运动来达到的。区别于活塞式空压机，它的工作容积在周期性扩大和缩小的同时，其空间位置也在变化。

一、螺杆式空压机的工作理论

1. 理论工作过程

理论工作过程是指在下述假定条件下完成的工作过程，具体如下。

（1）气体在流动过程中没有摩擦，吸、排气过程无压力损失。

（2）在整个工作过程中无热量交换。

（3）工作容积完全密封，无泄漏。

螺杆式空压机转子的每个运动周期内，分别有若干个工作容积依次进行相同的工作过

程。因此，在研究螺杆式空压机的工作过程时，只需讨论其中某一个工作容积的全部过程，就能完全了解整个机器的工作，这一工作容积称为基元容积。

设转子回转 1 周，基元容积完成空压机的一个工作过程。因此，基元容积的容积变化是转子转角参数的函数，如图 8-37 所示，图中 V_m 表示基元容积所能达到的最大容积。

1）理想工作过程

按容积式空压机压缩气体的原理，为了充分利用工作容积实现气体的压缩，应在基元容积扩大时，与吸气孔口连通，开始吸气过程，在基元容积达到最大容积时，结束吸气过程；然后，基元容积在封闭状态下减少容积，并在与排气孔口连通前，压力升高到排气压力，完成压缩过程；最后，随着基元容积的进一步减少，所有高压气体逐渐从排气孔口排出。图 8-38 所示为这种理想工作过程。

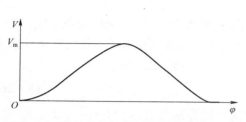

图 8-37 基元容积的容积随转子转角的变化

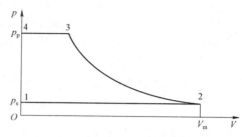

图 8-38 理想工作过程

吸、排气孔口位置等压缩机参数的影响，会使空压机的工作过程与上述的理想工作过程有所不同。

2）内、外压力比不相等的工作过程

设空压机的基元容积与排气孔口即将连通之前，基元容积内的气体压力 p_i 为内压缩终了压力。内压缩终了压力与吸气压力之比，称为内压力比；而排气管内的气体压力 p_p 称为外压力或背压力，它与吸气压力之比称为外压力比。

螺杆式空压机吸、排气孔口的位置和形状决定了内压力比；运行工况或工艺流程中所要求的吸、排气压力，决定了外压力比。与一般活塞压缩机不同，螺杆式空压机的内、外压力比彼此可以不相等。

在排气压力大于内压缩终了压力的情况下，基元容积与排气孔口连通的瞬时，排气孔口中的气体将迅速倒流入基元容积中，使其中的压力从 p_i 突然上升至 p_p，然后再随着基元容积的不断缩小排出气体，如图 8-39（a）所示。

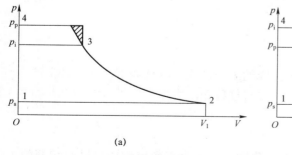

(a)

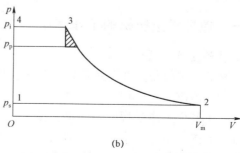

(b)

图 8-39 内、外压力比不相等的工作过程

在排气压力低于内压缩终了压力的情况下，基元容积与排气孔口连通的瞬时，基元容积中的气体会迅速流入排气孔口，使基元容积中的气体压力突然降至 p_p。然后，再随着基元容积的继续缩小，将其余的气体排出，如图 8-39（b）所示。

由此可见，内、外压力比不相等时，总是造成附加能量损失，如图 8-39 中的阴影面积所示。另外，若内、外压力比不相等，则还会伴随强烈的周期性排气噪声。

2. 实际工作过程

螺杆式空压机的实际工作过程，与上述的理论工作过程有很大的差别。这是因为在实际工作过程中，基元容积内的气体要通过间隙发生泄漏，气体流经吸、排气孔口时，会产生压力损失，被压缩气体要与外界发生热交换等。螺杆式空压机的实测指示图（示功图）如图 8-40 所示。

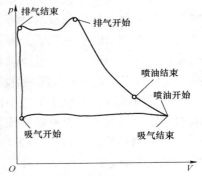

图 8-40　螺杆式空压机的实测指示图

1）气体泄漏的影响

螺杆式空压机中气体的泄漏，可分为内泄漏和外泄漏两类。泄漏使空压机的排气量和效率都有所降低，在低转速空压机中，泄漏损失是影响空压机性能的主要因素。

当泄漏的气体不会直接影响空压机的排气量时，称为内泄漏。气体从具有较高压力处泄漏至不处于吸气过程的基元容积，即属于内泄漏。内泄漏使基元容积中气体的温度升高，导致压缩过程功耗增加。另外，由于内泄漏的加热作用，也会间接降低空压机的排气量。

直接影响排气量的气体泄漏，称为外泄漏。泄漏处于吸气过程的基元容积中的气体，或直接泄漏到吸气孔口的气体，均属外泄漏。显然，外泄漏直接使排气量减少、轴功率增加。

2）气体流动损失的影响

实际气体流动时，不可避免地存在沿程阻力损失和局部阻力损失。当气流具有脉动时，这种损失将会更大。

沿程阻力损失是由气体黏性引起的，它的大小与流速平方成正比，并与流动状态、表面粗糙度以及流动距离等因素有关。局部阻力损失是因截面突变引起的，它的大小与截面突变的情况有关，并与流速平方成正比。由此可见，提高转速将使气流速度增加，因而导致流动损失显著增加。

3）流体动力损失的影响

螺杆式空压机中的流体动力损失，主要是指转子扰动气体的摩擦鼓风损失、喷液机器转子对液体的扰动损失等。流体动力损失随转子转速的增加而明显增大，在高转速空压机中，流体动力损失对效率起主要作用。

4）热交换的影响

气体进入空压机时，会与机体发生热交换，使吸气结束时温度升高。这样，换算到吸气状态的排气量就减少了。

由于螺杆式空压机的实际工作过程受多种因素的影响，故无法用较简单的公式对其进行描述。在现代的螺杆式空压机研究和设计中，均广泛采用计算机模拟的方法。

螺杆式空压机工作过程的计算机模拟，是以基元容积为研究对象，对其吸气、压缩和排气过程进行详细的分析，有效地考虑泄漏、喷油及换热等因素对工作过程的影响，并在此基础上，建立描述这些过程的一组偏微分方程。利用计算机数值解法，联立求解上述方程，即可求出各过程中基元容积内气体的压力、温度等微观特性，并以这些数据为基础，求出压缩机的排气量、轴功率等宏观性能。

二、螺杆式空压机的构造

（一）主要结构

1. 喷油螺杆式空压机

喷油螺杆式空压机分为固定式和移动式两类，其主机的结构设计基本相同。喷油螺杆式空压机的机体不设冷却水套，转子为整体结构，内部无须冷却，压缩气体所产生的径向力和轴向力都由滚动轴承来承受。排气端的转子工作段与轴承之间有一个简单的轴封，通过在机壳或轴上开出凹槽，并向里面供入一定压力的密封油，即可很好地起到密封作用。另外，在喷油螺杆式空压机中没有同步齿轮，通常也不设容积流量调节滑阀和内容积比调节滑阀。

通常喷油螺杆式空压机的小齿轮直接安装在转子轴上，大齿轮可以安装在两端用轴承支承的另外一根轴上，也可以直接装在原动机轴的末端。

图 8-41 所示为 LGY-12/7 及 LGY 17/7 型喷油螺杆式空压机主机结构。这两种压缩机采用内置的增速齿轮驱动阳转子。通过采用不同的增速齿轮，就可方便地得到具有不同容积流量的空压机。在转子的排气端采用面对面配对安装的单列圆锥滚子轴承，同时承受压缩机中的径向力和轴向力，并使转子双向定位。机体由吸气端盖、气缸和排气端盖三部分组成，在吸气端盖上设有轴向吸气孔口，而在气缸上的径向吸气孔口部位，则设计了缓冲空间。同时采用轴向和径向排气孔口，分别开设在排气端盖和气缸上。另外，在外伸轴处设有可靠的油润滑机械密封。

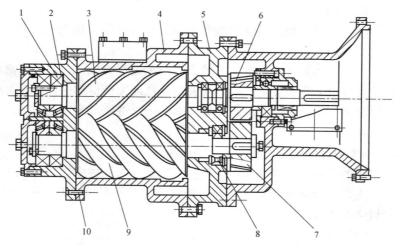

图 8-41　LGY-12/7 及 LGY 17/7 型喷油螺杆式空压机主机结构

1—圆锥滚子轴承；2—排气端盖；3—阴转子；4—气缸；5—吸气端盖；
6，7—增速齿轮；8—圆柱滚子轴承；9—阳转子；10—定位销

LGY-17/7 型喷油螺杆式空压机的主要技术参数，阳转子直径 262.5 mm；阴转子直径 210 mm；转子长度 375 mm；转速 1 800 r/min；吸气压力 0.1 MPa；排气压力 0.8 MPa；排气

温度＜100℃；排气量 17 m³/min；轴功率 100 kW；冷却方式为风冷；驱动方式为原动机通过压缩机内藏增速齿轮直联驱动。

2. 无油螺杆式空压机

与喷油螺杆式空压机相比，无油机器的结构较为复杂。

LGW－40/7 型无油螺杆式空压机的结构如图 8－42 所示。该空压机的转子之间不能直接接触，所以阳转子是通过高精度的同步齿轮驱动阴转子的，并且阴转子上的同步齿轮是可调的，以确保转子间的啮合间隙处于理想范围。为了减小转子由于热膨胀而产生的不均匀变形，向转子的中心通入循环油冷却。考虑到一般空压机的负荷较小，径向轴承和推力轴承都采用滚动轴承，以便对转子进行精确定位。在吸排气侧均采用波纹弹簧压紧的石墨环式轴封，以隔离压缩腔和轴承部位。另外，为了防止压缩空气吹进轴承和影响润滑，在最后一个密封单元之间的机体上开有通气孔，以导出泄漏的空气。

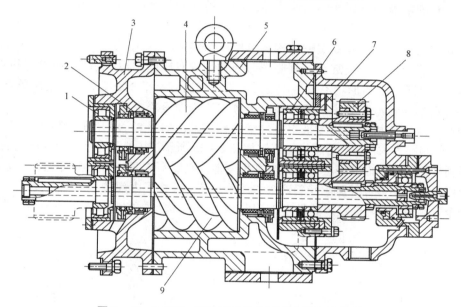

图 8－42　LGW－40/7 型无油螺杆式空压机的结构

1，6—圆柱滚子轴承；2—轴封装置；3—吸气端盖；4—阴转子；
5—机体；7—球轴承；8—同步齿轮；9—阳转子

LGW－40/7 型无油螺杆式空压机的主要技术参数，吸气压力 0.1 MPa；排气压力 0.8 MPa；吸气温度＜40 ℃；排气量 40 m³/min；轴功率 260 kW；驱动电动机功率 280 kW。

（二）主要零部件

1. 机体

机体是螺杆式空压机的主要部件，它由中间部分的气缸及两端的端盖组成。在转子直径较小的机器中，常将排气侧端盖或吸气侧端盖与气缸铸成一体，制成带端盖的整体结构，转子顺轴向装入气缸。在转子直径较大的机器中，气缸与吸气和排气端盖是分开的，大型螺杆式空压机为了便于拆装和间隙的调整，机体还可在转子轴线平面设水平剖分面。

如图 8－43 所示，机体可以设计成气体从顶部或底部进入，沿径向或轴向吸入。与吸气类似，排气也可设计在机体的顶部或底部，采用轴向或径向排气。

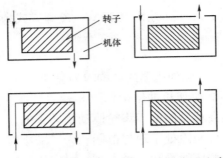

图 8-43　机体上吸、排气通道的布置方案

1）端盖

具有吸气通道或排气通道的端盖，有整体式结构和中分式结构两种。通常端盖内置有轴封、轴承，有的端盖同时还兼作增速齿轮或同步齿轮的箱体。

2）气缸

螺杆式空压机的气缸有双层壁结构和单层壁结构两种形式。

无油螺杆式空压机的气缸及排气侧端盖通常制成双层壁结构，夹层内通以冷却水或其他冷却液体，以保证气缸的形状不发生改变。如果排气温度小于 100 ℃，也可采用单层壁结构，但为了增强自然对流冷却效果，要在外壁上顺气流方向设冷却翅片。

喷油螺杆式空压机的机体多采用单层壁结构气缸，如图 8-44 所示，其转子包含在机体中，机体的外侧即为大气。双层壁结构气缸如图 8-45 所示，其外壁为承受全部压力的密闭壳，由于它是圆柱形的，因而并不会因压力而产生变形，也就不需要特别的加强措施。双层壁结构气缸的空压机优点明显，外壁承受着连接法兰的负荷，改善了内部转子的受力状况，而且第二层壁是一个隔声板，有降低噪声的作用。所以，双层壁结构气缸的空压机多用于高压力的场合。

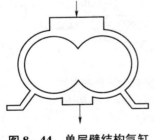

图 8-44　单层壁结构气缸

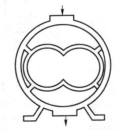

图 8-45　双层壁结构气缸

3）机体的材料

机体的材料主要取决于所要达到的排气压力和被压缩气体的性质。当排气压力小于 2.5 MPa 时，可采用普通灰铸铁；当排气压力大于 2.5 MPa 时，则应采用铸钢或球墨铸铁。另外，普通灰铸铁可用于空气等惰性气体，铸钢或球墨铸铁可用于碳氢化合物和一些轻微腐蚀性气体。对于腐蚀性气体、酸性气体和含水气体，则要采用高合金钢或不锈钢。对于腐蚀性气体介质，也可采用在普通铸铁材料上喷涂或刷镀一层防腐材料的方法。

2. 转子

转子是螺杆式空压机的主要零件，其结构有整体式和组合式两类。当转子直径较小时，通常采用整体式［图 8-46（a）］；而当转子直径大于 350 mm 时，通常采用组合式

［图 8－46（b）、（c）、（d）］。

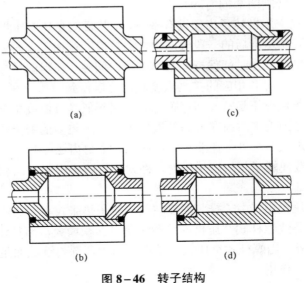

图 8－46 转子结构

（a）整体式；（b），（c），（d）组合式

当排气温度较高时，为了减少转子的变形，无油螺杆式空压机的转子可采用内部冷却的结构。图 8－47 所示为一种无油螺杆式空压机转子的内部冷却系统。

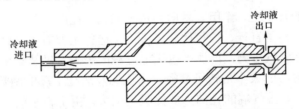

图 8－47 无油螺杆式空压机转子的内部冷却系统

在螺杆式空压机中，有时在阴、阳转子的齿顶设有密封齿，并在阳转子齿根圆的相应部位开密封槽，如图 8－48 所示。密封齿数及其位置有多种方案可供选择。以阴转子为例，图 8－49 中示出了 I、II、III 共三种方案。另外，有时还在转子的端面，特别是排气端面，

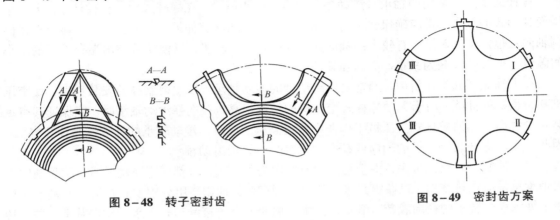

图 8－48 转子密封齿

图 8－49 密封齿方案

加工成许多密封齿，其形状如图 8-48 中 $A-A$、$B-B$ 剖视图所示。这种密封齿可与转子作为一体，也可以镶嵌在铣制的窄槽内。

大多数无油螺杆式空压机转子齿顶设有密封齿，其目的是使空压机在实际运行工况下的间隙尽可能小。在刚开始运行后的一段时间内，密封齿能对加工误差、转子变形和热膨胀进行补偿，从而使空压机在工作时能保持非常小的均匀间隙，使泄漏量尽量减少。当空压机被逐步加载到额定的运行工况和相应的排气温度时，可以得到空压机在该工况下的最高效率。但当空压机在更高排气温度下运行一段时间后，再回到低排气温度工况下运行时，空压机的效率将降低一些。这是因为密封齿在过高的温度下会产生更多的磨损，从而导致运行在较低温度工况时，泄漏量增大。另外，在非正常情况下，密封齿还能起到应急保护作用。如当转子振动、轴承损坏，致使转子与气缸接触时，密封齿可防止引起大面积的咬伤，避免出现严重事故。

在喷油螺杆式空压机中，由于排气温度较低，转子热胀较小，一般不设置密封齿。因为设置齿顶密封齿，会导致螺杆式空压机的泄漏三角形面积增大，而且还给加工带来了困难，增加了制造费用。另外，当螺杆式空压机转子型线的齿顶圆附近截面足够小时，型线本身就可以起到齿顶密封齿的作用。

螺杆式空压机转子的毛坯常为锻件，一般多采用中碳钢（中 45 号钢等）。有特殊要求时，也会采用 40Cr 等合金钢或铝合金。为了便于加工、降低成本，目前也有采用 QT600-3 球墨铸铁。

3. 轴承

在螺杆式空压机的转子上，作用有轴向力和径向力。径向力是由于转子两侧所受压力不同而产生的，其大小与转子直径、长径比、内压比及运行工况有关。轴向力是由于转子一端是吸气压力，另一端是排气压力，再加上内压缩过程的影响，以及一个转子驱动另一个转子等因素而产生的，轴向力的大小是转子直径、内压比及运行工况的函数。

由于内压缩的存在，排气端的径向力要比吸气端大。由于转子的形状及压力作用面积不同，两转子所受的径向力大小也不一样，实际上阴转子的径向力较大。因此，承受径向力的轴承负荷由大到小依次是：阴转子排气端轴承、阳转子排气端轴承、阴转子吸气端轴承和阳转子吸气端轴承。同样，两转子所受轴向力大小也不同，阳转子受力较大。轴向力之间的差别比径向力的差别大得多，阳转子所受的轴向力大约是阴转子的 4 倍。

螺杆式空压机常用的轴承有滚动轴承和滑动轴承两种。在螺杆式空压机设计中，无论采用何种形式的轴承，都应确保转子的一端固定，另一端能够伸缩。一般情况下，转子在排出侧轴向定位，在吸入侧留有较大的轴向间隙，让其自由膨胀，以便保持排出端有不变的最小间隙值，使气体泄漏为最小，并避免端面磨损。

在无油螺杆式空压机中，通常采用高精度的滚动轴承，以便得到高的安装精度，使空压机获得良好的性能。由于无油螺杆式空压机的转速很高，在选择滚动轴承时，应保证其有足够长的寿命。无油螺杆式空压机工作在中压或高压工况时，滚动轴承的计算寿命往往较低，因此，无油螺杆式空压机的轴向或径向轴承有时也采用滑动轴承。

在喷油螺杆式空压机中，由于轴向力及径向力都不大，故都采用滚动轴承。承受轴向力的轴承总是放在排气端，以获得最小的排气端面间隙。通常，用分别安装在转子两端的圆柱滚子轴承承受转子的径向载荷，用安装在排气端的一个角接触球轴承承受轴向载荷，并对转子进行双向定位。在一些机器中，用一对背靠背安装的圆锥滚子轴承或角接触球轴承同时承受径向和轴向载荷。

4. 轴封

1）无油螺杆式空压机的轴封

在无油螺杆式空压机中，压缩过程是在一个完全无油的环境中进行的，这就要求在空压机的润滑区与气体区之间设置可靠的轴封。轴封不仅需要能在高圆周速度之下有效地工作，并且必须有一定的弹性，以适应采用滑动推力轴承时转子可能产生的轴向移动。另外，轴封的材料还必须能耐空压机所压缩气体的化学腐蚀。目前，无油螺杆式空压机的轴封主要有石墨环式、迷宫式和机械式三种。

图 8-50 所示为最常用的石墨环式轴封，这种轴封包括一组密封盒。密封盒的数量随密封压力的不同而不同，一般为 4～5 个，且排气侧的密封盒数多于吸气侧的密封盒数。石墨环 4 在轴向靠波纹弹簧 2 压紧在密封盒 5 和保护圈 1 的侧面上，以防止气体经石墨环的两侧泄漏。

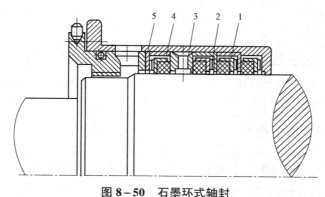

图 8-50　石墨环式轴封
1—保护圈；2—波纹弹簧；3—引气环；4—石墨环；5—密封盒

石墨环式轴封的密封环由摩擦系数较低的石墨制成，且石墨具有良好的自润滑性，可使石墨环与轴颈接触。为了保证强度和使环孔的热膨胀率与转子轴材料的热膨胀率相同，在密封环上装有钢制支承环。

石墨环式轴封采用环状波纹弹簧，把密封环压向密封表面，以防止气体经石墨的两侧面泄漏。当轴的旋转中心发生变化时，借助于环孔和弹簧的作用，密封环也移动到新的位置并保持在这一位置，从而防止了磨损现象的产生。

图 8-51 所示为无油螺杆式空压机中采用的迷宫式轴封。在这种轴封中，密封齿和密封面之间有很小的间隙，并形成曲折的流道，使气体从高压侧向低压侧流动产生很大的阻力，以阻止气体的泄漏。密封齿可以放在轴上，与轴一起转动，也可以做成具有内密封齿的密封环，固定在机体上。多数情况下，密封齿是加工在与轴固定的一个轴套上，当密封齿损坏时便于更换。

在无油螺杆压缩机中，无论采用石墨式轴封还是采用迷宫式轴封，都可通过将压力稍高于压缩机内气体压力的惰性气体充入轴封内，以阻止高压气体向外界泄漏。

当无油螺杆式空压机的转速较低时，还可以采用图 8-52 所示的有油润滑的机械式轴封，这种轴封工作可靠、密封性好。然而，这种轴封需要少量的润滑油流过密封表面，这些润滑油可能会混入所压缩的气体中。如果所压缩气体不允许有这种少量的污染，则需在轴封和空压机腔之间开一个排油槽。在无油螺杆式空压机的工作转速下，采用有油润滑的机械密封时，所消耗的功是比较大的。

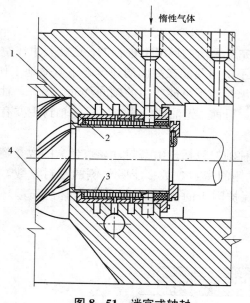

图 8-51　迷宫式轴封

1—机体；2—密封面；3—密封齿；4—转子

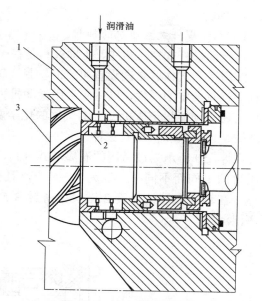

图 8-52　机械式轴封

1—机体；2—密封盒；3—转子

2）喷油螺杆式空压机的轴封

这类空压机都采用滚动轴承，为了防止压缩腔的气体通过转子轴向外泄漏，在排气端的转子工作段与轴承之间加一个轴封。这种轴封可以做得非常简单，如图 8-53 所示，只要在与轴颈相应的机体处开设特定的油槽，通入具有一定压力的密封油，即可达到有效的轴向密封。

喷油螺杆式空压机转子的外伸轴通常都设计在吸气侧，只有在利用吸气节流的方式调节压缩机的气量时，外伸轴上的轴封两侧才可能会有一个大气压力的压差。但由于此处的轴封必须防止润滑油的漏出和未过滤空气的漏入，故在小型空压机中，通常采用简单的唇形密封。在大、中型空压机中，采用图 8-54 所示的有油润滑机械密封。

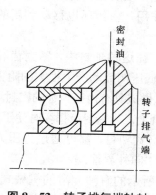

图 8-53　转子排气端轴封

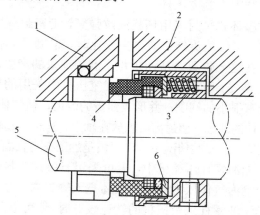

图 8-54　螺杆式空压机转子外伸轴处的轴封

1—端盖；2—机体；3—弹簧；4—静环；5—转子外伸轴；6—动环

5. 同步齿轮

在无油螺杆式空压机中，转子间的间隙和驱动靠同步齿轮来实现的。同步齿轮有可调式和不可调式两种结构，通常多采用可调式结构。如图 8−55 所示，小齿圈 1 及大齿圈 2 都套在轮毂 3 上，调整小齿圈 1，使之与大齿圈 2 错开一个微小角度，就可减少与主动齿轮之间的啮合间隙。间隙调整适当以后，将小齿圈 1、大齿圈 2 与轮毂 3 用圆锥销 4 定位，再用螺母 5 将大小齿圈及轮毂 3 固定。为防止螺母 5 松动，螺母 5 之间用防松垫片 6 连接。

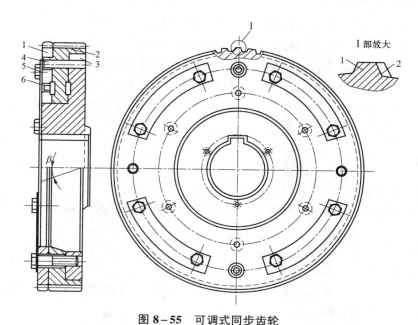

图 8−55　可调式同步齿轮

1—小齿圈；2—大齿圈；3—轮毂；4—圆锥销；5—螺母；6—防松垫片

螺杆式空压机同步齿轮的齿圈材料可用 40CrMo 钢，轮毂材料通常为 40 中碳钢。大小齿圈应组合在一起加工，齿面须经调质处理，硬度以 230～270 HB 为宜。

6. 内容积比调节滑阀

螺杆式空压机工作过程的重要特点之一是具有内压缩过程，空压机的最佳工况是内压比等于外压比。若二者不等，无论是欠压缩还是过压缩，经济性都会降低。显然，增大或减小排气孔口的尺寸，将改变齿间容积内气体同排气孔口连通的位置，从而改变内压比。如图 8−56 所示，通过一种滑阀调节方案，就可以获得变化的排气孔口，从而实现内容积比和内压比的调节。

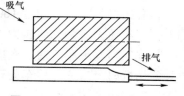

图 8−56　内容积比调节滑阀

在实际使用中，还有另外一种较简单的内容积比调节方法，即采用若干个与滑阀完全独立的旁通阀来调节排气孔口的大小。旁通阀可以是轴向的，也可以是径向的。有时还可把旁通阀设计为自动调节，以便对内压缩终了压力与压缩机排气压力之间的压差做出最快的反应。旁通阀不仅可以在空压机满负荷时使用，也可在任何载荷情况下使用。

第六节　空压设备的操作

活塞式空压机的运行操作比较复杂，而螺杆式空压机的运行操作则相对简单，可按产品要求进行。现给出活塞式空压机运行操作的方法和要求。

一、启动前的准备

（1）进行外部检查，特别要注意各部螺栓的紧固情况。

（2）人工盘车 2～3 转，检查运动部分有无卡阻现象。

（3）开动冷却水泵向冷却系统供水，并在漏斗处检查冷却水量是否充足。

（4）检查润滑油量是否足够，并在开车前转动注油器手轮，以向气缸注入润滑油。

（5）关闭减荷阀（或打开吸气阀），把空压机调至空载启动位置，以减少电动机的启动负荷。

二、启动

（1）启动电动机，并注意电动机的转向是否正确。

（2）待电动机运转正常后，逐渐打开减荷阀，使空压机投入正常运转。

三、运转中注意事项

（1）注意各部声响和振动情况。

（2）注意检查注油器油室的油量是否足够、机身油池内的油面是否在油标尺规定的范围内、各部供油情况是否良好。

（3）注意检查电气仪表的读数和电动机的温度。

（4）空压机每工作 2 h，将中间冷却器、后冷却器内的油水排放一次；每班将风包内的油水排放一次。

（5）注意检查各部温度和压力表的读数。

润滑油压力在 $(1.47 \sim 2.45) \times 10^5 \, Pa$，但不低于 $0.981 \times 10^5 \, Pa$；

冷却水最高排水温度不超过 40 ℃；

机身内油温不超过 60 ℃；

各级排气温度不超过 160 ℃；

一级压力表和二级压力表的读数在规定范围内。

（6）当发现润滑油、冷却水中断，排气压力突然上升，安全阀失灵，声音不正常和出现异常情况时，应立即停车处理。

四、停车

（1）逐渐关闭减荷阀，使空压机进入空载运转（紧急停车时可不进行此步骤）。

（2）切断电源，使机器停止运转。

（3）逐渐关闭冷却水的进水阀门，使冷却水泵停止运转。在冬季应将各级水套、中间冷却器和后冷却器内的存水全部放出，以免冻裂机器。

（4）放出末级排气管处的压气。

（5）停机 10 天以上时，应向各摩擦面注入足够的润滑油。

第七节 活塞式空压机设备的检测、检修

一、活塞式空压机的检测、检修

活塞式空压机的故障及排除方法见表 8-3。

表 8-3 活塞式空压机的故障及排除方法

故障现象	产生原因	排除方法
空压机发生不正常声响	1. 气缸的余隙太小 2. 活塞杆与活塞连接螺母松动 3. 气缸内掉进阀片、弹簧等碎体或其他异物 4. 活塞端面螺堵松扣、顶在气缸盖上 5. 活塞杆与十字头连接不牢，活塞撞击气缸盖 6. 气阀松动或损坏 7. 阀座装入阀室时没放正，阀室上的压盖螺栓没拧紧 8. 活塞环松动	1. 调整余隙大小 2. 锁紧螺母 3. 立即停机，取出异物 4. 拧紧螺堵，必要时进行修理或更换 5. 调整活塞面死点间隙，拧紧螺母 6. 上紧气阀部件或更换 7. 检查阀是否装正确，拧紧阀室上的压盖螺栓 8. 更换活塞
气缸过热	1. 冷却水中断或供水量不足 2. 冷却水进水管路堵塞 3. 水套、中间冷却器内水垢太厚 4. 注油器的供油量不足	1. 停机检查，增大供水量 2. 检查疏通 3. 清除水垢 4. 检修注油器，增大供油量
轴承及十字头滑道过热	1. 润滑油过脏，油压过低 2. 轴承配合不符要求 3. 曲轴弯曲或扭曲 4. 润滑油或润滑脂过多	1. 清洗油池，换油，检查油泵，调整油压 2. 检查、调整轴承的装配状况 3. 更换或修理曲轴 4. 减少供油量或装脂量
排气量不够	1. 转速不够 2. 滤风器阻力过大或堵塞 3. 气阀不严密 4. 活塞环或活塞杆磨损、气体内泄 5. 安全阀不严密，气体外泄 6. 气阀积垢太多，阻力过大 7. 气缸水套和中间冷却器的水垢太厚，气体进入气缸有预热 8. 余隙容积过大 9. 气缸盖与气缸体结合不严	1. 查找原因，提高转速 2. 清洗滤风器 3. 检查修理 4. 检查修理或更换 5. 检查修理 6. 清洗气阀 7. 清除水垢 8. 调整余隙 9. 刮研气缸盖与气缸体结合面或换气缸垫
填料漏气	1. 密封圈内径磨损严重，与活塞杆密封不严 2. 密封圈上的弹簧损坏或弹力不够 3. 活塞杆磨损 4. 油管堵塞或供油不足 5. 密封元件间垫有脏物	1. 检修或更换密封圈 2. 更换弹簧 3. 进行修磨或更换 4. 清洗疏通油管，增加供油量 5. 检查清洗
齿轮油泵压力不够或不上油	1. 油池内油量不够 2. 滤油器、滤油盒堵塞 3. 油管不严密或堵塞 4. 油泵盖板不严 5. 齿轮啮合间隙磨损过大 6. 齿轮与泵体磨损间隙过大 7. 油压调节阀调得不合适，或调节弹簧太软 8. 润滑油质量不符合规定，黏度过小 9. 油压表失灵	1. 添加润滑油 2. 进行清洗 3. 检查紧固、清洗疏通 4. 检查紧固 5. 更换齿轮 6. 更换齿轮、油泵 7. 重新调整，更换弹簧 8. 更换润滑油 9. 更换油压表

续表

故障现象	产生原因	排除方法
注油器供油不良	1. 柱塞与泵体磨损过大 2. 管路堵塞或漏油 3. 逆止阀不严密	1. 更换柱塞泵或泵体 2. 清洗疏通或紧螺母、加垫、更换油管 3. 进行研磨修理
各级压力分配失调	1. 当二级达到额定压力时，一级排气压力过低（低于 2×10^5 Pa），一级吸、排气阀坏漏气 2. 一级排气压力过高（高于 2.25×10^5 Pa），二级吸、排气阀损坏漏气	1. 研磨一级吸、排气阀阀座、阀盖、阀片，或更换阀片与弹簧 2. 研磨二级吸、排气阀阀座、阀盖、阀片，或更换阀片与弹簧
排气温度过高	1. 一级进气温度过高 2. 冷却水量不足，水管破裂，水泵出故障 3. 水垢过厚，影响冷却效果 4. 气阀漏气，压出的高温气体又流回气缸，再经压缩而使排气温度过高 5. 活塞环破损或精度不够，使活塞两侧互相窜气	1. 降低进气温度 2. 更换水管，检修水泵 3. 清除水套、中间冷却器中的水垢 4. 研磨阀座、阀盖、阀片，或更换阀片与弹簧 5. 更换活塞环
气缸中有水	1. 水腔或缸体垫片漏水 2. 中间冷却器密封不严或水路破裂	1. 拧紧气缸连接螺栓，更换垫片 2. 拆开检修，必要时更换水管

二、活塞式空压机的拆卸、装配

1. 拆卸须知

（1）放出机器内残存的压气、润滑油和水。

（2）拆卸后的零件应妥善保存，不得碰伤或丢失。

（3）重要零件拆卸时应注意装配位置，必要时应作上记号。

（4）拆卸大件需用起重设备时，应注意其重心，保证安全。

（5）如果必须拆卸机器与基础的连接，应放在最后进行，以免机器倾倒造成事故。

2. 拆卸顺序

（1）拆去进排气管、油管、冷却水管、滤风器和注油器等。

（2）拆去中间冷却器。

（3）拆去各级吸、排气阀。

（4）拆下各级气缸盖。

（5）拆下十字头螺母，将活塞与活塞杆一起取下。

（6）吊起气缸，拧下气缸与机身的连接螺母，将气缸体连同气缸座一起取下。

（7）卸下十字头销，取出十字头。

（8）拧下螺栓及螺母，取出连杆，并注意将轴瓦及垫片组按原来位置放好。

（9）拆下齿轮油泵及大皮带轮。

（10）拆下轴承盖，取出曲轴（或不拆大皮带轮，将大皮带轮连同曲轴一起取下）。

3. 装配

（1）装配前应将所有零件清洗或擦拭干净。当以煤油清洗时，必须待煤油挥发后才可装配，并在配合面上涂以机油。

（2）各配合零件若发现有拉毛现象或边缘毛刺，则应研磨光滑。

（3）装配时要检查各主要部件的配合间隙及活塞内外止点间隙。

（4）连杆大小头瓦在装配前应用涂色法检验与配合零件的贴合情况，其接触面积一般应保持在 75%左右，两个连杆螺栓的紧固程度应一致。

（5）装配顺序与拆卸顺序相反。

第八节　空压机设备的选型设计

一、空压机设备选型设计计算

空压机设备选型的原则是空压机设备在整个矿井服务年限内，在用风量最多、输送距离最远的条件下，能供给足够数量和压力的压缩空气，且要求在确保安全生产的同时，初期投资费用和运转费用之和最少。

（一）设计原始资料

（1）地面工业广场的平面图，巷道开拓系统图，地面及各水平标高。

（2）采掘作业和风动机械配置图表，同时使用的风动机械型号、规格和数量。

（3）机修厂、井口及井底车场等处，同时使用的风动机械的型号和数量。

（4）矿井服务年限和年产量。

（二）设计的主要任务

（1）供气方案的选择。

（2）选择空压机的型号和台数。

（3）选择输气管路系统。

（4）计算经济指标。

（5）绘制空压机站布置图。

（三）选型设计的步骤和方法

1. 供气方案的选择

根据矿井提供的原始资料和采掘工作面或用气点的分布情况，供气方案一般有以下三种。

1）地面集中供气

这种方案是在地面工业广场内集中设置一个空压机站，负责所有用气机械的供气。

地面集中供气的优点是供电方便，空气干燥，设备的布置、搬运、安装、维护和管理等方便，冷却水可循环使用；缺点是离用气地点远，需铺设的供气管道长，因而管材用量多、投资高。另外沿路气体压力损失大，可能使远距离工作面供气不及时。一般用于用气量较集中的系统。

2）分区供气

这种方案是在地面分区或在井下设置空压机站。若供气范围较大而又分散，可在地面设分区站房；对低沼气矿井，空压机也可设在井下。其优点是离用气地点较近，铺设压气管道短，压力损失小，供气及时；缺点是供电费用高，空气湿度大，使空压机的排气量减少，另外冷却水不能循环使用等。

3）移动式供气

这种方案适合于用气量较小而又分散的供气情况。

在选择供气方案时，要根据每一矿井的具体条件权衡利弊后决定。新矿的工作面通常离井底车场较近，空压机站一般设在地面。对于老矿改造，当供气地点较远时，可考虑将空压机站设在井下。

2. 空压机型号和台数确定

空压机型号和台数的选择，主要依据是全矿所需的供气量和供气压力。由于矿井服务年限较空压机的使用寿命长得多，因此空压机站中设备选择无须按矿井整个服务年限中各阶段的用气要求进行设计，而只考虑空压机站满足一定时期的矿井生产的需要即可。一般对新矿井，空压机的型号和台数的选择，依据是全矿达产时所需的供气量和供气压力，并适当考虑矿井开采后期空压机站有扩建的余地。

1）空压机站必需供气量的确定

空压机站必需的供气量与所用的风动工具的耗气量有关。常用风动工具的耗气量见表 8-4。但风动工具长期使用磨损后，产生漏气会增加耗气量；同时风动工具一般都是间歇性工作，使总用气量减少；另外，压缩空气输送过程中管路泄漏会使总耗气量增加。

表 8-4　煤矿常用风动工具型号规格

名称及型号	工作压力/10^5 Pa	耗气量/（$m^3 \cdot min^{-1}$）	接管内径/mm
风镐 GJ-1	3.92	1	16
风镐 G-7	4.9	1	16
风镐 03-11	3.92	1	16
凿岩机 YT-18	4.9	2.5	
凿岩机 YT-25	4.9	2.6	
气腿式凿岩机 YT-23	5.88	2.8	
气腿式凿岩机 ZF-1	4.9	<3.5	
气腿式凿岩机 7655 型	4.9	3.6	25
气腿式凿岩机东方红 70 型	4.9	2.8	19~22
气腿式凿岩机 YT-30 型	4.9	2.9	19
气腿式凿岩机红旗牌	3.43~6.86	3.3	25
风动装岩机东风-1 型	3.43~49	4.8~9.5	
风动装岩机东风-4 型	4.41~6.86	12~8	
锻纤机 IR-50 型	4.9~6.86	3~4	
锻纤机 M28 型	4.9~5.88	0.9	
混凝土喷射机 HP$_2$-5 型	2.94~3.92	6	
混凝土喷射机 ZHP-2 型	2.94	5~10	
混凝土喷射机 WG-25 型	1.17~5.88	8	

空压机站必需的供气量可按式（8-27）计算

$$Q' = \alpha_1 \alpha_2 \alpha_3 \sum n_i q_i k_i \tag{8-27}$$

式中　α_1——沿管路全长的漏气系数，见表 8-5；

　　　α_2——风动机械磨损后，耗气量增加的系数，一般选取 $\alpha_2 = 1.10 \sim 1.15$，对风动工具取较大值；

α_3 ——海拔高度修正系数，见表 8-6；

n_i ——用气量最大工作时间内同型号风动工具的台数；

q_i ——某类型风动工具的耗气量，m^3/min，见表 8-4；

k_i ——同型号风动工具的同时使用系数，见表 8-7。

表 8-5　沿管路全长的漏气系数

管路全长/km	<1	1~2	>2
α_1	1.10	1.15	1.20

表 8-6　海拔高度修正系数

海拔高度	400	500	600	700	800	900	1 000	1 100	1 200	1 300	1 400	1 500
α_3	1.04	1.05	1.06	1.07	1.08	1.09	1.10	1.11	1.12	1.13	1.14	1.15

表 8-7　风动机具的同时使用系数

同型号风动工具使用台数	≤10	11~30	31~60	>60
同时使用系数 k_i	1.00~0.85	0.84~0.74	0.75~0.65	0.65

2）估算空压机必需的出口压力

空压机的出口压力，除了应保证工作地点的压力要比风动机械的额定压力高一个大气压外，同时还要考虑输气管路和工作面软管的最大压力损失。因此，空压机必需的出口压力应按下式计算：

$$p' = p_e + \sum \Delta p'_i + 0.1 \qquad (8-28)$$

式中　p_e ——所用风动机具中最大的额定工作压力，MPa；

$\sum \Delta p'_i$ ——估算的输气管道中最远一路的所有压力损失之和，MPa，可按 1 km 管长损失 0.03~0.04 MPa 进行估算；

0.1 ——考虑到橡胶软管、旧管和上下山的影响而增加的压力损失，MPa。

3）确定空压机的型号和台数

根据计算的空压机站必须供气量和必需的出口压力，查阅空压机产品样本，从中选择合适的型号和台数，并对满足要求的空压机型号和台数进行技术经济比较。

在地面空压机站选择台数时，一般所选空压机的总供气能力大于但尽可能接近矿井所需的供气量，空压机的台数一般不超过 5 台，同时还要考虑其中有 1 台备用空压机。在低沼气矿井井下的空压机站，可将其设在井下主要运输通道中有新鲜风流通过的地方，但站内每台空压机的能力一般不大于 20 m^3/min，台数不超过 3 台，空压机和风包必须分别装设在两个硐室内。

为了便于维修和管理，应尽可能选用同一型号、同一厂家的空压机。备用空压机一般为 1 台，备用供气量为总供气量的 20%~50%。如果选用不同型号的空压机，其备用量应按最大的一台检修，其余各台空压机的总供气量仍能满足所需用气量的原则确定。

3. 输气管道的选择

选择输气管道主要是选择管径和管材。

1）管材的选择

输气管道从空压机站到采掘工作面，管路固定不动，一般选用焊接钢管或无缝钢管；工作面由于风动工具经常要移动，采用橡胶软管，由于胶管压力损失大，其长度一般不大于15 m。

2）管径的选择

（1）根据输气管路布置和各用气点的耗气量，确定出每一管段的流量 Q_i（m³/min）。

（2）根据每一管段的流量 Q_i，计算各管段的直径 d_i'，mm。

$$d_i' = 20\sqrt{Q_i} \qquad (8-29)$$

（3）根据计算的各管段直径 d_i'，由钢管规格表 8-8 和表 8-9 选取标准管径。

表 8-8　风动机械配置表

班次	一班			二班			三班		
工作面	GJ-3	YT-30	HP₂-5	GJ-3	YT-30	HP₂-5	GJ-3	YT-30	HP₂-5
N_1	2	4					2	4	
N_2				2	4				
N_3	2		1	2	4		2	4	
N_4	2	4					2	4	
N_5	3	4		3	4				
N_6				2	4		2	4	
N_7	3	4		3	4				
N_8	2	4		2		1	2	4	
合计	14	20	1	14	20	1	10	20	0

注：同一工作面中风镐和凿岩机不同时工作。

表 8-9　各管段参数计算表

管段代号	实际长度 l/m	供气管长 l/m	压气量 Q/（m³·min⁻¹）	计算管径 d/mm	标准钢管规格 $d \times \delta l$/（mm×mm）	压力损失 Δp/MPa
1-2	495	1 945	71.75	169.4	180×5.0	0.016
2-3	1 000	1 795	24.79	99.58	108×3.5	0.042
3-4	300	1 795	14.67	76.60	83×3.5	0.020
3-5	200	1 695	14.67	76.60	83×3.5	0.013
3-6	300	1 795	14.67	76.60	83×3.5	0.020
3-7	600	1 945	49.30	140.43	152×4.5	0.016
7-8	600	1 945	29.35	108.35	114×4.0	0.027
7-9	600	1 845	29.35	108.35	114×4.0	0.027
7-14	800	1 895	14.67	76.60	83×3.5	0.052
8-10	200	1 895	14.67	76.60	83×3.5	0.013
8-11	250	1 945	14.67	76.60	83×3.5	0.016
9-12	100	1 795	14.67	76.60	83×3.5	0.007
9-13	150	1 845	14.67	76.60	83×3.5	0.010

4. 计算管路的压力损失

在确定空压机型号时，空压机的供气压力已经按估算的管路系统的压力损失选择确定，但管路系统确定后，空压机的供气压力能否满足实际所需压力，要根据管路系统的实际压力损失验算。

1）计算各管段的压力损失

$$\Delta p_i = 10^{-12} \frac{L_i}{d_i^5} Q_i^{1.85} \tag{8-30}$$

式中　Δp_i——各管段的压力损失，MPa；

　　　d_i——计算管段的内径，m；

　　　L_i——计算管段的计算管长，$L_i = 1.15L$，m；

　　　L——计算管段的实际长度，m；

　　　Q_i——通过该计算管段的压气量，m³/min。

2）确定最不利管路及计算总压力损失 $\sum \Delta p_i$

压缩空气管路系统一般为枝状管网，各分支管路具有并联管路计算的特点。在枝状管网中，空压机的供气压力要根据管网中所需能量最大的分支来确定。一般情况下，把管路压力损失与所在用气点风动机械额定工作压力之和最大的分支称为最不利管路，其所需能量也最多。

3）计算实际所需的空压机出口压力

$$p = p_e + \sum \Delta p_i + 0.1 \tag{8-31}$$

若计算得出的压力值大于所选空压机的额定排气压力，则应适当调整管路各管段管径。

5. 耗电量的计算

1）空压机的年耗电量

$$E = K_f \frac{zNtb}{\eta_c \eta_d \eta_w} + 0.2(1-K_f)\frac{zNtb}{\eta_c \eta_d \eta_w} = (0.8K_f + 0.2)\frac{zNtb}{\eta_c \eta_d \eta_w} \tag{8-32}$$

式中　E——空压机年耗电量，kW·h/a；

　　　K_f——空压机的负荷系数，等于空压机的实际排气量与额定排气量之比，一般取 $K_f = 0.75 \sim 0.85$；

　　　0.2——空压机的空载功率系数；

　　　z——同时工作的空压机台数；

　　　t——空压机站一昼夜工作小时数，三班工作制取 $t = 12$ h；

　　　b——空压机站一年内工作天数；

　　　η_c——传动效率，三角皮带传动时 $\eta_c = 0.95$，直接传动 $\eta_c = 1$；

　　　η_d——电动机效率，可查电动机产品目录或取 $\eta_d = 0.85 \sim 0.9$；

　　　η_w——电网效率，$\eta_w = 0.95 \sim 0.98$；

　　　N——空压机的轴功率，kW，可按式空压机的功率和效率公式进行计算。其中压缩 1 m³ 空气所消耗的全功按绝热压缩考虑，按式（8-6）或式（8-24）计算。

2）吨煤压气耗电量

$$E_{dm} = \frac{E}{A} \tag{8-33}$$

式中　E_{dm}——吨煤压气耗电量，kW·h/t；

　　　A——矿井年产量，t。

例8-2 某矿年产量 0.9 Mt，达到设计产量时，共有 8 个采掘工作面，其采掘工作面布置如图 8-57 所示，其风动机械配置见表 8-4，试选择空压机的型号、台数和输气管径。

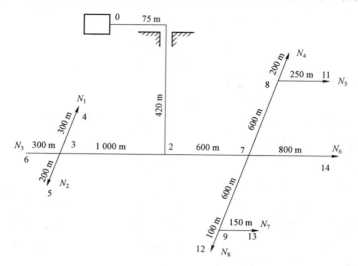

图 8-57 采掘工作面布置

解 （1）计算矿井所需的供气量 Q。根据表 8-8 统计的每班同时工作台数，由于同一工作面中风镐和凿岩机不会同时工作，同时凿岩机的耗气量比风镐多，故可能出现的最大用气量班次为一班或二班。最多同时使用风动机械的台数为风镐 2 台、凿岩机 20 台、喷浆机 1 台。根据图 8-58，查表 8-4，每台 GJ-7 风镐耗气量为 1 m³/min；每台 TY-30 凿岩机耗气量为 2.9 m³/min，每台喷浆机耗气量为 6 m³/min。由式（8-27）得

$$Q' = \alpha_1\alpha_2\alpha_3\sum n_iq_ik_i = 1.15 \times 1.1 \times 1 \times (2 \times 1 \times 1 + 20 \times 2.9 \times 0.84 + 1 \times 6 \times 1) \text{ m}^3/\text{min}$$

$$= 71.75 \text{ m}^3/\text{min}$$

（2）估算空压机必需的出口压力。由图 8-57 知，空压机站到最远工作面的距离为 1 945 m，每千米管长压力损失为 0.035 MPa，三种风动机械中，最高额定工作压力为 0.49 MPa。

由式（8-28）得

$$p' = p_e + \sum \Delta p'_i + 0.1 = 0.49 + 1.945 \times 0.035 + 0.1 \text{ MPa} = 0.658 \text{ MPa}$$

（3）选择空压机的型号和台数。依据 Q' 和 p' 的估算值，查表 8-8，选择 5L-40/8 型空压机 3 台，其中 2 台工作、1 台备用。

（4）选择输气管段的规格。利用式（8-27）确定通过各管段的压气量，结果列于表 8-9。

利用式（8-29）计算各管段的直径，从《矿山固定机械手册》中查标准管直径，确定管子规格，计算结果列于表 8-9。

（5）计算管段的压力损失和最不利管路总压力损失。利用式（8-30）计算各管段的压力损失，计算结果列于表 8-9。

由图 8-58 和表 8-9 可看出 1-2-7-8-11 为最不利管路。该管路总压力损失为

$$\sum \Delta p_i = \Delta p_{1-2} + \Delta p_{2-7} + \Delta p_{7-8} + \Delta p_{8-11}$$
$$= 0.016 + 0.016 + 0.027 + 0.016 \text{ MPa} = 0.075 \text{ MPa}$$

（6）计算实际所需的空压机出口压力。利用式（8-31）计算得

$$p = p_e + \sum \Delta p_i + 0.1 = 0.49 + 0.075 + 0.1 \text{ MPa} = 0.665 \text{ MPa}$$

因所选用 5L-40/8 型空压机的额定排气压力为 0.784 MPa，满足实际要求，故所选管路系统各管子规格合适。

二、空压机站位置及机房设备布置

1. 空压机站位置选择

空压机站应尽量选在空气干燥清洁、通风良好的地方。矿用空压机站大多数布置在矿井地面工业广场内，一般为集中设置，并尽可能靠近用气点和负荷中心，保证供电、供水合理，且有扩建的余地。

在低沼气矿井，若输气距离较远，而且用气量较少时，可在井下主要运输通道附近有新鲜风流通过的地方设置空压机站。但站内每台空压机的能力一般不大于 20 m³/min，台数不超过 3 台，空压机和风包必须分别装设在两个硐室内。

2. 空压机站机房设备布置

空压机站机房一般分为机器间和辅助间两大部分，并布置相应设备。

1）机器间

机器间内布置空压机和电动机。空压机一般为单列布置，台数不超过 5 台。机器间的通道宽度应满足运输、设备运行操作和检修的需要，通道净距一般不小于设计规范的规定，见表 8-10。

表 8-10　机器间通道的净距

名　称	空压机排气量/（m³·min⁻¹）	
	10~40	>40
	净距/m	
机器间的主要通道	1.50	2.00
空压机组之间或机组与其他设备之间的通道	1.50	2.00
空压机组与墙之间的通道	1.20	1.50

机房的高度应满足起吊设备和通风的要求，对单机容量在 20 以上，且总容量不小于 60 的机房，应装设手动单薄梁起重机，小于该容量的宜设起重梁。起重设备应保证最重部件起吊的需要。对炎热地区，机房外墙中心的净距，按设计规范要求确定，见表 8-11。

表 8-11　风包与墙中心之间距离

空压机排气量/（m³·min⁻¹）	10	20	40	60	100
风包与墙中心之间距离/m	2.0	2.6	3.0	3.5	3.8

机器的基础不应与机房墙壁相连，之间距离不小于 1 m，进、排气管不应与建筑物相连，

进气口应设在室外，并安装防雨设施。进气管应尽量直设，其长度一般小于 12 m。

空压机至风包的排气管路上，应设止回阀，以防止风包中的压缩空气在停机或调节时返回空压机。在止回阀与空压机之间宜装设放散管。风包与输气总管道之间应设置闸阀，风包至压力调节器的管子上装设截止阀。

机房内的噪声值应小于 85 dB，如果采取措施后仍超过标准，则应设置隔声值班室。此外，还要考虑配电设备的位置及冷却水泵的位置。

2）辅助间

辅助间是用来放置备品、工具和钳工台的地方，辅助间的面积一般可按机器间的 20% 考虑。另外，还要设置隔声电话间等。

图 8－58 所示为 5L－40/8 型 4 台空压机站的布置，图 8－59 所示为 4L－20/8 型 3 台空压机站的布置。

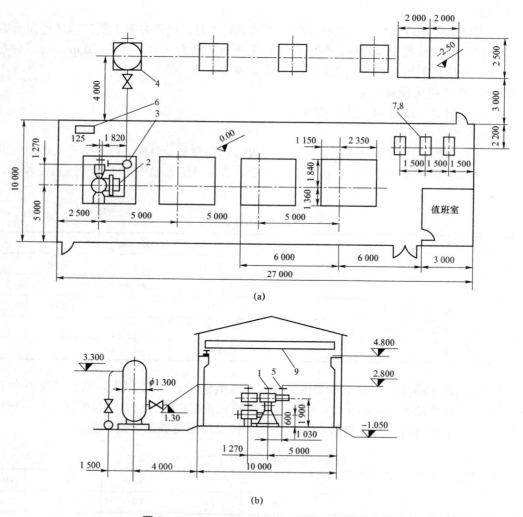

(a)

(b)

图 8－58　5L－40/8 型 4 台空压机站的布置

1—空压机；2—电动机；3—后冷却器；4—风包；5—滤风器；6—污油箱；7—水泵；8—电动机；9—手动单梁起重机

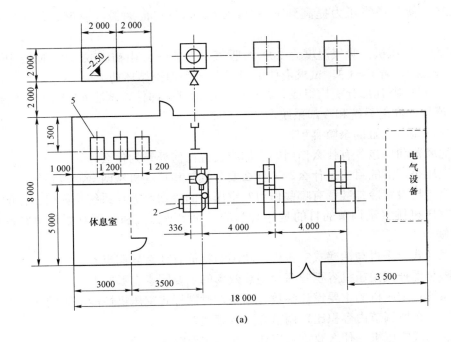

(a)

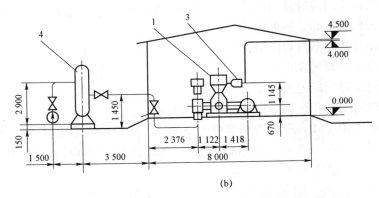

(b)

图 8-59　4L-20/8 型 3 台空压机站的布置

1—空压机；2—电动机；3—滤风器；4—风包；5—水泵

思考题与习题

1. 简述活塞式空压机的工作原理。

2. 空压机的工作参数有哪些？

3. 理论工作循环与实际工作循环有哪些区别？用 $P-V$ 图说明。

4. 从三种不同压缩过程的理论循环功分析，为什么等温压缩时最省功？

5. 空压机的排量受哪些因素的影响？提高空压机供气效率的途径有哪些？

6. 为何矿用空压机均采用两级压缩？比较一级压缩和两级压缩空压机的优缺点。

7. 某单级空压机吸入的自由空气量为 20 m³/min，温度为 20℃，压力为 0.1 MPa，

若 $n=1.25$，使其最终压力提高到 $p_2=0.4$ MPa（表压），求最终温度、最终容积及消耗的理论功。

8. 某两级空压机，吸气温度为 20℃，吸气量为 4 m³，由初压 $p_1=0.1$ MPa 压缩到终压 0.8 MPa（表压），若 $n=1.3$。试求最佳中间压力 p_z 和理论循环功。

9. 空压机由哪几部分机构组成？各机构又包括哪些部件？试述 4 L 空压机的压气流程、动力传递流程、润滑系统和冷却系统。

10. 如何调节气缸的余隙容积？

11. 滤风器和风包各有什么作用？它们应设置在何处？为什么？

12. 空压机润滑的目的是什么？为什么要分气缸和传动机械两套润滑系统？

13. 空压机设置冷却装置有哪些作用？空压机的冷却水循环系统是如何工作的？

14. 空压机排气量调节的目的是什么？常用的调节方法和装置有哪几种？各种调节方法有何优缺点？

15. 螺杆式空压机与活塞式空压机示功图的特征有什么异同点？

16. 影响螺杆式空压机容积效率和绝热效率的主要因素有哪些？

17. 螺杆式空压机的主要设计参数有哪些？对螺杆式空压机性能的影响如何？

18. 为什么要调节内容积比？调节方法有哪些？

19. 活塞式空压机为什么要空载启动？怎样实现空载启动？

20. 活塞式空压机在运转时常发生什么故障？应如何排除？

21. 活塞式空压机的拆卸、装配顺序如何？

22. 试述矿井输气管网漏气量的测定法。

23. 选择压气设备的原则是什么？

24. 影响空压机站排气能力的因素有哪些？

25. 确定空压机的型号和台数的原则是什么？

26. 某矿年产量为 0.6 Mt，矿井海拔高度为 500 m。压缩空气输送管道系统如图 8-60 所示，班次风动机械分配见表 8-12，试选择空压机形式、台数及各段输气管规格。

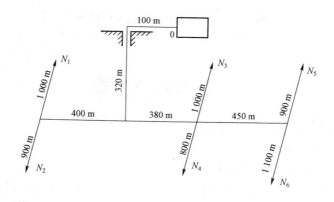

图 8-60　压缩空气输送管道系统

表 8－12　班次风动机械分配

工作面＼班次	一班			二班			三班		
	03－11	YT－23	HP$_2$－5	03－11	YT－23	HP$_2$－5	03－11	YT－23	HP$_2$－5
N_1	4	2					4	2	
N_2	4	2					4	2	
N_3	4	2	1	4	2				
N_4	4	2		4	2				
N_5				4	2		4	2	
N_6				4	2	1	4	2	

第九章　常用流体机械电气控制

矿井大型机械通风机、空气压缩机常采用绕线型异步电动机和同步电动机拖动，其电气控制方式有转子串频敏电阻器（绕线型异步电动机）和晶闸管励磁调压控制（同步电动机）等方式。矿井主排水设备常采用笼型异步电动机拖动，其启动控制采用直接启动、星－三角降压启动、自耦变压器降压启动控制方式。随着矿山机械电气控制技术的发展，软启动技术和变频调压技术在通风、压气、排水设备的电气控制中得到了较广泛的应用。本章主要讲述常用的电气控制方式，以及软启动和变频技术的应用。

第一节　矿井排水设备电气控制

矿井井下主排水设备通常由笼型异步电动机拖动，电动机的启动和控制通常采用降压启动、软启动和 PLC 自动控制，本节主要介绍降压启动和 PLC 自动控制方式。

一、排水设备的降压启动控制

降压启动一般适用于直接启动电流超过允许值，且启动转矩又无须很大的异步电动机。

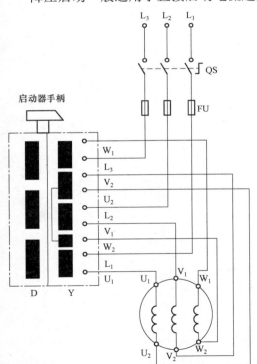

图 9-1　星－三角启动器的启动控制线路

笼型电动机的降压启动控制分为星－三角降压启动控制、自耦变压器降压启动控制。

（一）星－三角降压启动控制

电动机在正常运行时其定子绕组为三角形连接，启动时将其定子绕组改成星形连接，当电动机转速接近额定转速时，再换回三角形连接。电动机绕组电压为线电压投入运行，其采用星－三角启动器和继电器控制。

1. 星－三角启动器

星－三角启动器的启动控制线路如图 9-1 所示。

（1）启动。先合上隔离开关 QS，引入三相电源，将启动器手柄往右扳，使右侧一排动触点与静触点连接，电动机三相绕组尾端 U_2、V_2、W_2 短接，首端 U_1、V_1、W_1 分别接三相电源 L_1、L_2、L_3，电动机呈星形连接启动。

（2）运行。当电动机接近额定转速时，将手柄往左扳，则左侧一排动触点与静触点相接，W_1、V_2 与电源 L_3 连接，U_2、V_1 与电源 L_2 连接，

W$_2$、U$_1$ 与 L$_1$ 连接，电动机按三角形连接运行。

（3）停止。手柄扳回中间位置，电动机绕组与电源断开，电动机停转。

由于星-三角启动器体积小、成本低、动作可靠，故适用于 4～10 kW 三角形连接的异步电动机的降压启动运行。

2. 星-三角降压启动器电控系统

电控线路如图 9-2 所示。动作原理如下所述。

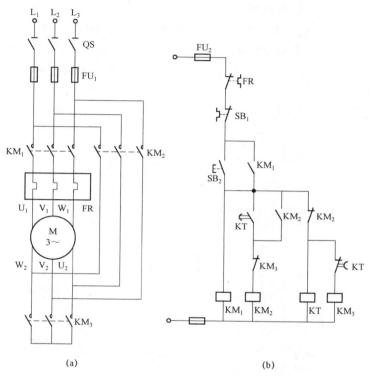

图 9-2　星形-三角降压启动器电控系统线路
（a）主电路图；（b）控制回路

（1）启动。合上隔离开关 QS，引入三相电源，同时控制回路电源有电。按下启动按钮 SB$_2$，启动接触器 KM$_1$、KM$_3$ 和时间继电器 KT 线圈得电吸合。KM$_1$ 主触点将电动机定子绕组首端与三相电源接通，KM$_3$ 主触点将定子绕组尾端短接，电动机成星形连接通电启动。KM$_1$ 的辅助动合触点闭合，实现自保；时间继电器 KT 的动断触点经整定延时 ΔT 后断开，使接触器 KM$_3$ 线圈断电，KM$_3$ 主触点断开对电动机定子尾端的短接，辅助动合触点 KM$_3$ 闭合。同时 KT 的动合触点也在延时 ΔT 后闭合，使接触器 KM$_2$ 线圈得电，其连接于电动机定子尾端的主触点 KM$_2$ 与电动机绕组的首端及三相电源接通，电动机按三角形连接运行。同时其辅助动合触点 KM$_2$ 闭合自锁，维持主电路及电动机全压运行。其中 KM$_2$ 和 KM$_3$ 的动断触点为互锁，以确保 KM$_2$ 和 KM$_3$ 只有一个得电动作，从而使电动机星-三角转换正确，避免短路事故。

（2）停止。按下停止按钮 SB$_1$ 使 KM$_1$、KM$_2$ 线圈失电，其主触点断开，使电动机停转。

（3）保护。短路时，电路中熔断器 FU 熔断，切断电源实现保护；电动机过载时，热继电器 FR 动作，其触点断开，使 KM₁、KM₂ 线圈失电，其主触点断开，使电动机停转。电动机电压过低或停电时，接触器无法吸合，其主触点断开电动机，实现保护。

（二）自耦变压器降压启动控制

自耦变压器降压启动控制是利用特制的三相自耦变压器将电动机降压启动。自耦变压器备有不同的电压抽头，例如，可设为电源电压的 73%、64% 和 55% 等，根据电动机容量、转矩和启动要求而选择使用。启动时将自耦变压器接入三相电源，将自耦变压器抽头接入电动机绕组，实现降压启动。启动后将自耦变压器切除，全压运行。自耦变压器降压启动采用自耦减压启动柜控制，适用于交流 50 Hz（或 60 Hz）、电压 380V 或 660V、功率 11～300 kW 的三相笼型电动机作降压启动、运行和停止控制，并对电动机进行过载、断相、短路等保护。对自耦变压器装有启动时间的过载保护。自耦变压器降压启动控制分手动控制和继电器控制两种。

1. 手动控制

自耦变压器降压启动手动控制电路如图 9-3 所示，三相电源由 L₁、L₂、L₃ 接入。

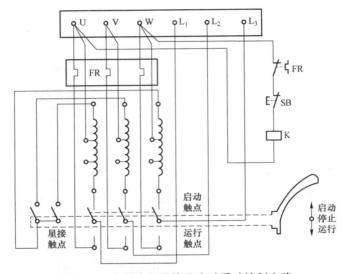

图 9-3　自耦变压器降压启动手动控制电路

（1）启动。先将启动器手柄扳向"启动"位置，其启动触点将自耦变压器与三相电源连接，其星接触点将自耦变压器尾端短接为星形，自耦变压器的抽头经接线柱 U、V、W 与电动机连接，电动机降压启动。

（2）运行。当转速接近额定转速时，再将启动器手柄扳向"运行"位置，将三相电源经其运行触点和热继电器的热元件 FR 直接与电动机连接，切除自耦变压器，全压运行。

（3）停止。将手柄扳向"停止"位，切断电动机电源，电动机停止。也可按下停止按钮，断开失压脱扣线圈 K，脱扣机构使得开关跳闸，断电停机。

（4）过载保护。当电动机过载时，热继电器动作，其触点 FR 断开失压脱扣线圈，开关脱扣跳闸，实现保护。

2. 继电器控制

自耦变压器降压启动继电器控制线路如图 9-4 所示。其工作过程如下。

（1）启动。合上隔离开关 QS，接通主回路、控制回路和控制变压器 T 的电源，电源指

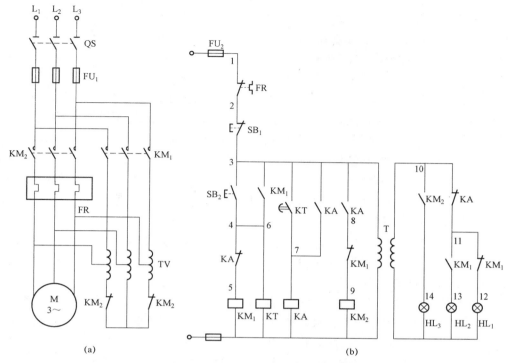

图 9-4　自耦变压器降压启动继电器控制线路

示灯 HL1 亮。按下启动按钮 SB$_2$，接触器 KM$_1$ 和时间继电器 KT 线圈得电。KM$_1$ 主触点吸合，接通自耦变压器 TV，自耦变压器抽头给电动机定子绕组实现降压启动。KM$_1$ 的 2 个辅助动合触点（3-6）、（11-13）闭合，分别实现自锁和接通启动指示灯 HL2。KM$_1$ 的辅助动断触点（8-9）、（11-12）断开电源指示灯 HL1 和 KM$_2$ 线圈回路，以确保 KM$_2$ 不得电。

（2）运行。时间继电器 KT 得电后延时 ΔT，电动机 M 已接近额定转速，KT 延时动合触点（3-7）闭合，接通继电器 KA 线圈，2 个 KA 动合触点（3-7）、（3-8）闭合，分别实现自锁和接通接触器 KM$_2$ 线圈，主回路中 KM$_2$ 动合触点闭合，短接自耦变压器，主回路中的 KM$_2$ 动断触点断开自耦变压器中性点，电动机全压运行，KM$_2$ 的辅助动合触点（10-14）闭合，接通运行指示灯 HL3；同时 2 个 KA 动断触点（4-5）、（11-12）分别断开 KM$_1$ 线圈和启动指示灯 HL2，KM$_1$ 主触点断开，切除自耦变压器 TV。

（3）停止。按下停止按钮 SB$_1$，使所有接触器线圈失电，其主触点断开，电动机停转，电动机的短路保护和过负荷保护同前所述。

二、井下主排水泵的自动控制

目前煤矿井下主排水系统仍多采用继电器控制，水泵的开停及选择器的切换均由人工完成，这将严重影响井下主排水泵房的管理水平和经济效益的提高。随着计算机控制技术的迅速发展，以微处理器为核心的可编程序控制器（PLC）控制已逐步取代继电器控制。煤矿中央泵房井下主排水泵自动化控制采用 PLC 自动检测水仓水位和其他参数，根据水仓水位的高低、矿井用电信息等因素，合理调度水泵运行，可以达到避峰填谷及节能的目的。系统对主排水泵及其附属的抽真空系统与管道电动闸门等装置实施 PLC 自动控制及运行参数自动检测，动态显示，并将数据传送到地面生产调度中心，进行实时监测及报警提示。通过触摸屏以图形、图像、数据、文字等方式，直观、形象、实时地反映系统工作状态以及水仓水位、电动机工作电流、电动机温度、轴承温度、排水管流量等参数，并通过通信模块与综合监测监控主机实现数据交换。系统控制具有自动、半自动和手动检修三种工作方式。自动工作方式时，由 PLC 检测水位、压力及有关信号，自动完成各泵组运行，无须人工参与；半自动工作方式时，由工作人员选择某台或某几台泵组投入，PLC 自动完成已选泵组的启停和监控工作；手动检修工作方式为故障检修和手动试车时使用，当某台水泵及其附属设备发生故障时，该泵组将自动退出运行，不影响其他泵组的正常工作。PLC 柜上设有该泵组的禁止启动按钮，设备检修时，可防止其他人员误操作，以保证系统安全可靠。系统可随时转化为自动和半自动工作方式运行。该系统具有运行可靠、操作方便、自动化程度高等特点，可节省水泵的运行费用。

（一）系统组成与功能

煤矿中央泵房井下主排水泵自动化控制系统由数据自动采集与检测、自动轮换工作、自动控制、动态显示和通信接口五个部分组成。

1. 数据自动采集与检测

数据自动采集与检测的对象分模拟量数据和数字量数据两类。检测的模拟量数据主要有：水仓水位、电动机工作电流、水泵轴温、电动机温度、排水管流量；检测的数字量数据主要有：水泵高压启动柜真空断路器和电抗器柜真空接触器的状态、电动阀的工作状态与启闭位置、真空泵工作状态、电磁阀状态、水泵吸水管真空度及水泵出水口压力。

数据自动采集主要由 PLC 实现，PLC 模拟量输入模块通过传感器连续检测水仓水位，将水位变化信号进行转化处理，计算出单位时间内不同水位段水位的上升速率，从而判断矿井的涌水量，控制排水泵的启停。电动机工作电流、水泵轴温、电动机温度、排水管流量等传感器与变送器，主要用于检测水泵、电动机的运行状况，超限报警，以避免水泵和电动机损坏。PLC 数字量输入模块将各种开关量信号采集到 PLC 中作为逻辑处理的条件和依据，控制排水泵的启停。

在数据采集过程中，模拟量信号的处理是将模拟信号变化成数字信号（A/D 转化），其变化速度由采样频率确定。一般情况下，采样频率应为模拟信号中最高频率成分的 2 倍以上，这样经 A/D 变化的精度可完全恢复到原来的模拟信号精度。A/D 变化的精度取决于 A/D 变化器的位数。如 5 V 电压要求以 5 mV 精度变化时，精度为 5 mV/5 V＝0.1%，即 1/1 000 十进制的 1 000 用二进制表示时要求为 10 位，而本系统所采用的 A/D 模块分辨率为 16 bit，其精度在 ±0.5% 以上，该精度等级足以满足控制系统要求。同时，PLC 所采用的 A/D 模块均以积分方式变换，可使输入信号的尖峰噪声和感应噪声平均化，适用于噪声严重的工业场所。

2. 自动轮换工作

为了防止因备用泵及其电气设备或备用管路长期不用而使电动机和电气设备受潮或其他故障未经及时发现，当工作泵出现紧急故障需投入备用泵时，系统程序设计了几台泵自动轮换工作控制程序并将水泵启停次数、运行时间、管理使用次数及流量等参数自动记录和累计，系统根据这些运行参数按一定顺序自动启停水泵和相应管路，使各水泵及其管路的使用率分布均匀，当某台泵或所属阀门故障、某趟管路漏水时，系统自动发出声光报警，并在触摸屏上自动闪烁显示，记录事故，同时将故障泵或管路自动退出轮换工作，其余各泵和管路继续按一定顺序自动轮换工作，以达到有故障早发现、早处理，确保矿井安全生产的目的。

3. 自动控制

系统选用模块化结构的 PLC 为控制主机，由 PLC 机架、CPU、数字量 I/O、模拟量输入、电源、通信等模块构成。PLC 自动化控制系统根据水仓水位的高低、井下用电负荷的高低峰和供电部门所规定的平段、谷段、峰段供电电价（时间段可根据实际情况随时在触摸屏上进行调整和设置）等因素，建立数学模型，合理调度水泵，自动准确地发出启、停水泵的命令，控制各台水泵运行。

为了保证井下安全生产和系统可靠运行，水位信号是水泵自动化的一个非常重要的参数，因此，系统设置了模拟量和开关量两套水位传感器，两套传感器均设于水仓的排水配水仓内，PLC 将收到的模拟量水位信号分成若干个水位段，计算出单位时间内不同水位段水位的上升速率，从而判断矿井的涌水量，同时检测井下供电电流值，计算用电负荷率，并根据矿井涌水量和用电负荷，控制在用电低峰和一天中电价最低时开启水泵、用电高峰和电价最高时停止水泵运行，以达到避峰填谷及节能的目的。

4. 动态显示

动态模拟显示选用触摸式工业图形显示器（触摸屏），系统通过图形动态显示水泵、真空泵、电磁阀和电动阀的运行状态，通过改变图形颜色和闪烁功能进行事故报警。直观地显示电磁阀和电动阀的开闭位置，实时显示水泵抽真空情况和压力值。

用图形填充以及趋势图、棒状图和数字形式准确实时地显示水仓水位，并在启停水泵的水位段发出预告信号和低段、超低段、高段、超高段水位分段报警，用不同音响形式提醒工作人员注意。

采用图形、趋势图和数字形式直观地显示 3 条管路的瞬间流量及累计流量，对井下用电负荷的监测量、电动机电流和水泵瞬间负荷量、水泵轴温、电动机温度等进行动态显示、超限报警，自动记录故障类型、时间等历史数据，并在屏幕下端循环显示最新出现的 3 条故障（故障显示条数可在触摸屏上设置），以提醒工作人员及时检修，避免水泵和电动机损坏。

5. 通信接口

PLC 通过通信接口和通信协议，与接触屏进行全双工通信，操作人员也可利用触摸屏将操作指令传至 PLC，控制水泵运行；将水泵机组的工作状态与运行参数传至触摸屏进行各数据的动态显示，同时还可经安全生产监测系统分站传至地面生产调度监控中心主机，与全矿井安全生产监控系统联网，管理人员在地面即可掌握井下主排水系统设备的所有检测数据及工作状态，又可根据自动化控制信息，实现井下主排水系统的遥测、遥调，并为矿领导提供生产决策信息。触摸屏与监测监控主机均可动态显示主排水系统运行的模拟图、运行参数图表，记录系统运行和故障数据，并显示故障点以提醒操作人员注意。

（二）系统保护

1. 超温保护

水泵长期运行，当轴承温度或定子温度超出允许值时，通过温度保护装置及 PLC 实现超限报警。

2. 流量保护

当水泵启动后或正常运行时，如流量达不到正常值，则通过流量保护装置使本台水泵停车，自动转换为启动另一台水泵。

3. 电动机保护

利用 PLC 及触摸屏监视水泵电动机过电流、漏电、低电压等电气故障，并参与控制和保护。

4. 电动闸阀保护

由电动机综合保护监视闸阀电动机的过载、短路、漏电、断相等故障，并参与水泵联锁控制。

第二节　矿井通风机电气控制

本节主要介绍同步电动机拖动的通风机采用直流发电机励磁和晶闸管励磁的电气控制。同步电动机的启动主要有辅助启动、软启动和异步启动三种启动方法。现以同步电动机异步启动法为例，分析同步电动机控制线路的工作原理。

一、同步电动机、直流发电机励磁的电控系统

1. 启动控制线路的组成与工作原理

同步电动机的启动控制线路由定子绕组回路、转子绕组励磁回路及控制回路组成，如图 9-5 所示。定子绕组回路由控制（QF、KM₁、KA）、保护（KV、YA）以及监测（电流表）等设备组成。转子绕组励磁回路由并励直流发电机 G 供电。控制回路由降压启动接触

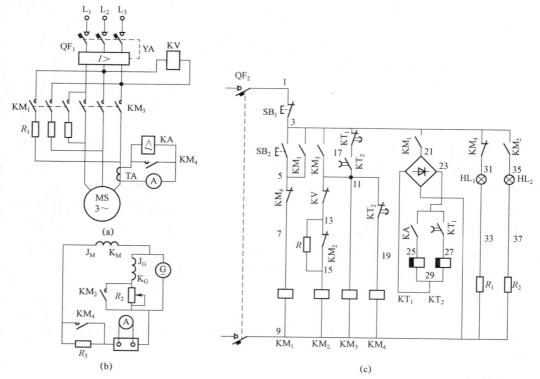

图 9-5　按电流大小自动投入励磁的同步电动机实际控制线路

（a）定子绕组回路；（b）转子绕组励磁回路；（c）控制回路

器 KM$_1$、全压运行接触器 KM$_3$、投励接触器 KM$_4$、强励接触器 KM$_2$，以及降压启动时间控制继电器 KT$_1$、投励时间控制继电器 KT$_2$ 等组成。

（1）启动。启动时，分别合上电源开关 QF$_1$ 和 QF$_2$，按下启动按钮 SB$_2$，接触器 KM$_1$ 通电吸合，其辅助动合触点 KM$_1$（3－5）闭合，实现自锁；其主触点闭合，电动机经电阻 R_1 做降压异步启动。由于定子回路的启动电流很大，电流继电器 KA 动作，其动合触点 KA（23－25）闭合，使时间继电器线圈 KT$_1$ 通电吸合，KT$_1$ 延时断开的动合触点（23－27）瞬时闭合，时间继电器 KT$_2$ 通电吸合。同时 KT$_1$ 延时闭合的动断触点（3－17）瞬时断开，避免接触器 KM$_3$、KM$_4$ 吸合产生误动作。经一定延时后，当电动机转速增加时，定子电流下降，使电流继电器 KA 释放，KT$_1$ 随之释放，KT$_1$ 的动断触点（3－17）延时闭合，接通接触器 KM$_3$ 线圈，其动合触点 KM$_3$（3－11）闭合，实现自锁，KM$_3$ 主触点闭合，同步电动机在全压下继续启动。同时，KT$_1$ 延时打开的动合触点（23－27）断开时间继电器 KT$_2$ 的线圈回路。KT$_2$ 延时闭合的动断触点（11－19）经延时使电动机转速接近同步转速后闭合，接触器 KM$_4$ 通电吸合，其在励磁回路的动合触点闭合短接电阻 R_3，并给同步电动机投入励磁。KM$_4$ 的另一对动合触点短接电流继电器 KA$_1$ 线圈，KM$_4$ 的动断触点（5－7）断开，接触器 KM$_1$ 断电释放，切断定子启动回路及 KT$_1$、KT$_2$ 线圈的电压，至此启动过程结束。

（2）运行。在运行过程中如电网电压过低时，同步电动机的输出转矩将下降，电动机工作就趋于不稳定。为此，在电网电压低到一定期数值时，欠压继电器释放，其动断触点（11－13）闭合，使接触器 KM$_2$ 通电吸合，将直流发电机 G 磁场回路中的电阻 R_2 短接，直流发电机输出增加，同步电动机的励磁电流增加，从而加大了同步电动机的电磁转矩，保证正常运行。

（3）停止。停车时，按停止按钮 SB$_1$，KM$_3$ 和 KM$_4$ 释放，切断定子交流和转子直流励磁电源。

2. 制动控制线路的组成与工作原理

简化的同步电动机能耗制动主电路如图 9－6 所示，控制电路类似于一般的异步电动机的能耗制动，这里不再叙述。

同步电动机能耗制动时，将运行中的同步电动机定子绕组电源断开，再将定子绕组接于一组外接电阻 R 上，并保持转子绕组的直流励磁。这时同步电动机就成为电枢，被 R 短接的同步发电机能很快地将转动的机械能变换成为电能，最终成为热能而消耗在电阻 R 上，同时电动机被制动。

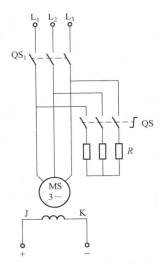

图 9－6　简化的同步电动机能耗制动主电路

二、同步电动机晶闸管励磁的电控系统

晶闸管励磁装置的类型较多，现以 KGLF－11 型晶闸管励磁装置为例介绍。

（一）KGLF－11 型晶闸管励磁装置组成与工作原理

KGLF－11 型三相全控桥同步电动机晶闸管励磁装置由主回路和控制回路组成。其方框图如图 9－7 所示，电气原理如图 9－8 所示。

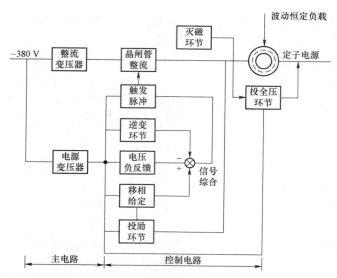

图 9-7　KGLF-11型晶闸管励磁装置方框图

1. 主回路

主回路由高压开关柜、转子励磁柜、同步电动机组成。

同步电动机定子经断路器和隔离开关投入 6 kV 高压交流电源,其转子励磁绕组由 380 V 三相交流电源经整流变压器 T_1 和三相全控整流桥供给直流电源。这里主要介绍转子励磁柜。

1) 监测

(1) 直流电压表 V。它与放电电阻 R_{d1}、R_{d2} 串联连接在三相全控桥晶闸管的输出端,用于显示输出的整流电压值。由于电压表为高内阻,故放电电阻值所引起的误差可忽略不计。但它却对晶闸管 VT_7、VT_8 和整流管 VD_1 起到监视作用。在同步电动机正常启动时,转子感应的交变电压正、负半周期分别使 VT_7、VT_8 和 VD_1 导通,电压表 V 被短接而无指示,否则说明晶闸管 VT_7、VT_8 或整流管 VD_1 损坏。

(2) 直流电流表 A。它串接在励磁回路靠近同步电动机转子负载侧,用来测量励磁电流值。在同步电动机启动过程中(投励前),全控桥不工作,电流表在转子感应出的交变电流作用下指示为零,只有在投励后电流表才指示励磁电流值。

2) 灭磁

同步电动机在异步运行时,转子绕组的感应过电压由灭磁插件控制晶闸管 VT_7、VT_8 导通,接入放电电阻 R_{d1}、R_{d2} 进行消除。

3) 三相全控整流桥

三相全控整流桥晶闸管 $VT_1 \sim VT_6$ 由脉冲插件触发导通。当三相全控整流桥的晶闸管 $VT_1 \sim VT_6$ 开始工作时,可通过改变它们的控制角 α 来控制直流励磁电压值,电压值随 α 增大而减小,而电压波形的脉动却随之加快。当控制角 α 大于 $60°$ 时,整流电压波形脉动更大,但通过同步电动机转子励磁绕组电感放电,使整流电压正、负两半波形不对称,即负半周期小于正半周期,故整流电压的平均值仍为正值。当整流电压脉动时,由于同步电动机转子绕组是一个大电感带电阻的负载,转子励磁绕组通过三相全控整流桥晶闸管 $VT_1 \sim VT_6$ 中导通的两个晶闸管元件和整流变压器 T_1 二次侧绕组放电,产生连续的励磁电流,使得晶闸管 $VT_1 \sim VT_6$ 在

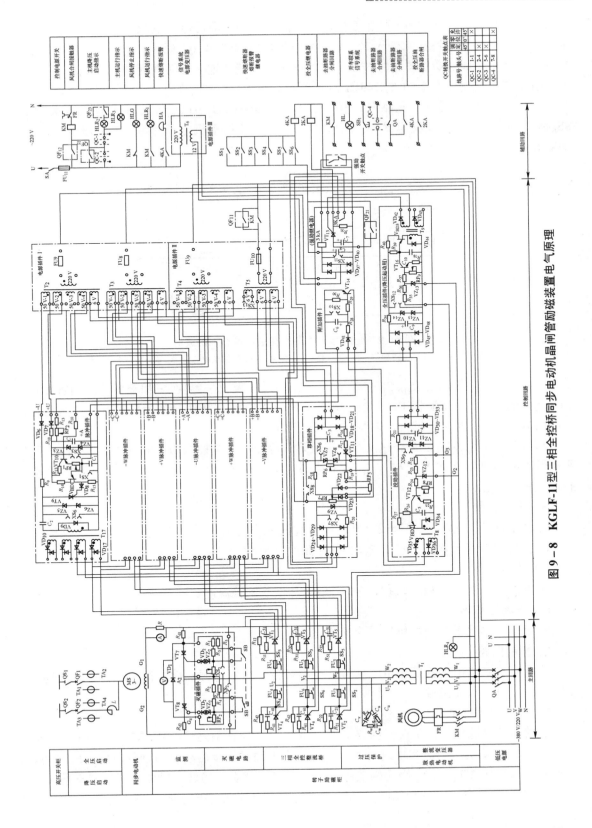

图 9-8　KGLF-11型三相全控桥同步电动机晶闸管励磁装置电气原理

较大的控制角 α 时仍可导通。附加插件 I 能在同步电动机经常停车或故障跳闸时提供附加控制信号，使三相全控桥晶闸管 $VT_1 \sim VT_6$ 的控制角 α 变为120°左右，晶闸管工作在逆变状态下，不致因同步电动机停车时转子电感放电造成续流或逆变颠覆面而使元件烧坏。晶闸管整流桥工作在逆变状态下的波形如图9-9所示。与 $VT_1 \sim VT_6$ 串联的 $FU_1 \sim FU_6$ 作直流侧短路保护。当直流侧或晶闸管元件本身短路时，快速熔断器 $FU_1 \sim FU_6$ 熔断，并使微动开关 $SS_1 \sim SS_6$ 的动触点闭合，中间继电器 4KA 有电动作，使同步电动机定子回路的断路器跳闸，切断励磁并报警。

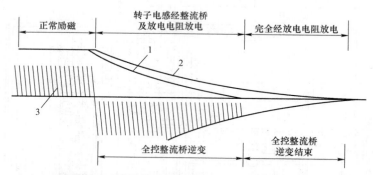

图9-9 全控整流桥工作在逆变状态下的波形

1—经 $VT_1 \sim VT_6$ 放电电流波形；2—经 VD_2、R_{d2} 和 $VT_1 \sim VT_6$ 放电电流波形；3—励磁电压波形

与 $VT_1 \sim VT_6$ 并联的 R_{11}、$C_{11} \sim R_{61}$、C_{61} 为换向过压吸收装置。在三相全桥的晶闸管 $VT_1 \sim VT_6$ 换流截止、快速熔断器 $FU_1 \sim FU_6$ 熔断、$VT_1 \sim VT_6$ 阳极和阴极间换向时产生的过电压由换向阻容 $R_{11}C_{11} \sim R_{61}C_{61}$ 吸收，以削弱电压上升率。

与 $VT_1 \sim VT_6$ 并联的 $R_{12} \sim R_{62}$ 为均压电阻，可使三相全控桥的晶闸管 $VT_1 \sim VT_6$ 中同相两桥臂上的晶闸管（如 VT_1 与 VT_4、VT_3 与 VT_6、VT_5 与 VT_2）合理分担同步电动机启动时的转子感应电压。

4）过压保护

自动空气开关 QA 在闭合或打开时所引起的操作过电压，由整流变压器 T_1 二次侧的三角形阻容吸收装置 R_uC_u、R_vC_v、R_wC_w 进行保护。

5）散热风机

风机由 KM 控制、FR 作过载保护，用于降低晶闸管温度。

6）整流变压器

整流变压器用于向全控桥提供交流电源。

2. 控制回路

控制回路主要由灭磁同步电源插件、电源插件、投励电源插件、移相插件、脉冲插件、全压插件及附加插件组成。

1）灭磁同步电源插件

灭磁同步电源插件位于转子回路（图9-8），用于控制晶闸管 VT_7、VT_8 及放电电阻 R_{d1}、R_{d2}，在同步电动机启动时实现过电压保护。同步电动机异步启动至投励磁前的一段时间内，三相全桥晶闸管 $VT_1 \sim VT_6$ 因无触发脉冲而处于截止状态。当转子励磁绕组感应电压 G_1 为正、G_2 为负，且电压未达到晶闸管 VT_7、VT_8 所整定的导通电压时，感应电流回路为电阻

R_{d1}、电阻 R_1、电阻 R_3、电位器 RP_1、电阻 R_1、R_4、电位器 RP_2 及电阻 R_{d2}，其总阻值为转子绕组直流电阻的数千倍，故相当于励磁绕组开路启动，感应电压急剧上升，其波形如图 9–10（a）虚线所示。当感应电压瞬时值上升至晶闸管 VT_7、VT_8 的整定导通电压时，晶闸管 VT_7、VT_8 导通，感应电压峰值迅速下降，如图 9–10（a）实线所示。直到此半波电压结束时，晶闸管 VT_7、VT_8 因阳极电压过零而自行关断。通过调整电位器 RP_1 和 RP_2 的阻值，可使晶闸管 VT_7、VT_8 在不同的感应电压下导通。根据整定装置额定电压的不同，调整 VT_7、VT_8 的导通电压。

当转子励磁绕组感应电压 G_1 为负、G_2 为正时，二极管 VD_1 导通，放电电阻 R_{d1} 和 R_{d2} 接入励磁回路，从而使转子感应电压、电流两半波完全对称，保持同步电动机固有的启动特性，如图 9–10（b）所示。

按钮 SB 用来检测灭磁环节的工作情况。按下按钮 SB，使电阻 R_1、R_3 串联后与 R_5 并联，R_2、R_4 串联后与 R_6 并联。因 R_5、R_6 阻值相对较小，从而增加了电位器 RP_1、RP_2 的压降。检测时，要先把整流电压调小，再按按钮 SB，此时灭磁晶闸管 VT_7、VT_8 可以导通且电压表 V 指示为零。若松开按钮 SB，熄灭线使晶闸管 VT_7、VT_8 截止，电压表指针回到原来的整定值，说明该环节能正常工作。

当同步电动机启动完毕，投入励磁牵入同步运行后，若晶闸管 VT_7、VT_8 未关断，三相全控桥交流侧电源出现 W 相为正，U 相或 V 相为负，则放电电阻 R_{d1} 和晶闸管 VT_7 被熄灭线短接，晶闸管 VT_7 无电流流过而自动关断；当 W 相电源从正变负，流经晶闸管 VT_8 和放电电阻 R_{d2} 的电流 i_u 逐渐减小，如图 9–11 所示。当 i_u 减小到晶闸管维持电流以下时，晶闸管 VT_8 也自动关闭。以后虽然整流电压仍加在灭磁晶闸管 VT_7、VT_8 上，但经电位器 RP_1、RP_2 分压后已不足以使灭磁晶闸管 VT_7、VT_8 触发导通，放电电阻 R_{d1}、R_{d2} 被完全切除。

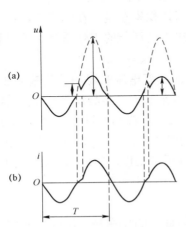

图 9–10　同步电动机启动过程中
励磁绕组感应电压电流的波形

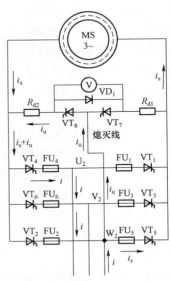

图 9–11　熄灭线的作用

2）电源插件

电源插件有 3 块（图 9–8），用于向各插件供电。由低压电源的相电压供给 $T_2 \sim T_6$ 变压器，使其变为 65 V、50 V、40 V、12 V 等电压分别向脉冲插件（6 块）、移相插件、投励插件、附加插件、全压插件等供电。

3）投励插件

投励插件的作用是保证同步电动机的启动转速达亚同步转度时自动向移相插件发出投励指令。其电路如图 9－12 所示。

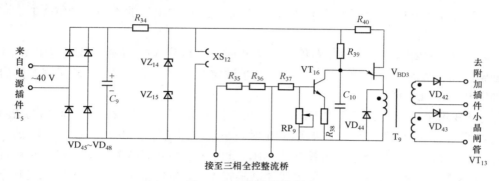

图 9－12　投励插件电路

同步电动机启动时，定子回路的电源开关一合闸，即接通同步电源，其交流 40 V 电压经二极管 $VD_{30} \sim VD_{33}$ 整流、电阻 R_{21} 和电容 C_4 滤波及稳压管 VZ_{10}、VZ_{11} 稳压后变成约为 28 V 的稳定直流电源。同时，如果转子绕组感应的交变电压第一个半周期加在端子 G_3 为正电位、端子 G_2 为负电位，则感应电压经电阻 R_{22}、R_{23} 降压，稳压管 VZ_{12} 稳压到 4 V 左右。此电压经 R_{24} 降压后使三极管 VT_{12} 饱和导通，相当于将电容器 C_5 短路，使其不能充电。当同步电动机转子励磁绕组感应的交变电压改变方向时，即 G_3 为负电位、G_2 为正电位，稳压管 VZ_{12} 作二级管用，其正向电压很小，使三极管 VT_{12} 截止，28 V 稳压电源就通过电阻 R_{26} 对电容 C_5 充电，但仅此半周期，充电电压尚达不到使单结晶体管 V_{BD2} 导通的峰点电压 U_p，故无脉冲输出。随后转子励磁绕组感应的交变电压又改变方向，致使三极管 VT_{12} 重新饱和导通，充上的一部分电荷经 VT_{12} 放掉，以免后一半周期积累充电。在同步电动机启动至亚同步转速前，由于 VT_{12} 的开关作用，转子感应电压在投励环节的工作重复上述过程，而无脉冲输入。其波形图如图 9－13 所示。

当同步电动机启动加速至亚同步转速时，转子感应交变电压的周期已衰减至 2～3 Hz，电容器 C_5 在充电的半个周期内有足够的时间充电，当充电至单结晶体管 V_{BD2} 的峰点电压 U_p 时使其导通，此时电容器 C_5 通过 V_{BD2} 的发射极、第一基极和脉冲变压器 T_8 原边绕组迅速放电，使 T_8 副边输出脉冲触发移相电路中的小晶闸管 VT_{11}，发出投励指令。电位器 RP_8 可防止三极管 VT_{12} 的基极开路时产生穿透电流而影响正常工作，整定 RP_8 还可抑制转子励磁组感应电压中的高次谐波干扰。

4）移相插件

移相插件电路及其简化电路如图 9－14 所示。移相插件的作用是控制脉冲插件中触发脉冲的导通角，从而调节励磁电压的大小及使电压稳定。它由移相给定电路和三相交流电网电压负反馈电路组成。

（1）移相给定电路。移相给定电路由单项桥式整流电路（二极管 $VD_{18} \sim VD_{21}$）、滤波电路（R_{16} 与 C_3）、稳压电路（R_{17} 与 VZ_7、VZ_8）及电位器 RP_6 等组成。由电源插件输出的 65V

交流电源，先经过二极管 $VD_{18} \sim VD_{21}$ 整流，再由电阻 R_{16} 和电容 C_3 滤波，又经过电阻 R_{17} 和稳压管 VZ_7、VZ_8 稳压后，15 V 的电压加于电阻 R_{18} 和 R_{19} 以及外接的电位器 RP_6 上，通过电位器 RP_6 输出一个可调的稳压电压 E_g，作为 6 个脉冲插件移相控制的主要电源。

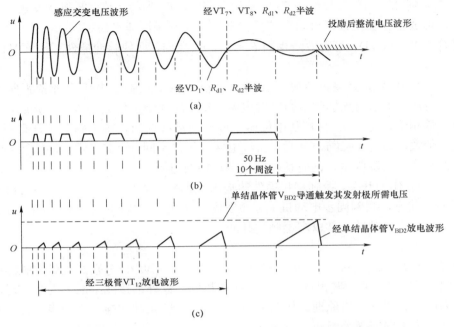

图 9-13　同步电动机启动过程中投励插件有关元件的波形

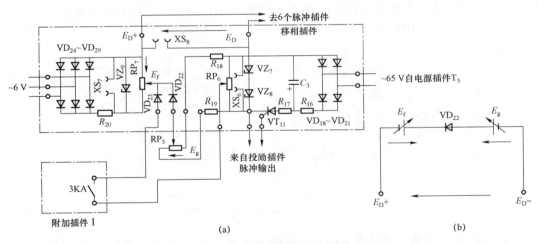

图 9-14　移相插件电路及其简化电路

（a）电路；（b）简化电路

（2）三相交流电网电压负反馈电路。三相交流电网电压负反馈电路由 $VD_{24} \sim VD_{29}$ 三相桥式整流电路以及电阻 R_{20}、稳压管 VZ_9 和电位器 RP_7 组成，由电位器 RP_7 调节反馈的强弱。当电网电压为 380V 时，相应的输入交流相电压为 6 V，经二极管 $VD_{24} \sim VD_{29}$ 整流后，通过电阻 R_{20} 降压，加于稳压管 VZ_9 上，此电压尚不足以使其稳压工作。电位器 RP_7 滑动触头上

电压 E_f 随电网电压降低而减小，只有当电网电压上升至 400 V 以上时，VZ_9 才起稳压作用，此时电位器 RP_7 滑动触头的电压 E_f 为一恒定值。

电位器 RP_9 和 RP_7 滑动触头各取一部分电压，其极性相反地串联后，将差值输出（$E_D = E_g - E_f$）到脉冲插件三极管 VT_{10} 的基极回路上。E_g 为稳定值，E_f 则随交流电网电压成比例降低，形成电压负反馈，自动调节反馈电压，使其保持基本稳定。

二极管 VD_{22} 和 VD_{23} 可有效防止因 $E_g < E_f$、E_D 反向，而使脉冲插件三极管 VT_{10} 的基极承受反向电压。

交流电网电压下降至整定值时，高压开关柜中电压互感器电压下降使强励开关触点（图 9-4）闭合，接通附加插件中强励继电器 3KA 的线圈，使其动作发出强励信号，3KA 触点闭合，移相给定电压 E_g 直接从电位器 RP_5 的滑动头取出，将励磁电压升高为额定励磁电压的某一倍数。如这样强励 10 s 后，交流电网电压仍不回升，装于定子回路控制设备上的时间继电器动作，切除强励，同时切除同步电动机的电源。

晶闸管 VT_{11} 作为开关，控制移相插件的输出（励磁的投入）。当同步电动机开始启动时，VT_{11} 处于截止状态，直到同步电动机加速至亚同步转速时，投励插件触发 VT_{11} 导通，移相插件才有信号输出给脉冲插件以产生触发脉冲。

5）脉冲插件

脉冲插件共有 6 块（+U、-V、+W、-U、+V、-W），分别产生触发脉冲去触发转子励磁回路的 $VT_1 \sim VT_6$，其内部元件及接线都相同，仅外部接线不同。为此，现以 +U 相脉冲插件为例，说明其工作原理。如图 9-15 所示，+U 相脉冲插件由同步电源、脉冲发生电路及脉冲放大电路三部分组成。

（1）同步电源。产生脉冲的同步电源由同步变压器 T_2 的 +U 相 50 V 电压供给（图 9-8），-U 相 50 V 电源供给脉冲放大电容 C_2 进行预充电。+U 相电源与 -U 相电源相位相差 180°，各自经二极管 VD_7 和 VD_6 进行半波整流。

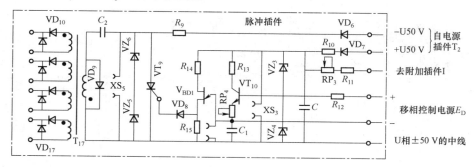

图 9-15 +U 相脉冲插件电路图

（2）脉冲发生电路。脉冲发生电路由单结晶体管 V_{BD1}、三极管 VT_{10}、电位器 RP_4 及电阻 R_{15} 等组成。通过移相插件输出的直流信号 E_D 的大小来改变三极管 VT_{10} 集电极与发射极的等效电阻，从而调节电容器 C_1 的充电时间常数。当电容器 C_1 上电压冲到单结晶体管 V_{BD1} 峰值电压 U_P 时，V_{BD1} 导通，在电阻 R_{15} 上产生脉冲电压，触发小晶闸管 VT_9；当电容 C_1 放电至 V_{BD1} 的谷点电压（$U_V \approx 2$ V）时，V_{BD1} 关断，电容器 C_1 重新充电，重复上述过程。

（3）脉冲放大电路。脉冲放大电路由电容器 C_2、小晶闸管 VT_9 及脉冲变压器 T_7 组成。由于 -U 相 50 V 交流电源比 +U 相交流电源超前 180°，经二极管 VD_6 半波整流，通过电阻

R_9 降压对电容 C_2 充电，为输出脉冲做准备。当小晶闸管 VT_9 被脉冲电压触发导通，电容器 C_2 经 T_1 初级绕组、V_{BD1} 放电，在同步变压器 T_7 次级绕组上产生主回路晶闸管的触发脉冲。通过改变控制电压 E_D 大小，改变输出脉冲相位，调节主回路晶闸管的控制角 α，即可改变输出电压。因主回路是三相全桥整流，故采用双脉冲触发方式（或称补脉冲触发），按一定顺序，同时触发两个不同桥臂上的元件，以保证电路更可靠地工作。

由于各脉冲插件所用的元件参数不完全相同，可能造成各相输出脉冲相位（控制角 α）不一致，为此，可通过电位器 RP_4 来调节，使 6 个脉冲插件的输出脉冲对称。二极管 VD_9 的作用是为电容器 C_2 充电及脉冲变压器 T_7 原边放电提供通路。

二极管 $VD_{10} \sim VD_{17}$ 既可防止输出脉冲相互干扰，又可以防止负脉冲加于整流桥的控制极上。

综上所述，异步启动时无投励信号，移相插件不导通，其输出 $E_D = 0$，控制角 $\alpha = 0$，无触发脉冲，转子回路 $VT_1 \sim VT_6$ 不通；亚同步时，投励插件发出指令，触发 V_{T11}，移相插件导通，输出 E_D，$\alpha \neq 0$，产生触发脉冲，$VT_1 \sim VT_6$ 导通，转子投入励磁；调节移相插件的 RP_0 可调节 E_D，从而调节脉冲插件 C_1 的充电时间常数，也就调节了控制角 α，达到调节励磁电压的目的。当控制角 $\alpha = 60°$ 时，$+U$ 相脉冲插件中各点电压波形如图 $9-16$ 所示。

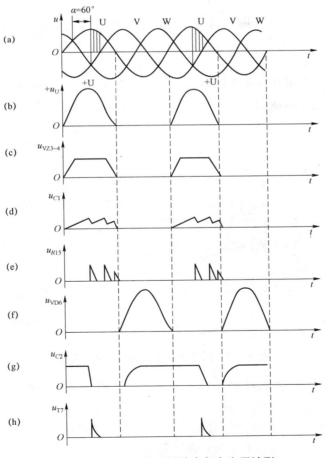

图 9-16　+U 相脉冲插件中各点电压波形

6）全压插件

全压插件电路如图 9-17 所示，它是为同步电动机降压启动而设置的。

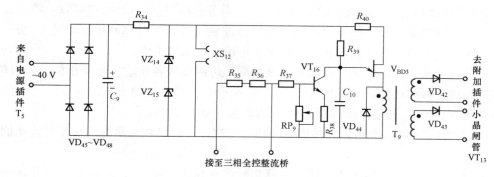

图 9-17　全压插件电路

全压插件中各电气元件参数，除电阻 R_{39} 的阻值不同外，其余都与投励插件相同，内部接线和工作原理都一样。其作用是控制投全压开关。电阻 R_{39} 一定要保证可靠的触发导通投全压开关中的小晶闸管 VT_{13}，使继电器 2KA 动作，才能接通同步电动机定子回路的全压开关。

同步电动机一旦加速到亚同步转速，投励插件就能投入励磁，使同步电动机牵入同步运行。

7）附加插件

附加插件由投入全压开关和强励环节与停车逆变环节两部分组成。

（1）投入全压开关和强励环节。投入全压开关和强励环节电路如图 9-18 所示。

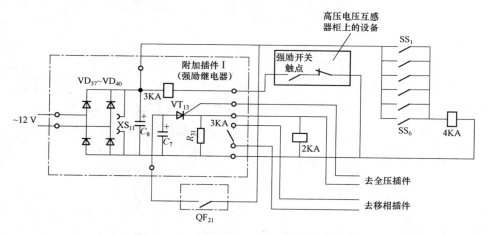

图 9-18　投入全压开关和强励环节电路

由电源插件小变压器的单相 12 V 电压经二极管 $VD_{37} \sim VD_{40}$ 整流，作为投全压继电器 2KA 和强励继电器 3KA 的直流电源。2KA 由 QF_{21}、VT_{13} 控制，在同步电动机降压启动时，降压启动高压开关柜（图 9-8）中断路器 QF_2 的辅助联锁触点 QF_{21} 闭合，通过电容器 C_7 削弱加于小晶闸管 VT_{13} 上的电压上升率。同步电动机一旦启动，加速达同步转速的 90% 左右，全压插件发出脉冲触发小晶闸管 VT_{13}，使投全压继电器 2KA 通电，接通同步电动机定子回路全压开关。全压开关合闸后断开降压启动开关 QF_{21}，切除继电器 2KA 的直流电源。

（2）停车逆变环节。停车逆变环节电路如图 9-19 所示，三相全整流桥控直流输出电压值取决于晶闸管 VT_1～VT_6 控制角 α 的大小，而控制角 α 则由脉冲插件电容器 C_1 的充电时间来决定。

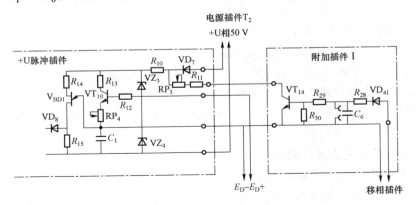

图 9-19　停车逆变环节电路

当三相全控整流桥工作在整流状态时，脉冲插件电容器 C_1 的充电电流由三极管 VT_{10} 和附加插件 I 中的三极管 VT_{14} 供给。电容器 C_1 的充电电流是不变的，而 VT_{10} 基极偏压可调节，因此电容器 C_1 的充电电流大小主要由流经三极管 VT_{10} 的电流来控制。因此，通过改变 VT_{10} 的基极偏压来调节电容器 C_1 的充电时间常数，使控制角 α 的相位移动，从而调节励磁电压的大小。

当同步电动机停车时，电源插件的变压器 T_5 失电，切除相移电源，脉冲插件三极管 VT_{10} 也因无偏压而截止。但此时电容器 C_6 的缓慢放电却能使三极管 VT_{14} 维持导通 5 s，电容器 C_1 只能由电源插件变压器 T_2 的 50 V 电源，通过二极管 VD_7 半周期整流后，经电位器 RP_3、电阻 R_{11}、三极管 VT_{14} 集电极至发射极回路充电，使控制角 α 增大到接近 140°，此时三相全控整流桥的晶闸管 VT_1～VT_6 工作在逆变状态，不会因转子电感放电而使晶闸管 VT_1～VT_6 烧坏。

（二）KGLP 型晶闸管励磁装置的操作过程（图 9-8）

1. 启动前的准备

（1）检查装置对外的连接线是否正确，闭合辅助回路电源开关 SA，电源插件Ⅲ通电，HLG 亮。

（2）合上整流变压器 T_1 一次侧空气自动开关 QA，红色信号灯 HLR_4 亮，整流器变压器 T_1 和电源插件 I、Ⅱ中的小变压器 T_1～T_5 均与电源接通。

（3）将转换开关 QC 置于"调定"位置。

（4）顺时针缓慢调节励磁，调节移相插件中电位器 RP_6，直至直流电压表 V 和直流电流表 A 指示出同步电动机运行的励磁电压和电流为止。

（5）按下灭磁电路中按钮 SB，直流电压表 V 读数变为零，而直流电流表 A 的读数不变。松开按钮 SB，直流电压表 V 的读数复原。

（6）断开同步电动机定子同路隔离开关 QS，将转换开关 QC 置于"允许"位置，现场操作空投合闸，进行联锁及人为故障试验。

（7）完成以上工作后即可进行启动运行。

2. 同步电动机的启动控制

（1）将同步电动机所带负载置于最轻状态，以实现轻载启动。

（2）先合上高压开关柜的隔离开关，再合上断路器，辅助回路的 QF_{12} 闭合，接触器 KM 通电。其主触点闭合，散热风机启动，其辅助触点断开指示灯 HLG 而接通 HLR_1，指示灯 HLR 亮；此时同步电动机异步启动，指示灯 HLR_3 亮。待同步电动机加速至亚同步转速时，转子自动投入励磁，使同步电动机牵入同步运行。

（3）当同步电动机牵入同步运行时，可逐步增加负载至额定电流，并根据电网及负载要求调整励磁，使同步电动机在某一工作状态下稳定运行。

（4）如果启动时间较长，启动绕组有焦味或牵入时发生剧烈振荡而不能投励，应停车检查故障原因，排除后重新启动。

3. 同步电动机的失步及再同步

1）同步电动机的失步类型及危害

（1）断电失步。断电失步是指供电电源中断而引起的失步。断电失步使电动机遭受损伤的主要原因：当电源短时中断再恢复时会造成非同步冲击，这种非同步冲击包括非同期电流冲击和非同期转矩冲击，其最大值远比电动机三相短路时的冲击电流和冲击转矩要大，因而是电动机设备所不能承受的。其主要损伤表现为可能引起定子和转子绕组崩裂、绝缘损坏，甚至引起电动机内部短路、起火及联轴器和主轴扭曲等损坏。《电力装置的继电保护和自动装置设计规范》规定，2MW 及以上的同步电动机及不允许非同步冲击的同步电动机应装设防止非同步冲击的保护装置。非同步冲击电流允许值在制造厂没有提供具体数据时，其相对值（最大冲击电流周期分量与电动机额定电流之比）不应超过 $0.84/X_d$，X_d 为同步电动机纵轴瞬变电抗标幺值。

（2）带励失步。带励失步是指电动机带有正常或接近正常直流励磁时，由于电网电压降低过多或电动机负荷突然增加等原因引起的失步。当产生带励失步时，由于脉振转矩长时间的反复作用，使电动机各部分材料产生疲劳效应而造成电动机损伤。带励失步的危害是损伤电动机转子绕组，尤其是导致启动绕组过热、变形、开焊，并由此扩大成为电动机内部故障。

（3）失励失步。失励失步是指励磁绕组失去直流励磁或严重欠励而产生的失步。失励后同步电动机将从电源吸取大量无功功率，在某些情况下有可能导致电动机端电压严重降低，触发低电压保护动作。

2）同步电动机再同步过程

（1）从失步制动阶段开始，采用各种失步检测敏感元件，快速正确地测出故障性质，发出相应的保护信号。根据需要，保护可动作于电动机跳闸或作用于电动机再同步控制。

（2）对于动作于再同步的失步保护，在断电惰行阶段或异步运行段应采用快速灭磁方法，如接入励磁绕组的附加电阻，使电动机迅速转入无励运行状态，消除失步危害，缩短备用电源自动投入装置恢复供电所需时间。

（3）在再同步阶段，当影响电动机失步的扰动消除时，应在适当时刻，由投励环节投入励磁，完成自动再同步。

（三）晶闸管磁装置的特点

（1）晶闸管磁装置与同步电动机定子回路没有直接的电气联系，因此同步电动机可根据电网情况选用不同等级的电压，且全压启动或降压启动不受限制。

（2）励磁电源与定子回路来自同一交流电网，转子励磁回路采用三相全控整流桥连接励磁线路，可保证同步电动机的固有启动特性。

（3）采用全压启动的同步电动机，当转子速度达到亚同步速度时，投励插件自动发出脉冲，使移相给定电路工作，从而投入励磁，牵入同步运行。

（4）采用降压启动的电动机，当转子速度约达同步转速的90%时，由全压插件自动切除降压电抗器，并在同步电动机加速至亚同步转速时自动投入励磁，牵入同步运行。

（5）当交流电网电压波动时，电压负反馈电路使同步电动机励磁电流保持基本恒定，当电网电压下降至80%～85%额定值时实现强行励磁，强励时间不超过10 s。

（6）同步电动机启动与停车时，能自动灭磁，且在启动和失步过程中具有失磁保护，避免同步电动机和励磁装置受过电压而击穿。

（7）可以手动调节励磁电流、电压和功率因数，整流电压从额定值的10%～125%连续可调。

（8）放电电阻的阻值（图9-10）应为同步电动机转子励磁绕组直流电阻的6～10倍，其长期允许电流为同步电动机额定励磁电流的1/10。

（9）同步电动机正常停车时，5 s内不得断开整流桥的交流电源及触发装置的同步电源，以保证转子励磁绕组在整流桥逆变工作状态放电。

（四）晶闸管励磁装置的调试及维护检修

KGLF-11型晶闸管励磁装置在控制过程中，若出现控制失灵，无法进行相应量的调节，应认真检查励磁装置是不是有断路、短路现象，熔断器是否熔断，热继电器是否动作。检查插件上的部分电阻有无过热变色，晶体管如二极管、三极管、单结晶体管等是否被击穿，各点的波形是否正常。当故障检查并排除后，再继续使用。

常见的故障有以下几个方面。

（1）闭合开关SA，电源插件Ⅲ通电。电源给电后风机停止，指示灯HLG不亮。原因可能是：控制线路没有220 V电源；熔断器FU_{11}熔断；风机停止指示灯HLG灯丝烧断或灯座接触不良；交流接触器动断触点闭合不好或接线开路。

（2）将转换开关QC右转45°，置于"允许"位置，合上断路器QF，交流接触器KM不吸合。逐个检查与KM线圈串联的各触点是否处于闭合状态。

（3）交流接触器KM吸合后，风机不转或声音不正常。原因可能是交流接触器KM主触点接触不良。

（4）移相插件外接电位器RP_6调到零位，KM吸合后励磁没有直流电压输出。原因可能是主晶闸管有的被击穿短路，用万用表可以检查出来。

（5）无整流电压输出。原因可能是：交流接触器KM未吸合或故障跳闸；熔断器FU_{11}熔断；电源变压器T_1开路；投励插件无输出。如变压器T_5无电，KM、QF_{11}触点未闭合，电阻R_{21}开路，三极管VT_{12}的集电极与射极短路，单结晶体管V_{BD2}损坏，电容器C_5损坏，投励插件上其他元件损坏，移相元件中的元件损坏（小晶闸管VT_{11}、二极管VD_{29}等内部断路）。

（6）励磁电压调不上去。原因可能是：熔断器有的可能熔断；晶闸管VI_1～VT_6有的内部断路或连接线开路；有的晶闸管控制线断开；有的脉冲触发插件无输出。如三极管VT_{10}损坏，单结晶体管V_{BD1}损坏，电容器C_1损坏或电位器RP_4接触不良，小晶闸管VT_9损坏，脉冲变压器T_7内部断线。

（7）不能投入运行且放电电阻过热。原因可能是：灭磁晶闸管VT_7、VT_8短路；电阻R_1～

R_4短路或电位器 RP_1、RP_2 整定值变动，使 VT_7、VT_8 不能关断。

（8）启动时负载重或电压低，同步电动机半速运行。原因可能是：附加电阻 R_{d1}、R_{d2} 开路；灭磁晶闸管 VT_7、VT_8 开路或不能触发；电位器 RP_1、RP_2 阻值变动或短路；续流二极管 VD_1 开路。

KGLE-11 型晶闸管励磁装置的投励插件、移相插件、脉冲插件均为晶体管电路，查找故障时应断开同步电动机的定子电源，将转换开关 QC 置于"调定"位置。用万用表或示波器通过检修插孔检测有关点的电压和波形，逐点查找故障。

第三节　矿井空气压缩机电气控制

矿井空气压缩机采用绕线型异步电动机启动时，常采用电动机转子回路串频敏变阻器，从而可得到接近恒转矩的启动性能和无级启动特性。

一、频敏电阻器

频敏电阻器是一种静止的无触点启动设备，具有启动特性好、结构简单、占地面积小、维护量小、控制系统简单、易于实现自动控制等优点，得到了广泛的应用。

1. 频敏电阻器的结构和基本原理

频敏电阻器是利用铁磁材料对交流频率极为敏感的特性制成的一种控制器。它由铁芯与线圈组成，结构如图 9-20（a）所示。当在线圈两端加上交流电压后，交变磁通便在铁芯的厚钢板中产生涡流，其等值电阻取决于涡流电路的几何形状、截面以及铁芯材料的电阻系数等。由于结构上的这个特点，使得频敏电阻器同时具有电抗器与电阻器的作用，相当于一个电阻器与电抗器的并联组合体。

在电动机的启动过程中，随着转子感应电动势频率的降低，一方面使频敏电阻器的电抗逐渐减小，另一方面也使铁芯中涡流集肤效应逐渐减弱，涡流在厚钢板中渗透的深度逐渐增加，即涡流通道截面加大、等值电阻减小。这种等值电阻和电抗随着电动机转差率的减小而减小的特性，满足了电动机在整个启动过程中的要求，频敏电阻器的接线图及等值电路如图 9-20（b）、（c）所示，图中 R_b、X_s、R_s 分别是绕组的电阻、绕组的励磁电抗和铁芯的等值电阻。

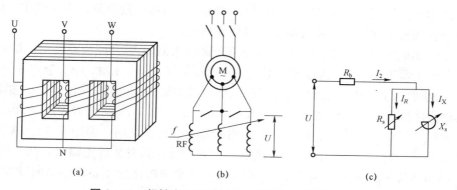

（a）　　　　　　　　　（b）　　　　　　　　　（c）

图 9-20　频敏电阻器的结构、接线图及等值电路图

（a）频敏电阻器的结构示意图；（b）频敏电阻器的接线图；（c）频敏电阻器的等值电路

2. 频敏电阻器的性能

绕线型异步电动机转子接入各种理想元件时的机械特性如图9-21所示。接入频敏电阻器时，它的机械特性曲线形状介于变电阻和变电抗机械特性曲线之间。

频敏电阻器是一个变电阻与变电抗的并联组合，其功率因数小于1，不同功率因数的频敏电阻器对电动机机械特性及启动电流特性的影响如图9-22所示。由图9-22可以看出，在相同启动电流的情况下，功率因数越高，启动转矩就越大，但特性较软；功率因数较低，启动转矩稍小，但上部特性较好。

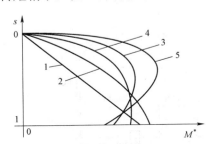

图9-21　绕线型异步电动机转子
接入各种理想元件时的机械特性

1—接入固定电阻；2—接入变电阻；3—接入变电抗；
4—接入频敏电阻器；5—接入固定电抗

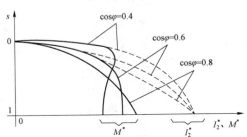

图9-22　不同功率因数的频敏电阻器对
电动机机械特性及启动电流特性的影响

影响频敏电阻器功率因数的主要因素有导线匝数、铁芯气隙、叠片厚度等。在使用中，通过调整频敏电阻器的功率因数来改变机械特性曲线的形状，以适应不同的负载。

3. 频敏电阻器的选用

当使用绕线型异步电动机拖动关闭闸门，启动离心式通风机或离心式水泵时，属于轻载启动；当拖动开启闸门，启动轴流式通风机时，一般属于重轻载启动。通风机为偶尔启动的机械，通常启动后应用接触器或断路器将频敏电阻器短接。

目前生产的偶尔启动频敏电阻器有BP1、BP2、BP3、BP4和BP6等系列产品。偶尔启动用绕线电动机配用的频敏变阻器可根据负载性质、电动机容量及转子额定电流选取。

当钢丝绳牵引带式输送机选用交流绕线型异步电动机拖动，并采用频敏电阻器启动时，频敏电阻器应按重任务、满载启动的要求来选择。推荐选用启动转矩较大的BP4系列频敏电阻器。

4. 频敏电阻器的调整

频敏电阻器的铁芯与轭铁间设有气隙，在绕组上留有几组抽头。当改变绕组匝数和气隙时，可以调整电动机的机械特性和启动电流的变化曲线，如图9-23所示。具体调节方法如下：

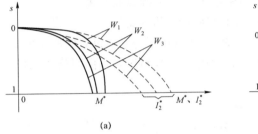

(a)

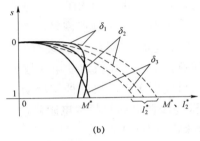

(b)

图9-23　改变频敏电阻器匝数和气隙时的特性

(a) 改变匝数 W（$W_1 < W_2 < W_3$）；(b) 改变气隙 δ（$\delta_1 > \delta_2 > \delta_3$）

（1）启动电流过大及启动过快时，相应增加匝数；反之，相应减少匝数。

（2）刚开始启动时，启动转矩过大。而启动终了时稳定转速低于要求值，致使短接频敏电阻器时产生较大冲击电流，此时可增大气隙。

二、绕线型电动机频敏电阻启动设备

1. 低压绕线式电动机频敏电阻启动设备

GTT6121 型启动器电气原理如图 9−24 所示。

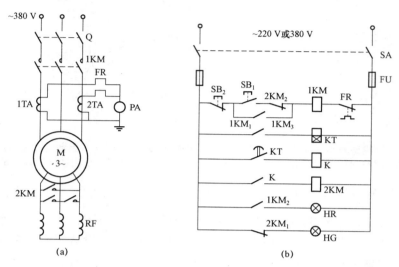

图 9−24　GTT6121 型启动器电气原理

启动前，首先闭合自动开关 Q，主电路有电；闭合开关 SA，控制回路有电，绿色指示灯 HG 亮。

启动时，按下启动按钮 SB_1，接触器 1KM 有电吸合，其定子回路主触点 1KM 闭合，电动机转子串频敏变阻器 RF 启动，动合触点 $1KM_1$ 闭合自保；动合触点 $1KM_2$ 闭合，红色指示灯 HR 亮，表示电动机正在启动。

动合触点 $1KM_3$ 闭合，时间继电器 KT 有电，其动合触电经一段时间的延时后闭合，接通中间继电器 K，通过其动合触点 K 使接触器 2KM 吸合，其转子回路主触点闭合短接转子绕组，切除频率变阻器。同时辅助触点 $2KM_1$ 打开，绿色指示灯 HG 灭，表示电动机降压启动结束进入全压运行状态。

停车时，按下停止按钮 SB_2，接触器 1KM 失电，主触点断开，电动机停转。同时其他接触器、继电器及其相应触点恢复原态，为下次启动做准备。

主电路中的电流互感器二次侧装有指示电流表 PA 和用于电动机过载保护的热继电器 FR。

需要注意，由于电动机启动电流较大，频敏电阻器容易发热，所以转子回路串频敏电阻器启动方法只能用于电动机的偶尔启动。

2. 高压绕线型电动机频敏电阻启动设备

用于 6 kV、1 000 kW 以下的大功率电动机，可采用 KRG−6B 型高压综合启动装置。其电气原理如图 9−25 所示。这种启动器适用于水泵，空压机等设备的轻载启动，在频敏变阻器完全冷却的情况下，可连续启动 2 次或 3 次，否则频敏电阻器会因过热而不能正常工作。

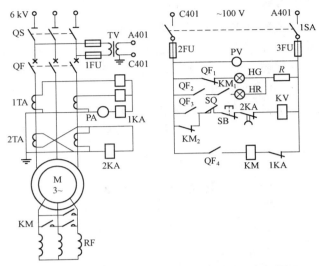

图 9 - 25　KRG - 6B 型高压综合启动装置电气原理

启动装置的主电路包括高压隔离开关 QS 和具有脱扣装置的高压断路器 QF；电流互感器 1TA 二次以不完全星形方式接三相电流继电器 1KA，间接控制频敏电阻器的切除，串联的电流表 PA 显示主回路电流；电流互感器 2TA 二次以两相差接方式接过流继电器 2KA，用于对电动机进行过流保护；电压互感器 TV 二次作为控制回路电源，并接电压表 PV 显示主电路工作电压。

启动前，首先闭合高压隔离开关 QS 和转换开关 1SA，控制回路有电，绿色指示灯 HG 亮。同时保护电路中的脱扣线圈 KV 有电吸合，允许合闸启动电动机。

启动时，手动操作开关 QF，其主触点先于辅助触点 QF$_1$～QF$_4$ 动作，电动机转子回路串频敏电阻器启动。较大的启动电流使主回路的三相电流继电器 1KA 吸合，其在控制回路中的动断触点 1KA 打开，切断接触器 KM 电路，保证启动过程中频敏电阻器不被切除。待油开关 QF 的操作手柄完全合上时，其辅助触点才动作；QF$_1$ 打开，绿灯 HG 灭，表示电动机正在启动；QF$_2$ 闭合，为红灯 HR 亮做准备；QF$_3$ 闭合，短接 KM$_2$ 常闭触点，保证了脱扣线圈在启动瞬间的电流通路；QF$_4$ 闭合，为接触器 KM 通电做准备。

随着电动机转速升高，主电路电流下降到某一数值（一般为 1.2 倍的额定电流）时，三相电流继电器 1KA 释放，其动断触点 1KA 闭合，接触器 KM 有电吸合，主触点 KM 闭合短接电动机转子绕组，切除了频敏电阻器。同时动合触点 KM$_1$ 闭合，红色指示灯 HR 亮，表示电动机降压启动结束。

在启动过程中，如果接触器 KM 发生故障，经 1min 后红色指示灯仍不亮，说明频敏电阻器未被短接，这时必须按下停止按钮 SB，切断脱扣线圈电路，使开关跳闸，以避免频敏电阻器长时间接在电路中而被烧坏。

当电动机发生过载或短路故障时，具有反时限保护的电流继电器 2KA 动作，其动断触点 2KA 打开，脱扣线圈 KV 失电，开关 QF 跳闸，起到保护作用。当主电路电压低于某一数值（欠压）时，脱扣线圈 KV 因吸力不足而释放，开关跳闸或不能被送电。

该电路还设有限位开关 SQ，其触点串接在脱扣线圈回路中，当启动器箱盖打开时，触点 SQ 断开，开关不能送电合闸，从而起到安全闭锁的作用。

保护电路中并联触点 QF$_3$ 和 KM$_2$ 的作用是：在电动机启动前，先由动断触点 KM$_2$ 为脱扣线圈提供通路，若电网电压正常，则脱扣线圈吸合，允许油开关 QF 送电，否则油开关不能合闸送电；另外，当接触器主触点 KM 因故没有断开时，与其同轴的触点 KM$_2$ 就不能闭合，脱扣线圈因送不上电而不能使油开关合闸送电，以防止电动机不串频敏电阻器直接启动。因而必须首先排除接触器 KM 故障，才能使电动机正常启动。

停车时，可操作开关 QF 手柄直接切断电动机电源，或按动停止按钮 SB，通过脱扣线圈使油开关跳闸，电动机停转。

思考题与习题

1. 同步电动机有哪几种励磁方式？
2. 什么是同步电动机的异步启动法？过程如何？
3. KGLF−11 励磁装置由哪些环节组成？各起什么作用？
4. 同步电动机在运行中如果励磁装置失磁，将会造成什么后果？
5. 直流励磁电压值偏小的主要原因是什么？
6. 煤矿大多数同步电动机常采用哪种励磁装置？它有哪些特点？
7. KGLF−11 励磁装置的全压插件起什么作用？说明它的工作原理。
8. 简述 KGLF−11 励磁装置投励插件的组成和工作原理。
9. 如何检测灭磁环节是否正常工作？
10. KGLF−11 励磁装置如何试车和启动？
11. 熄火线的作用是什么？
12. KGLF−11 励磁装置如何进行过电压和过电流保护？
13. 试设计一个控制一台同步电动机的控制电路，要求满足下列要求：（1）定子串电抗器减压启动；（2）按频率原则加入直流励磁；（3）停机进行能耗制动；（4）具有必要的保护环节。
14. 简述 GTT6121 型启动器、KGR−6B 型高压启动器控制电路的工作原理。
15. 分析图 9−4 所示自耦变压器降压启动继电控制线路的降压启动过程。
16. 试述井下大型水泵的控制特点、原理、安装与维护方法。

参 考 文 献

[1] 张书征. 矿山流体机械 [M]. 北京：煤炭工业出版社，2013.

[2] 陈更林，李德玉. 流体力学与流体机械 [M]. 徐州：中国矿业大学出版社，2012.

[3] 孟凡英. 流体力学与流体机械 [M]. 北京：煤炭工业出版社，2006.

[4] 毛君. 煤矿固定机械及运输设备 [M]. 北京：煤炭工业出版社，2006.

[5] 白铭声，陈祖苏. 流体机械 [M]. 北京：煤炭工业出版社，2005.

[6] 国家安全生产监督管理总局，国家煤矿安全监察局. 煤矿安全规程 [M]. 北京：煤炭工业出版社，2016.

[7] 王维新. 流体力学 [M]. 北京：煤炭工业出版社，1986.

[8] 周谟仁. 流体力学泵与风机 [M]. 3 版. 北京：中国建筑出版社，1994.

[9] 许维德. 流体力学 [M]. 北京：国防工业出版社，1989.

[10] 孔珑. 流体力学 [M]. 北京：机械工业出版社，2003.

[11] 张克危. 流体机械原理 [M]. 北京：机械工业出版社，2001.

[12] 张景松. 流体机械 [M]. 徐州：中国矿业大学出版社，2001.

[13] 白铭声. 流体力学和流体机械 [M]. 北京：煤炭工业出版社，1980.

[14] [英] L·M·米尔恩-汤姆森. 理论流体动力学 [M]. 李裕立，译. 北京：机械工业出版社，1984.

[15] [英] G·K·巴切勒. 流体运动学引论 [M]. 沈青，译. 北京：科学出版社，1997.

[16] 王松岭. 流体力学 [M]. 北京：中国电力出版社，2004.

[17] 蔡增基，等. 流体力学泵与风机 [M]. 北京：中国建筑工业出版社，1999.

[18] 屠大燕. 流体力学与流体机械 [M]. 北京：中国建筑工业出版社，1994.

[19] 张兆顺，等. 流体力学 [M]. 北京：清华大学出版社，1999.

[20] 姜兴华，等. 流体力学 [M]. 成都：西南交通大学出版社，1999.

[21] 许世华. 矿井水的来源及其防治措施 [J]. 矿业安全与环保，2002.

[22] 谭国俊，韩耀飞，熊树. 基于 PLC 的中央泵房自动化设计 [J]. 2006（1）.

[23] 关敬忠. 矿井排水控制系统探讨 [J]. 煤矿技术，2005.

[24] 王存旭，迟新利，张玉艳，等. 可编程序控制器原理及应用 [M]. 北京：高等教育出版社，2013.

[25] 胡学林. 可编程控制器教程 [M]. 北京：电子工业出版社，2003.

[26] 汪晓平. 可编程控制系统开发实例导航 [M]. 北京：人民邮电出版社，2004.

[27] 李宁，魏传勇. 煤矿井下排水自动控制系统关键技术分析 [J]. 现代商贸工业，2010.

[28] 贺仰兴. 中央泵房水泵在线监测与自动控制系统 [J]. 煤矿开采，2008.

[29] 李爱平，赵偲. 浅谈煤矿主水泵优化选型 [J]. 中国科技纵横，2010.

[30] 周有为. 工业自动化控制系统的干扰及预防措施 [J]. 科技创新与应用，2014.

[31] 魏志恒. 论可编程控制器（PLC）在智能电网继电保护系统中应用的优势 [J]. 城

市建设理论研究，2013.

　　[32] 李利青，李爱旺，裴江涛，等．PLC 在矿井主排水系统自动化平台及远程监控系统的应用 [J]．煤，2008.

　　[33] 张广龙，史丽萍．矿井中央水泵房综合自动化系统的设计模式煤矿机电 [J]．煤矿机电，2005（4）.

　　[34] 周少武，许主平．可编程控制器在矿山排水系统中的应用 [J]．煤矿自动化，1996.

　　[35] 张龙．变频器和 PLC 在中央空调冷冻水系统改造中的应用 [J]．管理学家，2012.